国家出版基金项目
NATIONAL PUBLICATION FOUNDATION

矿区生态环境修复丛书

中国矿区生态环境修复现状与未来

胡振琪 干 勇 袁 亮 柴立元等 著

U0225946

科学出版社
龙门书局
北京

内 容 简 介

本书是一本介绍中国矿区生态环境修复现状、新技术与前沿问题和未来发展方向的著作。主要介绍中国矿产资源及其开采,阐明中国矿区生态环境问题,对中国矿区生态扰动的监测与评价、中国矿区生态修复的基础理论与原理、中国金属矿冶区生态环境修复的现状与未来、中国能源矿区生态环境修复的现状与未来、中国非金属矿区生态环境修复的现状与未来、中国矿区生态修复的法规与监管进行阐述,最后讨论中国矿区生态环境修复战略并对未来的发展给予展望。

本书可供从事矿产资源开发与环境保护的管理人员、从事矿区生态修复与环境治理科研的高等院所科研人员,以及从事矿山生态环境治理的工程技术人员阅读。

图书在版编目(CIP)数据

中国矿区生态环境修复现状与未来 / 胡振琪等著. —北京:龙门书局,2021.10
(矿区生态环境修复丛书)
国家出版基金项目
ISBN 978-7-5088-6173-9

Ⅰ.① 中… Ⅱ.① 胡… Ⅲ.①矿区-生态恢复-研究-中国 Ⅳ.① X322.2

中国版本图书馆 CIP 数据核字(2021)第 207482 号

责任编辑:李建峰 杨光华 / 责任校对:高 嵘
责任印制:彭 超 / 封面设计:苏 波

科 学 出 版 社
龙 门 书 局 出版

北京东黄城根北街 16 号
邮政编码:100717
http://www.sciencep.com

武汉精一佳印刷有限公司印刷
科学出版社发行 各地新华书店经销
*
开本:787×1092 1/16
2021 年 10 月第 一 版 印张:18
2021 年 10 月第一次印刷 字数:430 000
定价:229.00 元
(如有印装质量问题,我社负责调换)

"矿区生态环境修复丛书"

编 委 会

"矿区生态环境修复丛书"序

我国是矿产大国，矿产资源丰富，已探明的矿产资源总量约占世界的12%，仅次于美国和俄罗斯，居世界第三位。新中国成立尤其是改革开放以后，经济的发展使得国内矿山资源开发技术和开发需求上升，从而加快了矿山的开发速度。由于我国矿产资源开发利用总体上还比较传统粗放，土地损毁、生态破坏、环境问题仍然十分突出，矿山开采造成的生态破坏和环境污染点多、量大、面广。截至2017年底，全国矿产资源开发占用土地面积约362万公顷，有色金属矿区周边土壤和水中镉、砷、铅、汞等污染较为严重，严重影响国家粮食安全、食品安全、生态安全与人体健康。党的十八大、十九大高度重视生态文明建设，矿业产业作为国民经济的重要支柱性产业，矿产资源的合理开发与矿业转型发展成为生态文明建设的重要领域，建设绿色矿山、发展绿色矿业是加快推进矿业领域生态文明建设的重大举措和必然要求，是党中央、国务院做出的重大决策部署。习近平总书记多次对矿产开发做出重要批示，强调"坚持生态保护第一，充分尊重群众意愿"，全面落实科学发展观，做好矿产开发与生态保护工作。为了积极响应习总书记号召，更好地保护矿区环境，我国加快了矿山生态修复，并取得了较为显著的成效。截至2017年底，我国用于矿山地质环境治理的资金超过1 000亿元，累计完成治理恢复土地面积约92万公顷，治理率约为28.75%。

我国矿区生态环境修复研究虽然起步较晚，但是近年来发展迅速，已经取得了许多理论创新和技术突破。特别是在近几年，修复理论、修复技术、修复实践都取得了很多重要的成果，在国际上产生了重要的影响力。目前，国内在矿区生态环境修复研究领域尚缺乏全面、系统反映学科研究全貌的理论、技术与实践科研成果的系列化著作。如能及时将该领域所取得的创新性科研成果进行系统性整理和出版，将对推进我国矿区生态环境修复的跨越式发展起到极大的促进作用，并对矿区生态修复学科的建立与发展起到十分重要的作用。矿区生态环境修复属于交叉学科，涉及管理、采矿、冶金、地质、测绘、土地、规划、水资源、环境、生态等多个领域，要做好我国矿区生态环境的修复工作离不开多学科专家的共同参与。基于此，"矿区生态环境修复丛书"汇聚了国内从事矿区生态环境修复工作的各个学科的众多专家，在编委会的统一组织和规划下，将我国矿区生态环境修复中的基础性和共性问题、法规与监管、基础原理/理论、监测与评价、规划、金属矿冶区/能源矿山/非金属矿区/砂石矿废弃地修复技术、典型实践案例等已取得的理论创新性成果和技术突破进行系统整理，综合反映了该领域的研究内容，系统化、专业化、整体性较强，本套丛书将是该领域的第一套丛书，也是该领域科学前沿和国家级科研项目成果的展示平台。

本套丛书通过科技出版与传播的实际行动来践行党的十九大报告"绿水青山就是金山银山"的理念和"节约资源和保护环境"的基本国策，其出版将具有非常重要的政治意义、理论和技术创新价值及社会价值。希望通过本套丛书的出版能够为我国矿区生态环境修复事业发挥积极的促进作用，吸引更多的人才投身到矿区修复事业中，为加快矿区受损生态环境的修复工作提供科技支撑，为我国矿区生态环境修复理论与技术在国际上全面实现领先奠定基础。

干　勇　胡振琪　党　志
柴立元　周连碧　束文圣
2020 年 4 月

前　言

　　矿产资源是工业的粮食、经济发展的动力。矿产资源的开发在对国民经济发展发挥重大作用的同时，也对生态环境造成很大影响。因此，矿区生态环境修复就成为保障矿产资源开发的同时又保护生态环境的重要措施，已经成为研究的热点。在当今矿区生态环境压力空前、国家绿色发展战略和"碳达峰、碳中和目标"的驱动下，矿区生态环境修复迎来了巨大的发展机遇。

　　矿区生态环境修复涉及环境科学与技术、矿业工程、生态学、地理学、测绘科学与技术、土地科学、土壤学、林学、植物学等多个学科，需要多学科领域专家的联合攻关。我国从 20 世纪 80 年代开始重视矿区生态环境修复治理工作，40 多年来已经取得较大的进步，为了总结已经取得的科技成果，促进我国矿区生态环境修复事业的发展，在科学出版社的邀请下，在干勇院士、柴立元院士、党志教授、周连碧研究员和束文圣教授等的支持下，我们从 2018 年 4 月开始策划"矿区生态环境修复丛书"，2018 年 8 月 25 日正式启动丛书征集和申请国家出版基金项目资助等工作，并于 2020 年 3 月获批国家出版基金项目资助。在众多矿区生态环境修复科技人员的积极参与和支持下，征集到 60 余部书稿，经过多次编委会会议评审，尤其是经过科学出版社和国家出版基金项目专家的筛选，最终 23 部著作成为丛书第一批正式出版的书籍。我们感谢各位参与者的支持和努力，期待更多的矿区生态修复优秀著作能成为该丛书第二批出版的书籍。

　　《中国矿区生态环境修复现状与未来》是本丛书的一本总论，是在干勇院士、袁亮院士、柴立元院士领导下，集近 30 位专家的智慧和经验，对我国矿区生态修复的现状进行深入剖析，对未来发展趋势给予展望，期望能为矿区生态环境修复事业的发展提供一点有价值的参考。全书共 9 章，第 1 章介绍中国矿产资源及其开采，第 2 章介绍中国矿区生态环境问题，第 3 章介绍中国矿区生态扰动的监测与评价，第 4 章介绍中国矿区生态修复的基础理论与原理，第 5 章介绍中国金属矿冶区生态环境修复的现状与未来，第 6 章介绍中国能源矿区生态环境修复的现状与未来，第 7 章介绍中国非金属矿区生态环境修复的现状与未来，第 8 章介绍中国矿区生态修复的法规与监管，第 9 章介绍中国矿区生态环境修复战略与展望。

　　本书撰写人员及分工：干勇院士、陈其慎研究员撰写 1.1 矿产资源种类及其分布；袁亮院士、陈登红副教授撰写 1.2.2 煤炭资源开采现状与趋势；柴立元院士撰写 5.2 有色金属矿冶污染场地生态环境修复现状与未来；胡振琪教授负责整本书的策划，撰写 4.4 边开采边修复概念与原理、6.1 煤矿区生态环境修复的现状与未来，以及 9.1 矿区生态环境修复战略；党志教授撰写 4.1 矿区生态修复面临的问题和 4.3 矿区生态修复技术；周连碧研究员撰写第 2 章中国矿区生态环境问题、5.1 有色金属矿山生态环境修复的现状与未来，以及 9.2 矿区生态环境修复展望；束文圣教授撰写 4.2 矿区生态修复理论，并负责第 2 章中国矿区生态环境问题和 5.1 有色金属矿山生态环境修复的现状与未来的修改完善；黄仁东教授撰写 1.2.1 金属矿产资源开采现状与趋势；宋先知教授撰写 1.2.3 石油、天然气资源开采现状与趋势；李英华研究员撰写 1.2.4 非金属矿产资源开采现状与趋势；汪云甲教授及其团队成员黄翌、邵亚琴、林丽新、刘茜茜、赵峰、刘竞龙、原刚撰写第 3 章中国矿区生态扰动的监测与评价；华绍广教授级高工、李书钦高工、李香梅高工撰写 5.3 黑色金属矿区生态环境修复的现状与未来；郭书海研究员撰写 6.2 石油、天然气矿区生态环境修复的现状与未来；范杰高工、王莹、王迎霜撰写 7.1 磷矿区生态环境修复的现状与未来；沈渭寿研究员、王涛撰写 7.2 砂石矿废弃地生态环境修复的现状与未来；李建中、冯春涛研究员撰写第 8 章中国矿区生态修复的法规与监管。

本书是在总结我国 40 余年矿区生态环境修复研究成果的基础上撰写的，除了感谢各位撰稿人的辛苦努力，最需要感谢的是 40 余年来在我国矿区生态环境修复领域刻苦钻研、辛勤工作的科技工作者、政府和企业管理人员及生态修复工程实施人员，没有他们的努力和奉献，本书是无法总结和提炼的。尽管我们很想尽可能多和全面地介绍我国矿区生态环境修复领域的现状和未来，限于篇幅和水平有限，一定存在很多不足和疏漏之处，敬请批评指正。

胡振琪

2021 年 8 月于北京

目 录

第 1 章　中国矿产资源及其开采

1.1　矿产资源种类及其分布

1.1.1　矿产资源种类

中国是全球矿产资源种类最丰富的国家之一，截至 2017 年底，中国已发现矿产 173 种，已查明资源储量的矿产 162 种[①]，部分矿产的储量居世界前列。根据国内矿产资源禀赋、国家经济发展需要等多重因素考虑，本节主要介绍的矿产如下。

（1）能源矿产（5 种）：石油、天然气、煤炭、页岩气、煤层气。

（2）黑色金属矿产（5 种）：铁矿、锰矿、铬矿、钒矿、钛矿。

（3）有色金属矿产（10 种）：铜矿、铅矿、锌矿、铝土矿、镍矿、菱镁矿、钴矿、锡矿、钼矿、锑矿。

（4）贵金属矿产（3 种）：金矿、银矿、铂族金属。

（5）稀有金属矿产（7 种）：锂矿、铍矿、铌矿、钽矿、锶矿、锆矿、铯矿。

（6）稀散金属矿产（8 种）：镓矿、铟矿、锗矿、铼矿、镉矿、铊矿、硒矿、碲矿。

（7）非金属矿产（13 种）：钾盐矿、磷矿、高岭土矿、硅藻土、重晶石、石墨矿、萤石矿、钠盐矿、硼矿、玻璃硅质原料、芒硝、硫铁矿、滑石。

根据不完全统计（表 1.1），中国在上述矿产中，储量居世界第一位的矿产有 8 种，分别是：页岩气、钒矿、钼矿、锑矿、锡矿、锶矿、碲矿、硒矿。居第二位和第三位的矿产有 9 种：煤层气、钛矿、铅矿、锌矿、菱镁矿、磷灰石、重晶石、萤石、晶质石墨。但石油、天然气、铝土矿、镍矿、铜矿、钾盐矿等大宗矿产资源的禀赋较差，储量占全球的比例分别为 1.46%、2.84%、3.33%、3.15%、3.13%、6.03%，均低于中国国土面积占全球陆地面积的比例（6.44%）。

表 1.1　中国主要矿产储量及地位

矿种	计量单位	中国储量	世界储量	中国占比/%	中国排名	中国储产比
煤炭	亿 t	1 388	10 350	13.41	4	39
石油	亿 t	35	2 393	1.46	13	18.3
天然气	万亿 m³	5.5	193.5	2.84	9	36.7
煤层气[5)]	万亿 m³	36	268	13.43	3	NA

---

① 引自：2018 年中国矿业重要新闻回顾.中国矿业报.http://www.mnr.gov.cn/dt/ywbb/201901/t20190104_2385030.html

矿种	计量单位	中国储量	世界储量	中国占比/%	中国排名	中国储产比
页岩气 [4)]	万亿 m^3	31.6	214.5	14.73	1	NA
铁矿	金属亿 t	69	840	8.21	4	32.86
锰矿	金属万 t	5 400	76 000	7.11	6	30
铬铁矿 [1)]	金属万 t	407	56 000	0.73	NA	NA
钛矿	TiO_2 亿 t	2.3	8.8	26.14	2	270.60
钒矿	金属万 t	950	2 000	47.50	1	237.50
铜矿	金属万 t	2 600	83 000	3.13	8	16.25
铅矿	金属万 t	1 800	8 300	21.69	2	8.57
锌矿	金属万 t	4 400	23 000	19.13	2	10.20
铝土矿	矿石亿 t	10	300	3.33	7	14.29
镍矿	金属万 t	280	8 900	3.15	8	25.45
钼矿	金属万 t	830[e]	1 700	48.82	1	63.85
锑矿	金属万 t	48	150	32	1	4.80
菱镁矿	MgO 亿 t	10	85	11.76	3	52.63
钴矿	金属万 t	8	690	1.16	8	25.81
锡矿	金属万 t	110	470	23.40	1	12.22
金矿	金属 t	2 000	54 000	3.70	8	5
银矿	金属万 t	4.1	56	7.32	5	14.84
铂族金属 [6)]	金属 t	365	69 000	0.53	NA	NA
锂矿	金属万 t	100	1 400	7.14	4	125
铍矿 [7)]	金属万 t	NA	10	NA	5	NA
锶矿	金属万 t	680	NA	NA	1	136
铌矿	金属万 t	NA	>910	NA	NA	NA
钽矿	金属万 t	NA	>10	NA	NA	NA
锆矿	ZrO_2 万 t	50	7 300	0.68	NA	NA
铯矿	金属万 t	3.1	NA	NA	NA	NA
铟矿 [3)]	金属万 t	1.3	2	65	NA	43.3
铼矿 [2)]	金属 t	36.5	2 400	1.52	NA	NA
锗矿 [2)]	金属 t	1 099	2 155	51	NA	NA
镓矿 [2)]	金属万 t	4.4	6.6	66.67	NA	NA

续表

矿种	计量单位	中国储量	世界储量	中国占比/%	中国排名	中国储产比
镉矿[2]	金属万 t	3	16.67	18.00	NA	NA
铊矿[2]	金属 t	8	NA	NA	5	NA
碲矿	金属 t	6 600	31 000	21.29	1	22
硒矿	矿物万 t	2.6	9.9	26.26	1	27.37
磷灰石	矿物亿 t	32	700	4.57	2	22.86
钾盐矿	K₂O 亿 t	3.5	58	6.03	4	63.64
硼矿	钠硼解石万 t	3 500	NA	NA	NA	62.50
高岭土矿[1]	矿物亿 t	6.93	NA	NA	NA	NA
硅藻土	矿物亿 t	1.1	NA	NA	NA	262
重晶石	矿物万 t	3 600	32 000	11.25	3	11.25
萤石	矿物万 t	4 200	31 000	13.55	2	12
硫铁矿[1]	矿石万 t	127 809	NA	NA	NA	NA
钠盐矿[1]	NaCl 亿 t	843	NA	NA	NA	NA
芒硝[1]	矿物亿 t	55	NA	NA	NA	NA
玻璃硅质原料[1]	矿物亿 t	19.64	NA	NA	NA	NA
晶质石墨	矿物万 t	7 300	30 000	24.33	2	116
滑石[1]	矿物万 t	8 200	NA	NA	NA	NA

注：NA 表示暂无数据；能源矿产数据来源于英国石油公司（2017 年数据）；1）数据来源于国家统计局（2016 年数据）；2）数据来源于中国三稀资源调查报告（2015 年数据）；3）铟的储量来源于张小陌（2018）（地质储量）；4）页岩气数据来源于联合国贸易和发展会议（2018 年报告）；5）煤层气数据来源于中国矿业网（2017 年资源量数据）；6）铂族金属为资源储量（2017 年数据）；7）铍的数据来源于河北省自然资源厅（2017 年数据）；其余数据来源于美国地质调查局（2019 年矿产商品摘要数据）

截至 2016 年底，中国共有非油气（不含铀矿，下同）持证矿山企业 77 558 个，其中大型矿山企业 4 113 个、中型矿山企业 6 438 个、小型矿山企业 45 606 个、小矿（规模不超过小型矿山企业规模上限 1/10 的矿山企业）21 401 个。按矿产类别分，能源矿山企业 10 374 个（其中煤矿企业 8 790 个）、黑色金属矿山企业 4 584 个（其中铁矿企业 3 910 个）、有色金属矿山企业 3 301 个、贵金属矿山企业 1 730 个、三稀（稀有、稀土和稀散元素）矿山企业 147 个、冶金辅助原料矿山企业 2 816 个、化工原料矿山企业 1 768 个，建材及其他非金属矿山企业 52 057 个，地下水及矿泉水矿山企业 781 个（陈从喜 等，2017）。

在全部的 173 种矿产资源中，为保障国家经济安全、国防安全和战略新兴产业发展需求，《全国矿产资源规划（2016—2020 年）》首次将石油等 24 种矿产列入战略性矿产目录。本节主要涉及以下 22 种战略性矿产资源。

能源矿产（5 种），煤炭、石油、天然气、煤层气、页岩气；黑色金属矿产（2 种），铁矿、铬矿；其他金属矿产（11 种），铜矿、铝土矿、镍矿、铂族金属、金矿、锡矿、锑矿、钴矿、锂矿、锆矿、钼矿；非金属矿产（4 种），磷矿、钾盐矿、萤石矿、硅藻土。

按照储产比划分的话，中国储产比低于 20 的矿产有 11 种：石油、铅矿、锌矿、铝土矿、铜矿、锡矿、锑矿、金矿、银矿、萤石、重晶石，其中包含国内经济发展急需的石油、铅矿、锌矿、铜矿、铝土矿等大宗矿产，以及金银等贵金属矿产，储产比较低会逐渐导致中国对国外的矿产资源依存度逐步扩大，会对国内的资源安全造成更大的威胁。其他的大宗矿产如铁矿、天然气的储产比也仅为 30 多，而且国内铁矿和天然气的消费主要是通过进口，随着未来储产比的进一步降低，对外的依存度可能会进一步扩大。

在能源矿产中，中国除煤炭储量较丰富之外，石油、天然气的储量占比均低于 6.44%，至 2017 年中国已成为全球第二大石油消费国和第三大天然气消费国，石油和天然气的对外依存度分别为 69.37%和 37.9%（陈其慎 等，2016）。随着国内石油产量的逐年降低和消费量的逐年增加，2018 年中国石油的对外依存度为 69.8%，而天然气的对外依存度为 45.3%。

在新能源矿产中，中国煤层气和页岩气在全球范围内均具有重要地位，其中页岩气已探明的储量达 31.6 万亿 m^3，居世界第一位，占全球已探明页岩气总储量的 14.73%[①]，国内的页岩气主要分布在四川、重庆等省（直辖市）；煤层气的资源量达 36.8 万亿 m^3[②]，仅次于俄罗斯和美国，居世界第三位。同时，根据国土资源部 2017 年公布的数据显示，中国煤层气已探明储量为 7 030 亿 m^3，主要分布在山西省等煤炭资源大省。

黑色金属矿产中，除铬矿的储量较低外，铁矿、锰矿、钛矿和钒矿的储量均较大，其中钒矿和钛矿的储量分别居世界第一位和第二位。中国的铁矿虽然总体储量较大，但铁矿的品位普遍较低，将国内铁矿产量数据折合成世界平均品位后的铁矿产量数据后，铁矿的对外依存度在 2017 年已达到 90.34%的峰值（根据 Wind 公开数据计算），铁矿的资源安全形势不容乐观。

中国有色金属矿产的种类丰富，有色金属的储量在全球范围内排名靠前。尤其是铅锌矿、钼矿、锑矿、菱镁矿及锡矿的储量均位于世界前三位，占世界总储量的比值也较高；但是铜矿、铝土矿、镍矿、钴矿等重要矿产的储量较小（具体数据见表 1.1），铜矿、镍矿和钴矿的对外依存度均在 70%以上，是国内对国外严重依赖的金属矿产，铝土矿的依存度虽然较上述三种矿产低，但也接近 60%（陈其慎 等，2016）。

国内的贵金属矿产是相对匮乏的，国内金矿和铂族金属的储量占世界总储量的比值均较低，尤其是铂族金属 2017 年查明资源储量仅为 365.3 t[③]，金矿储量占比稍高一些，也仅占世界总储量的 3.70%。金矿和铂族金属的价值是贵金属中最贵的，而且中国是全球最大的贵金属消费市场之一，但中国金矿的储产比仅为 5。虽然国内仍有较大的金矿

---

① 引自：中国页岩气储量全球第一，继亮剑原油后，天然气人民币或箭在弦上.BWC 中文网.https://baijiahao.baidu.com/s?id=1605676657064026609&wfr=spider&for=pc
② 引自：中国又有新能源？煤层气储量世界第三！石油、天然气面临挑战！中国矿业网.http://www.chinamining.org.cn/ index. php?m=content&c=index&a=show& catid=6&id=27476
③ 引自：中国矿产资源报告 2018.中华人民共和国自然资源部. http://www.mnr.gov.cn/sj/sjfw/kc_19263/zgkczybg/201811/P020181116504882945528.pdf

资源潜力，但较低的金矿储产比预示着未来国内金矿的供应形势将会非常严峻。通过上面的数据可以发现中国的铂族金属资源是极其匮乏的，同时，中国基本上没有可供建设利用的独立铂族金属矿。目前国内的铂族金属产量主要来自甘肃金川镍矿和云南金宝山铂钯矿，主要以伴生元素在主金属开采时由冶炼厂回收，其产量受到主矿开采规模及品位控制（李鹏远 等，2017）。

根据美国地质调查局数据显示，中国的稀有金属中，锂矿和锶矿的储量较大，但铍矿、铌矿、钽矿、铯矿、锆矿等稀有金属资源缺乏较为官方的储量数据。但是据公开资料显示，国内的铍矿主要分布在新疆、内蒙古、云南等省（自治区），铌矿、钽矿主要分布在江西、四川、湖南等省。其中铍矿的矿石资源储量约为 60 万 t[①]，国内铌矿、钽矿的储量很少（据公开资料显示国内铌矿、钽矿储量超过 33 万 t，但该数据不被美国地质调查局认可），全球超过 98% 的已探明钽矿储量位于澳大利亚和巴西。根据《点石——未来 20 年全球矿产资源产业发展研究》数据显示，国内的稀有金属对外依存度很高，铌矿、锆矿、钽矿对外依存度超过 70%，铌矿的对外依存度甚至高达 100%，铯矿的对外依存度约为 50%，铍矿的对外依存度约为 20%（陈其慎 等，2016），而锂矿的对外依存度已从 2012 年的不足 20% 增加到 2018 年的 85%[②]。

中国是全球稀散金属储量最大的国家，除铼矿和铊矿外，中国的锗矿、镓矿、铟矿、镉矿、碲矿、硒矿的储量均居世界第一位。中国还是镓矿、锗矿、铟矿最大的生产国和出口国，直接影响全球的供需格局。虽然国内镉矿资源丰富，但镉的消费需要大量进口，而铊矿因为其剧毒性消费量较少。铼矿、硒矿、碲矿储量较为丰富，但三种金属主要是从铜钼矿生产过程中回收（主要为斑岩型铜钼矿），受矿种的制约比较明显。因此国内虽有较大的储量，但是产量较低，国内的保障能力不足。

中国是全球非金属矿产资源种类最丰富的国家之一，晶质石墨、重晶石、萤石、钾盐、磷灰石等矿产储量居世界前列。细分的话，磷灰石、硫铁矿、钾盐等主要是用作农业生产的矿产，我国虽然储量排名靠前，但是占比均不足 6.44%。以钾盐为例，国内的钾盐资源形势较为严峻，加拿大、俄罗斯、白俄罗斯三国的储量占世界总储量的 68.10%，产量占世界总量的 63.3%[③]，而国内的可采储量不足，同时钾盐的消费对外依存度很高，已达 50% 以上。在其他非金属矿产中，高纯石英是对外依存度最高的矿种，对外依存度超过 80%，硼矿的对外依存度也超过 40%（陈其慎 等，2016）。

若是按照勘查投资（非油气矿产，下同）区分的话，2004～2012 年国内的勘查投资额基本呈现较快的增长态势（除 2009 年因金融危机略有回落外）。2012 年之后，随着国内外矿业形势的下行，勘查投资出现明显的回落，至 2018 年，随着国际市场形势的好转，

---

① 引自：全球铍资源分布及供需格局. 河北省自然资源厅（海洋局）. http://zrzy.hebei.gov.cn/heb/gongk/gkml/kjxx/kjfz/101543368497259.html

② 引自：锂资源对外依存度超八成　回收体系却很不健全. 长江有色金属网. http://finance.sina.com.cn/money/future/indu/2019-03-14/doc-ihsxncvh2469473.shtml

③ 引自：MINERAL COMMODITY SUMMARIES 2019. USGS. https://prd-wret.s3-us-we st-2.com/assets/palladium/production/atoms/files/mcs2019_all.pdf

国内的勘查投资开始呈现回暖的态势。在 2004~2018 年这 15 年间，金矿一直是国内勘查投资最高的矿种，投资占比一直保持在 40% 以上，其他投资额较高的矿种还有铜矿及铅锌矿等。2004~2018 年，金矿、铜矿、铅锌矿的投资总额一直占国内勘查投资额的 75% 以上，其中在 2018 年，金矿、铜矿、铅锌矿的投资额占总勘查投资额的 79.34%（图 1.1）。

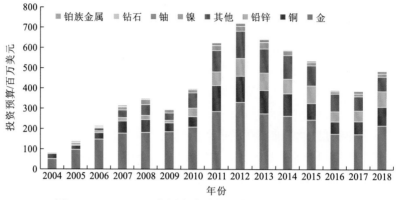

图 1.1 2004~2018 年国内非油气矿产资源勘查投资预算

数据来源：标普全球市场财智

1.1.2 矿产资源分布

由于香港特别行政区、澳门特别行政区、台湾地区资料暂缺，以下只列出我国 31 个省（自治区、直辖市）矿产资源分布情况。

1. 北京市

北京市目前共发现 67 个矿种。主要的能源矿产为煤炭，金属矿产有铁矿、铜矿、铅矿、锌矿、钼矿等，非金属矿产有红柱石、玉石及含钾砂页岩等（表 1.2）。

表 1.2 截至 2016 年底北京市矿产资源保有资源储量一览表

序号	矿种	计量单位	资源储量
1	煤炭	矿石 万 t	208 740
2	铁矿	矿石 万 t	96 784
3	钛矿（钛铁矿）	钛铁矿 TiO$_2$ t	249 005
4	钒矿	V$_2$O$_5$ t	14 920
5	铜矿（非伴生矿）	铜 t	66 326
6	铅矿	铅 t	34 259
7	锌矿	锌 t	148 716

序号	矿种	计量单位	资源储量
8	镁矿（炼镁白云岩）	矿石　万 t	1 804
9	钼矿	钼　t	73 164
10	金矿（岩金、伴生金）	金　kg	6 361
11	玉石	矿石　t	63 826
12	红柱石	红柱石　t	256 642
13	耐火黏土	矿石　万 t	2 388
14	含钾砂页岩	矿石　万 t	20 826
15	含钾页岩	矿石　万 t	3 435
16	泥炭	矿石　万 t	981

数据来源：北京市规划和自然资源委员会

2. 天津市

天津市主要的能源矿产有石油、天然气和煤炭，金属矿产有金矿、铁矿和锰矿，非金属矿产有水泥用灰岩及建筑用白云岩、建筑用石灰岩、砖瓦用页岩等（表 1.3）。

表 1.3　天津市主要矿产一览表

序号	矿种	计量单位	矿产资源保有资源储量
1	金矿	kg	504
2	铁矿	万 t	97
3	锰矿	万 t	28
4	重晶石	万 t	164
5	冶金用白云岩	万 t	2 145
6	硼矿	万 t	24
7	陶瓷土	万 t	12 984
8	水泥用灰岩	万 t	20 377.46
9	建筑用石灰岩	万 t	14 088.11
10	建筑用白云岩	万 m³	18 743
11	砖瓦用页岩	万 m³	10 453
12	含钾黏土岩	万 t	4 771
13	煤炭	万 t	38 275
14	石油	万 t	3 349.9
15	天然气	亿 m³	274.91

注：石油的数据为剩余技术可采储量；天然气的数据为剩余技术可采储量

数据来源：天津市规划和自然资源局；石油天然气数据来自国家统计局

3. 河北省

河北省矿产资源丰富，目前已发现各类矿产 156 种。其中探明储量的矿产 125 种，储量居全国大陆省份前 5 位的有 39 种。主要的能源矿产有石油、天然气和煤炭，金属矿产有铁矿、锰矿、铬矿、铜矿、铅矿、锌矿等，非金属矿产有磷矿及高岭土等（表 1.4）。

表 1.4　河北省主要矿产一览表

序号	矿种	计量单位	基础储量
1	石油	万 t	26 576.4
2	天然气	亿 m³	338.03
3	煤炭	亿 t	43.27
4	铁矿	亿 t	26.59
5	锰矿	万 t	7.05
6	铬矿	万 t	4.64
7	钒矿	万 t	6.66
8	原生钛铁矿	万 t	212.94
9	铜矿	万 t	13.41
10	铅矿	万 t	21.75
11	锌矿	万 t	79.66
12	铝土矿	万 t	28.01
13	菱镁矿	万 t	838.83
14	硫铁矿	万 t	1 083.61
15	磷矿	亿 t	1.85
16	高岭土	万 t	58.3

注：石油的数据为剩余技术可采储量；天然气的数据为剩余技术可采储量

数据来源：河北省人民政府

4. 山西省

山西省是我国的资源大省，矿产资源丰富，根据山西省自然资源厅发布的数据，截至 2015 年底共发现矿产 120 种，共有 29 种矿产查明保有资源储量在全国排名前十位，其中煤炭、煤层气、铝土矿、耐火黏土等矿产为该省的优势矿产（表 1.5）。

表 1.5　山西省主要矿产保有资源储量一览表

序号	矿种	单位	保有资源储量	占全国百分比/%	全国排名
1	铝土矿	亿 t	15.27	32.5	1
2	煤层气	亿 m³	2 801.24	91.5	1

序号	矿种	单位	保有资源储量	占全国百分比/%	全国排名
3	耐火黏土	亿 t	6.94	27.1	1
4	冶金用白云岩	亿 t	17.24	13.8	1
5	镁矿（炼镁白云岩）	万 t	84 518.97	30.2	1
6	钛矿	万 t（金红石 TiO_2）	426.38	26.5	2
7	蛭石	万 t	571.8	16.5	2
8	珍珠岩	万 t	5 852	15	2
9	铁矾土	万 t	3 898.77	15.3	3
10	煤炭	亿 t	2 709	17.3	3
11	石墨（晶质）	万 t	1 956.22	7.4	4
12	含钾砂页岩	万 t	47 447	9.9	4
13	镓矿	镓 t	39 694	11.8	4
14	镁盐（液体 $MgSO_4$）	万 t	617.23	0.24	4
15	沸石	万 t	16 336	6.7	4
16	长石	万 t	7 808.32	3	5
17	云母（片云母）	t（云母矿物）	3 373	0.7	6
18	熔剂用灰岩	亿 t	7.09	5.4	7
19	铁矿	亿 t	39.37	4.6	7
20	建筑用玄武岩	万 m^3	97.86	0.9	8
21	冶金用脉石英	万 t	238.5	3.6	8
22	砖瓦用黏土	万 m^3	694	3.5	8
23	铬铁矿	万 t	42.82	3.4	8
24	石榴子石	万 t	138.9	0.4	9
25	水泥配料用黏土	万 t	9 558.52	4.1	9
26	磷矿	亿 t	3.49	1.5	10
27	玻璃用砂岩	万 t	2 864	3	10
28	锂矿	万 t（Li_2O）	0.05	0.01	10
29	电石用灰岩	万 t	11 943.9	1.7	10

数据来源：山西省自然资源厅

5. 内蒙古自治区

内蒙古自治区矿产资源非常丰富，根据内蒙古自治区发布的资料，截至 2017 年底，保有资源储量居全国之首的有 18 种、居全国前三位的有 47 种、居全国前十位的有 92 种。主要的矿产有煤炭、铁矿、铜矿、铅矿、锌矿等（表 1.6）。

表 1.6　内蒙古主要矿产保有储量表

序号	矿种	单位	保有储量
1	煤炭	亿 t	4 205.25
2	铁矿	亿 t	42.31
3	磷矿	亿 t	2.9
4	铜矿	万 t	801.35
5	铅矿	万 t	1 637.4
6	锌矿	万 t	3 472.56
7	盐矿	亿 t	1.05
8	石油	万 t	8 381.3
9	天然气	亿 m³	9 630.49

注：石油的数据为剩余技术可采储量；天然气的数据为剩余技术可采储量

数据来源：内蒙古自治区统计局；石油天然气数据来自国家统计局

6. 辽宁省

辽宁省矿产资源较为丰富，目前已发现的矿种 110 多种，主要的优势矿产为石油、天然气、煤炭、铁矿、菱镁矿、硼矿等（表 1.7）。硼矿的保有资源量居全国首位，石油、铁矿、滑石等保有资源量也位居全国前列。

表 1.7　辽宁省主要矿产一览表

序号	矿种	计量单位	基础储量
1	石油	万 t	14 351.6
2	天然气	亿 m³	154.54
3	煤炭	亿 t	26.73
4	铁矿	亿 t	50.96
5	锰矿	万 t	1 410.6
6	铜矿	万 t	27.92
7	铅矿	万 t	13.2
8	锌矿	万 t	45.88
9	菱镁矿	万 t	84 901.71
10	硫铁矿	万 t	1 261.74
11	磷矿	亿 t	0.81
12	高岭土	万 t	537.07

注：石油的数据为剩余技术可采储量；天然气的数据为剩余技术可采储量

数据来源：国家统计局

7. 吉林省

吉林省矿产种类不多，但是资源储量比较可观，根据吉林省自然资源厅发布的数据，石油储量全国排名第七位，天然气储量全国排名第八位，油页岩资源储量全国排名第一位，镍矿保有资源储量排名全国第十二位，钼矿保有资源储量排全国第五位，金矿保有资源储量排全国第十六位（表1.8）。

表 1.8　吉林省主要矿产一览表

序号	矿种	计量单位	保有资源储量	全国排名
1	石油	亿 t	1.7	7
2	天然气	亿 m^3	731	8
3	油页岩	亿 t	1 085	1
4	镍矿	万 t	18	12
5	钼矿	万 t	268	5
6	金矿	t	283	16

注：石油的数据为剩余技术可采储量；天然气的数据为剩余技术可采储量

数据来源：吉林省自然资源厅

8. 黑龙江省

黑龙江省是我国的石油大省，大庆油田是我国最重要的油田之一，根据黑龙江省自然资源厅发布的数据，截至2015年底，黑龙江省共发现135种矿产，主要的矿产有石油、天然气、铜矿、钼矿及金矿等（表1.9）。

表 1.9　黑龙江省主要矿产一览表

序号	矿种	计量单位	保有资源储量
1	石墨	亿 t	1.29
2	铜矿	万 t	425
3	钼矿	万 t	283
4	铁矿（矿石）	亿 t	4.03
5	岩金	t	160
6	煤炭	亿 t	198
7	高岭土	万 t	1 700
8	石油	万 t	42 665.8
9	天然气	亿 m^3	1 302.33

注：石油的数据为剩余技术可采储量；天然气的数据为剩余技术可采储量

数据来源：黑龙江省自然资源厅；石油天然气数据来自国家统计局

9. 上海市

上海市已发现矿产资源种类较少，根据《上海市地质勘查与矿产资源总体规划（2016—2020 年）》数据（表 1.10），截至 2016 年 12 月底，上海市仅发现了地热、铁矿、铜矿等 7 种矿产资源。

表 1.10　上海市主要矿产资源储量表

序号	矿产名称	矿区数/个	资源储量单位	查明资源储量
1	地热		万 m³/a	14
2	铁矿		矿石亿 t	0.09
3	铜矿	1	铜万 t	12.19
4	锌矿		锌万 t	4.63
5	金矿		金 t	0.37
6	银矿		银 t	233.7
7	矿泉水	12	万 m³/a	1 200

10. 江苏省

江苏省矿产资源种类较多，根据江苏省政府发布的数据，截至 2018 年 4 月，全省共发现 133 种矿产，其中有色金属类、建材类、膏盐类及特种非金属矿产是该省的优势矿产，铌钽矿、含钾砂页岩、凹凸棒石黏土等查明资源储量居全国前列（表 1.11）。

表 1.11　截至 2017 年底江苏省主要固体矿产资源保有资源储量表

矿产名称	计量单位	矿产地数	矿产资源储量		
			基础储量	资源量	资源储量
煤炭	矿石 万 t	97	103 040.4	212 023.6	315 063.9
铁矿	矿石 万 t	37	15 580.8	60 518.9	76 099.7
钛矿	金红石 TiO_2 t	1	—	819 883.3	819 883.3
	金红石矿物 t	6	85 413.08	1 455 703.1	1 541 116.18
	钛铁矿矿物 t	2	35 886	2 108 249	2 144 135
钒矿	V_2O_5 t	1	39 356.87	2 923.73	42 280.6
铜矿	铜 t	30	52 687.86	559 183.93	611 871.79
铅矿	铅 t	15	205 433.75	543 369.03	748 802.78
锌矿	锌 t	19	339 147.8	915 728.71	1 254 876.51
钼矿	钼 t	7	648.15	8 155.3	8 803.45
金矿	金 kg	13	1 319.62	19 719	21 038.62

续表

矿产名称	计量单位	矿产地数	矿产资源储量		
			基础储量	资源量	资源储量
银矿	银 t	15	51.4	2 628.26	2 679.66
铌钽矿	(Nb+Ta)$_2$O$_5$ t	1	—	38 439.91	38 439.91
铌矿	铌（钶）铁矿 t	1	51	38	89
普通萤石	萤石或 CaF$_2$ 万 t	1	—	34.5	34.5
耐火黏土	矿石 万 t	3	59.3	155.4	214.7
硫铁矿	矿石 万 t	22	484.3	2 889.3	3 373.6
	伴生硫 硫 万 t		138.8	417.9	556.7
芒硝	Na$_2$SO$_4$ 万 t	8	46 484.2	93 702.9	140 187.1
岩盐	NaCl 万 t	10	811 699.3	1 178 418.5	1 990 117.8
磷矿	矿石 万 t	9	1 255.4	8 026.6	92 820
石膏	矿石 万 t	20	38 744.9	346 693.6	385 438.5
水泥用灰岩	矿石 万 t	70	114 839	180 196.2	295 035.2
高岭土	矿石 万 t	11	224.4	3 633.7	3 858.1
凹凸棒石黏土	矿石 万 t	14	2 132.9	10 746.2	12 879.1
膨润土	矿石 万 t	16	15 160.1	3 543.1	18 703.2
玻璃用砂岩	矿石 万 t	3	1 799	3 745	5 544
玻璃用砂	矿石 万 t	5	769	3 935	4 704

数据来源：江苏省自然资源厅

11. 浙江省

浙江省能源矿产和金属矿产较为匮乏，主要为非金属矿产，其中普通萤石，叶蜡石、明矾石等为浙江省优质矿产（表 1.12）。

表 1.12　浙江省优质矿产保有资源储量表

序号	矿种	计量单位	保有资源储量
1	普通萤石	万 t	3 692
2	叶蜡石	万 t	4 775.5
3	明矾石	万 t	16 823.7
4	膨润土	万 t	12 818
5	水泥用灰岩	亿 t	35.1
6	熔剂用灰岩	万 t	15 371

数据来源：浙江省自然资源厅

12. 安徽省

安徽省矿产种类较为丰富，有少量的石油和天然气资源，主要的金属矿产资源为铁矿、铜矿等，非金属矿产有磷矿、高岭土等，优势矿产为铜矿、硫铁矿（表 1.13）。

表 1.13　安徽省主要矿产一览表

序号	矿种	计量单位	基础储量
1	石油	万 t	238.5
2	天然气	亿 m³	0.25
3	煤炭	亿 t	82.37
4	铁矿	亿 t	8.59
5	锰矿	万 t	4.06
6	钒矿	万 t	7.32
7	铜矿	万 t	154.7
8	铅矿	万 t	12.26
9	锌矿	万 t	11.28
10	硫铁矿	万 t	14 497.38
11	磷矿	亿 t	0.20
12	高岭土	万 t	172.11

注：石油的数据为剩余技术可采储量；天然气的数据为剩余技术可采储量

数据来源：国家统计局

13. 福建省

福建省矿产资源种类较为齐全，已发现矿种 110 多种，主要的能源矿产为煤炭，金属矿产有铁矿、铜矿、铅矿、锌矿、锡矿、钼矿、金矿、银矿等，非金属矿产有普通萤石、重晶石、叶蜡石及高岭土等（表 1.14）。

表 1.14　福建省主要矿产保有资源储量表

序号	矿种	计量单位	保有资源储量
1	煤炭	万 t	113 158.40
2	铁矿	矿石 万 t	60 075.20
3	铜矿	铜 t	4 217 284.52
4	铅矿	铅 t	1 979 686.05
5	锌矿	锌 t	3 087 966.57
6	锡矿	锡 t	33 591.36

序号	矿种	计量单位		保有资源储量
7	钼矿	钼	t	569 602.939
8	金矿	金	kg	82 482.74
9	银矿	银	t	8 447.43
10	水泥用灰岩	矿石	万 t	389 721.90
11	高岭土	矿石	万 t	19 189.40
12	普通萤石	萤石或 CaF_2	万 t	1 328.10
13	重晶石	矿石	万 t	552.00
14	叶蜡石	矿石	万 t	2 790.40

数据来源：福建省自然资源厅

14. 江西省

江西省矿产资源丰富，是全国主要的有色金属矿产、稀有金属矿产基地之一，根据江西省国土资源厅发布的数据，截至 2017 年底，该省共发现 193 种矿产（以亚矿种计），探明的矿产资源保有储量排全国前十位的矿产有 89 种，其优势矿产为铜矿、钽矿等（表 1.15）。

表 1.15　江西省主要矿产一览表

序号	矿种	计量单位	保有资源储量	占全国百分比/%
1	铜矿	万 t	1 174.08	11.07
2	钽矿	万 t	4.65	32.92
3	金矿	t	488.70	3.70
4	银矿	t	2.42	7.67

数据来源：江西省自然资源厅

15. 山东省

山东省矿产资源种类较为齐全，主要的能源矿产有石油、天然气、煤炭等，金属矿产有铁矿、金矿等，非金属矿产有耐火黏土、滑石、明矾石、重晶石、红柱石等。优势矿产为金矿、石油等。山东省主要矿产一览表见表 1.16。

表 1.16　山东省主要矿产一览表

序号	矿种	计量单位	基础储量
1	石油	万 t	29 412.20
2	天然气	亿 m³	334.93

续表

序号	矿种	计量单位	基础储量
3	煤炭	亿 t	75.67
4	铁矿	亿 t	9.60
5	原生钛铁矿	万 t	899.82
6	铜矿	万 t	6.49
7	铅矿	万 t	0.63
8	锌矿	万 t	0.75
9	铝土矿	万 t	158.9
10	菱镁矿	万 t	14 793.49
11	硫铁矿	万 t	3.18
12	高岭土	万 t	314.10

注: 石油的数据为剩余技术可采储量; 天然气的数据为剩余技术可采储量

数据来源: 国家统计局

16. 河南省

河南省矿产资源较为丰富, 根据河南省自然资源厅发布的数据, 截至 2017 年底, 河南省已发现 144 种矿产, 其中能源矿产 10 种、金属矿产 44 种、非金属矿产 88 种、水气矿产 2 种。其优势矿产有煤炭、金矿、银矿、铝土矿等 (表 1.17)。

表 1.17　河南省主要矿种一览表

序号	矿种	计量单位	保有储量
1	煤炭	万 t	3 766 737.5
2	石煤	万 t	0.32
3	铁矿	矿石 万 t	67.8
4	铜矿	铜 t	90 454
5	铅矿	铅 t	2 867.7
6	铝土矿	矿石 万 t	203 714.4
7	钼矿	钼 t	414 273.69
8	金矿	金 kg	4 074 761.02
9	银矿	银 t	4 651 766.8
10	硫铁矿	矿石 万 t	87 040.5
11	磷矿	矿石 万 t	495 749.2

数据来源: 河南省自然资源厅

17. 湖北省

湖北省矿产资源种类齐全，根据湖北省自然资源厅统计的数据，截至 2017 年底，湖北省已发现 150 种矿产，主要的能源矿产有石油、煤炭等，石油保有资源储量占全国 6.68%，金属矿产有铁矿、铜矿、金矿等（表 1.18），占全国保有资源储量的比重分别为 3.80%、2.05% 和 1.36%，非金属矿产有磷矿、盐矿等，占全国保有资源储量的比重分别为 29.61%、1.97%。

表 1.18　2017 湖北主要矿产保有资源储量表

序号	矿种	计量单位	保有资源储量	占全国比重/%
1	煤炭	亿 t	8.42	0.05
2	石油	亿 t	4.36	6.68
3	铁矿	矿石　亿 t	32.27	3.80
4	铜矿	铜　万 t	217.27	2.05
5	金矿	金　t	179.39	1.36
6	银矿	银　t	5 123.79	1.62
7	磷矿	矿石　亿 t	74.87	29.61
8	盐矿	NaCl　亿 t	275.33	1.97
9	水泥用灰岩	矿石　亿 t	40.09	2.93
10	石墨（晶质）	矿物　万 t	16.2	0.04

数据来源：湖北省自然资源厅

18. 湖南省

湖南省矿产资源主要以有色金属矿产和非金属矿产为主，主要的金属矿产有铁矿、锰矿、铅矿、锌矿、铝土矿等，非金属矿产主要为高岭土（表 1.19）。

表 1.19　湖南省主要矿产一览表

序号	矿种	计量单位	基础储量
1	煤炭	亿 t	6.62
2	铁矿	亿 t	2.00
3	锰矿	万 t	1 957.92
4	钒矿	万 t	2.90
5	铜矿	万 t	9.92
6	铅矿	万 t	46.88
7	锌矿	万 t	70.76
8	铝土矿	万 t	311.43

序号	矿种	计量单位	基础储量
9	硫铁矿	万 t	670.05
10	磷矿	亿 t	0.24
11	高岭土	万 t	2 012.01

数据来源：国家统计局

19. 广东省

广东省是我国矿产资源较为丰富的省份之一，根据广东省自然资源厅发布的数据，截至 2017 年底，广东省已发现 150 种（亚种）矿产，其中能源矿产 6 种，黑色金属矿产 4 种，有色金属矿产 11 种，贵金属矿产 2 种，稀有稀土及分散元素矿产 15 种，冶金辅助原料矿产 8 种，化工原料矿产 9 种，建材及其他非金属矿产 44 种，水气矿产 4 种。广东省保有矿产资源储量及年度变化具体见表 1.20。

表 1.20　广东省保有矿产资源储量及年度变化

序号	矿产		计量单位	保有资源储量		
				2016 年末	2017 年末	变化率%
1	煤炭		万 t	59 859.00	59 859.00	
2	油页岩		万 t	446 233.20	446 233.20	
3	铁矿		矿石 万 t	63 596.90	62 943.10	−1.02
4	锰矿		矿石 万 t	1 213.10	1 213.10	
5	钛矿	高钛矿	高钛矿矿物 t	79 851.00	79 851.00	
		金红石砂矿	金红石矿物 t	2 778.10	2 778.10	
		钛铁矿	钛铁矿 TiO_2 t	9 352 169.80	9 352 169.80	
		钛铁矿砂矿	钛铁矿矿物 t	6 379 732.80	6 379 732.80	
6	钒矿		V_2O_5 t	487 640.00	487 640.00	
7	铜矿	非伴生矿	铜 t	2 396 687.60	2 070 213.20	−13.62
8	铅矿		铅 t	4 180 628.50	4 096 503.60	−2.01
9	锌矿		锌 t	5 512 333.00	5 329 229.30	−3.32
10	钴矿		钴 t	2 284.50	2 284.50	
11	锡矿	原生矿	锡 t	439 993.25	444 749.16	1.08
		砂矿	锡 t	41 238.62	41 239.89	
		伴生矿	锡 t	110 251.30	111 014.30	0.69
12	铋矿		铋 t	23 162.14	35 098.63	51.53
13	钼矿		钼 t	774 105.90	781 798.76	0.99
14	汞矿		汞 t	1 547.74	1 444.46	−6.67
15	锑矿		锑 t	56 542.85	54 958.25	−2.8

续表

序号	矿产		计量单位	保有资源储量		
				2016 年末	2017 年末	变化率%
16	金矿	岩金	金　kg	101 181.01	100 551.14	-0.62
		砂金	金　kg	14 201.91	14 201.91	
		伴生金	金　kg	19 166.46	18 974.77	-1.00
17	银矿	非伴生矿	银　t	8 045.46	8 072.06	0.33
		伴生银	银　t	11 188.17	30 156.22	169.54
18	锆矿	锆英石砂矿	锆英石　t	586 378.39	585 848.39	-0.09
		锆英石	锆英石　t	422.00	422.00	
		铪锆石	铪锆石　t	1 294.50	1 294.50	
19	铷矿		Rb_2O　t	121 418.00	296 419.00	144.13
20	镉矿		镉　t	16 536.58	16 240.58	-1.79
21	夕线石		夕线石　t	2 410 000.00	2 410 000.00	

数据来源：广东省自然资源厅

20. 广西壮族自治区

广西壮族自治区主要的能源矿产有石油、天然气等，金属矿产有锰矿、钒矿、铅矿、锌矿、铝土矿等，非金属矿产有硫铁矿、高岭土等。优势矿产为铝土矿、锡矿等（表 1.21）。

表 1.21　广西主要矿产一览表

序号	矿种	计量单位	基础储量
1	石油	万 t	154.00
2	天然气	亿 m³	1.58
3	煤炭	亿 t	0.90
4	铁矿	亿 t	0.30
5	锰矿	万 t	17 388.59
6	钒矿	万 t	171.49
7	铜矿	万 t	3.12
8	铅矿	万 t	52.74
9	锌矿	万 t	188.26
10	铝土矿	万 t	49 178.83
11	菱镁矿	万 t	838.83
12	硫铁矿	万 t	6 002.52
13	高岭土	万 t	43 180.03

注：石油的数据为剩余技术可采储量；天然气的数据为剩余技术可采储量

数据来源：国家统计局

21. 海南省

海南省有少量的石油、天然气及煤炭，金属矿产较为匮乏，主要的非金属矿产为高岭土（表 1.22）。

表 1.22　海南省主要矿产一览表

序号	矿种	计量单位	基础储量
1	石油	万 t	452.30
2	天然气	亿 m³	24.35
3	煤炭	亿 t	1.19
4	铁矿	亿 t	0.84
5	铜矿	万 t	3.52
6	铅矿	万 t	6.68
7	锌矿	万 t	16.99
8	高岭土	万 t	2 814.74

注：石油的数据为剩余技术可采储量；天然气的数据为剩余技术可采储量

数据来源：国家统计局

22. 重庆市

重庆市矿产资源种类相对较少，以能源矿产、有色金属矿产为主，但是储量都比较少（表 1.23）。

表 1.23　重庆市主要矿产一览表

序号	矿种	计量单位	基础储量
1	石油	万 t	266.90
2	天然气	亿 m³	2 726.90
3	煤炭	亿 t	18.03
4	铁矿	亿 t	0.12
5	锰矿	万 t	1 380.14
6	铅矿	万 t	2.52
7	锌矿	万 t	8.75
8	铝土矿	万 t	6 408.21
9	硫铁矿	万 t	1 456.70
10	高岭土	万 t	0.40

注：石油的数据为剩余技术可采储量；天然气的数据为剩余技术可采储量

数据来源：国家统计局

23. 四川省

四川省矿产资源较为丰富，种类比较齐全，各类矿产均有分布，优势矿产为天然气、钒矿、钛矿、锂矿、硫铁矿、磷矿等（表 1.24）。

表 1.24　四川省主要矿产查明资源储量

序号	矿种	计量单位	查明资源储量
1	钛矿	TiO_2　万 t	62 290.20
2	钒矿	V_2O_5　万 t	1 748.36
3	锂矿	Li_2O　万 t	178.25
4	芒硝	矿石　亿 t	187.47
5	盐矿	矿石　亿 t	176.09
6	天然气	亿 m^3	29 009.61
7	硫铁矿	矿石　万 t	95 626.02
8	磷矿	矿石　万 t	278 859.84
9	煤矿	亿 t	125.70
10	铁矿	矿石　亿 t	96.37
11	铜矿	铜　万 t	259.45
12	铅矿	铅　万 t	371.87
13	锌矿	锌　万 t	633.43
14	金矿	金　kg	400 464.00
15	银矿	银　t	5 285.79
16	铂族金属	金属　kg	50 714.66

数据来源：四川省自然资源厅

24. 贵州省

贵州省矿产资源种类较为齐全，根据贵州省自然资源厅发布的数据，锰矿和汞矿的保有资源储量居全国第一，此外煤炭、钛矿、钒矿、铝土矿、锑矿、锂矿保有资源储量均位居全国前列（表 1.25）。

表 1.25　贵州省矿产资源一览表

序号	矿种	计量单位	保有资源储量	全国排名
1	煤炭	亿 t	733.58	5
2	铁矿	亿 t	12.48	13
3	锰矿	万 t	75 825.90	1

续表

序号	矿种	计量单位	保有资源储量	全国排名
4	钛矿	万 t	101.71	5
5	钒矿	万 t	591.25	3
6	铜矿	万 t	16.09	25
7	铅矿	万 t	122.20	17
8	锌矿	万 t	584.31	11
9	铝土矿	亿 t	10.24	4
10	镁（炼镁白云岩）	万 t	11 729.33	8
11	镍矿	万 t	61.88	6
12	锡矿	t	7 760.60	12
13	钼矿	万 t	89.52	9
14	汞矿	万 t	3.05	1
15	锑矿	万 t	34.39	4
16	金矿（岩金）	t	487.97	7
17	铌钽矿	t	146.00	7
18	锂矿	Li_2O	16.94	4
19	锗矿	t	1 110.05	3
20	镓矿	t	58 554.29	3
21	铟矿	t	8.01	16
22	镉矿	t	6 777.18	12
23	铊矿	t	1 734.60	3
24	硒矿	t	773.60	7

数据来源：贵州省自然资源厅

25. 云南省

云南省拥有少量的油气资源，金属矿产主要有锰矿、铜矿、铅矿、锌矿、铝土矿等，非金属矿产主要有硫铁矿、磷矿及高岭土（表 1.26），优势矿产为铅矿、锌矿、铜矿等。

表 1.26　云南省主要矿产一览表

序号	矿种	计量单位	基础储量
1	石油	万 t	12.20
2	天然气	亿 m³	0.47
3	煤炭	亿 t	59.58

续表

序号	矿种	计量单位	基础储量
4	铁矿	亿 t	4.24
5	锰矿	万 t	1 196.81
6	钒矿	万 t	0.07
7	原生钛铁矿	万 t	3.12
8	铜矿	万 t	298.99
9	铅矿	万 t	240.98
10	锌矿	万 t	982.69
11	铝土矿	万 t	1 397.14
12	硫铁矿	万 t	4 878.86
13	磷矿	亿 t	6.27
14	高岭土	万 t	136.10

注：石油的数据为剩余技术可采储量；天然气的数据为剩余技术可采储量

数据来源：国家统计局

26. 西藏自治区

西藏自治区矿产资源较少，金属矿产主要有铁矿、铬矿、铜矿及铅矿、锌矿等（表
1.27），非金属矿产有高岭土、自然硫、云母等。

表 1.27　西藏自治区主要矿产一览表

序号	矿种	计量单位	基础储量
1	煤炭	亿 t	0.12
2	铁矿	亿 t	0.17
3	铬矿	万 t	158.47
4	铜矿	万 t	272.32
5	铅矿	万 t	89.51
6	锌矿	万 t	40.27

数据来源：国家统计局

27. 陕西省

陕西省是我国的矿产资源大省之一，矿产种类齐全，拥有丰富的石油、天然气及煤

炭资源。根据陕西省自然资源厅发布的数据,截至 2017 年底,陕西省已发现 138 种(含亚矿种)矿产(表 1.28),其中盐矿保有储量居全国第一位,石油和天然气保有储量分别居全国第三位和第四位,煤炭保有储量居全国第四位。

表 1.28　陕西省主要矿产一览表

序号	矿种	计量单位	基础储量
1	石油	万 t	38 375.60
2	天然气	亿 m^3	7 802.50
3	煤炭	亿 t	162.93
4	铁矿	亿 t	3.97
5	锰矿	万 t	288.11
6	钒矿	万 t	7.18
7	铜矿	万 t	19.93
8	铅矿	万 t	36.94
9	锌矿	万 t	100.53
10	铝土矿	万 t	0.89
11	硫铁矿	万 t	108.30
12	磷矿	亿 t	0.06
13	高岭土	万 t	0.40

注:石油的数据为剩余技术可采储量;天然气的数据为剩余技术可采储量

数据来源:国家统计局

28. 甘肃省

甘肃省主要的能源矿产有石油、天然气和煤炭,主要的金属矿产有铁矿、锰矿、铜矿等(表 1.29)。

表 1.29　甘肃省主要矿产一览表

序号	矿种	计量单位	基础储量
1	石油	万 t	28 261.70
2	天然气	亿 m^3	318.03
3	煤炭	亿 t	27.32
4	铁矿	亿 t	3.24
5	锰矿	万 t	357.52

续表

序号	矿种	计量单位	基础储量
6	铬矿	万 t	141.24
7	钒矿	万 t	112.32
8	铜矿	万 t	132.45
9	铅矿	万 t	79.63
10	锌矿	万 t	304.81
11	硫铁矿	万 t	1.00

注：石油的数据为剩余技术可采储量；天然气的数据为剩余技术可采储量

数据来源：国家统计局

29. 青海省

青海省优势矿产资源主要有石油、天然气、煤炭等，有少量的铜矿、铅矿、锌矿等金属矿产（表 1.30）。

表 1.30　青海省主要矿产一览表

序号	矿种	计量单位	基础储量
1	石油	万 t	8 252.3
2	天然气	亿 m^3	1 354.44
3	煤炭	亿 t	12.39
4	铁矿	亿 t	0.03
5	铬矿	万 t	3.68
6	铜矿	万 t	18.04
7	铅矿	万 t	43.68
8	锌矿	万 t	97.79
9	菱镁矿	万 t	49.90
10	硫铁矿	万 t	50.08
11	磷矿	亿 t	0.60

注：石油的数据为剩余技术可采储量；天然气的数据为剩余技术可采储量

数据来源：国家统计局

30. 宁夏回族自治区

宁夏回族自治区主要的矿产有石油、天然气、煤炭等（表 1.31），还有其他的建材类非金属矿产，如建筑用辉绿岩、砖瓦用黏土等。

表 1.31 宁夏回族自治区主要矿产一览表

序号	矿种	计量单位	基础储量
1	石油	万 t	2 432.40
2	天然气	亿 m³	274.44
3	煤炭	亿 t	37.45
4	磷矿	亿 t	0.01

注：石油的数据为剩余技术可采储量；天然气的数据为剩余技术可采储量

数据来源：国家统计局

31. 新疆维吾尔自治区

新疆维吾尔自治区矿产资源较为丰富，根据新疆维吾尔自治区自然资源厅发布的数据，目前新疆已发现 138 种矿产，有 5 种居全国首位。新疆拥有丰富的油气资源及煤炭资源，金属矿产有铁矿、铜矿、铅矿、锌矿、镍矿等，非金属矿产有耐火黏土、芒硝、盐矿等（表 1.32）。

表 1.32 新疆主要矿产一览表

序号	矿种	计量单位	资源保有储量
1	铁矿	亿 t	26.30
2	铬铁矿	万 t	160.40
3	铜矿（金属）	万 t	907.22
4	铅矿（金属）	万 t	450.62
5	锌矿（金属）	万 t	1 150.77
6	镍矿（金属）	万 t	153.23
7	煤	亿 t	3 773.13
8	耐火黏土	万 t	539.37
9	芒硝（Na_2SO_4）	亿 t	915.75
10	盐矿（NaCl）	亿 t	132.95
11	钾盐（KCl）	万 t	19 677.04
12	云母（工业用料）	t	54 253.04
13	膨润土	万 t	45 715.78
14	饰面用花岗岩	万 m³	53 645.46
15	石油	万 t	59 576.30
16	天然气	亿 m³	10 251.78

注：石油的数据为剩余技术可采储量；天然气的数据为剩余技术可采储量

数据来源：石油和天然气数据来自国家统计局，其他数据来源于《2016 新疆统计年鉴》

1.2　矿产资源开采现状与趋势

1.2.1　金属矿产资源开采现状与趋势

1. 概述

我国金属矿产资源品种齐全，储量丰富，分布广泛。已探明有储量的主要金属矿产有铁矿、锰矿、铬矿、钛矿、钒矿、铜矿、铅矿、锌矿、铝土矿、镁矿、镍矿、钴矿、钨矿、锡矿、铋矿、钼矿、汞矿、锑矿、铂族金属（铂矿、钯矿、铱矿、铑矿、锇矿、钌矿）、金矿、银矿、铌矿、钽矿、铍矿、锂矿、锆矿、锶矿、铷矿、铯矿、稀土元素（钇矿、钆矿、铽矿、镝矿、铈矿、镧矿、镨矿、钕矿、钐矿、铕矿）、锗矿、镓矿、铟矿、铊矿、铪矿、铼矿、镉矿、钪矿、硒矿、碲矿等。各种矿产的地质工作程度不一，其资源丰度也不尽相同。有的资源比较丰富，如钨矿、钼矿、锡矿、锑矿、汞矿、钒矿、稀土元素、铅矿、锌矿等；有的资源则明显不足，如铬矿、铁矿等。

经过长期大规模开采，已探明的浅部矿产逐渐枯竭，开采条件大大恶化。大型露天矿在逐年减少，不少矿山已开采到临界深度，面临关闭或转向地下开采；占矿山总数 90% 的地下矿山，有 2/5～3/5 正陆续向深部开采过渡。据统计，未来 10 年内，我国 1/3 的地下金属矿山开采深度将达到或超过 1 000 m。目前，我国开采深度达到或超过 1 000 m 的金属矿山已达 16 座，其中，河南灵宝崟鑫金矿达到 1 600 m，云南会泽铅锌矿、六苴铜矿和吉林夹皮沟金矿达到 1 500 m。在这 16 座矿山中，几乎全部为有色金属矿山和金矿，只有一座铁矿（鞍钢弓长岭铁矿）（张钦礼 等，2016）。我国金属矿产资源的特点可见文献（古德生 等，2011）。

2. 金属矿床开采方式

根据矿床赋存条件，金属矿床开采方式分为露天开采、地下开采和露天地下联合开采与露天转地下开采、特殊采矿方式。合理开采方式的确定是矿山总体设计中的重要问题，取决于许多因素，如矿体埋藏深度、规模、产状、空间分布、地形、地貌及施工技术水平和机械设备等。

1）露天开采

露天开采是从地表直接采出有用矿物的矿床开采方式，有机械开采和水力开采两种基本形式。水力开采主要用于松散的砂矿床开采，借水枪喷出的高压水流冲采砂矿，通过砂泵输送砂浆，或用采沙船直接采掘；机械开采是用一定的采掘运输设备，在敞开的空间里进行的开采作业。图 1.2 为露天矿场全貌。

露天开采与地下开采相比，具有如下突出的优点。

（1）受开采空间限制较小，可采用大型机械化设备，有利于实现自动化，从而可大大提高开采强度和矿石产量。

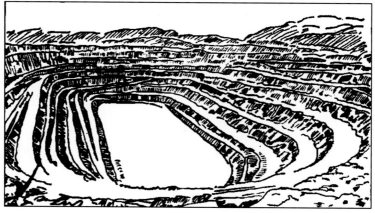

图 1.2　露天矿场全貌

（2）劳动生产率高。露天开采的劳动生产率是地下开采的 5～10 倍。

（3）开采成本低，因而有利于大规模开采低品位矿石。

（4）矿石损失贫化小，可充分回收宝贵的矿产资源。

（5）基建时间短，基建投资少。

（6）劳动条件好，工作安全。

露天开采带来的问题如下。

（1）在开采过程中，穿孔、爆破、采装、运输、卸载及排土时粉尘较大，汽车运输时排入大气中的有毒有害气体多，排土场的有害成分流入江河湖泊和农田等，对大气、水和土壤造成污染，而且露天坑破坏了地表地貌。

（2）排土场占用大量土地资源。

（3）易受气候条件影响。

2）地下开采

对于埋藏深度较大的矿床，经济上不允许从地表直接采掘矿石，而只能从地表掘进一系列的井巷工程通达矿体，在地下空间内采用合适的采矿工艺进行采矿工作，采下的矿石通过提升、运输等手段提出地表（图 1.3）。随着浅部资源的逐渐消耗，开采深度越来越大，矿床地下开采已成为固体矿产资源主要的采矿方式。

3）露天地下联合开采与露天转地下开采

露天地下联合开采是上部或浅部用露天开采，深部用地下开采（图 1.4）。对一些矿体延伸较深、覆盖层不厚的中厚或厚大的急倾斜矿床，由于露天开采具有投产快、初期建设投资少、贫损指标优等优点，早期一般采用露天开采方式进行采矿，但随着露天开采不断延深，岩石剥离工作量逐渐增大，当剥采比大于经济合理剥采比后，从经济上就不再适用露天开采，而应适时转入地下开采，即露天转地下开采。

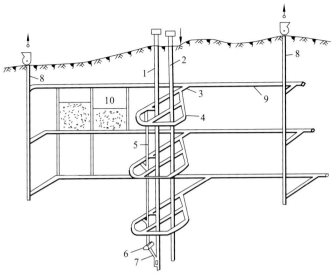

图 1.3　地下开采示意图

1—主井；2—副井；3—石门；4—井底车场；5—阶段溜矿井；6—破碎硐室；

7—矿仓；8—回风井；9—阶段平巷；10—矿块

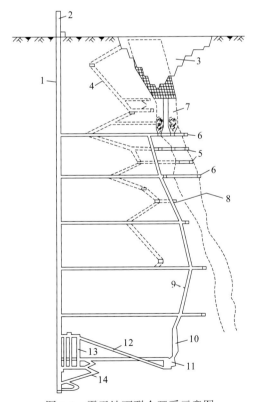

图 1.4　露天地下联合开采示意图

1—主井；2—井塔；3—露天矿；4—副斜井；5—分段巷道；6—上盘回风平巷；7—采场；8—探矿钻孔；

9—阶段溜矿井；10—粗矿仓；11—破碎硐室；12—皮带输送机；13—细矿仓；14—粉矿回收斜巷

4）特殊采矿方式

露天开采和地下开采是固体矿床开采的基本方式，但随着易采、易选矿产资源的不断减少，矿山基建费用和生产成本不断上涨，以及采矿、加工过程中的环境问题日益引起人们的关注。某些特定条件下的矿床开采，如低品位矿石、海洋矿床开采，不仅技术难度很大，安全生产和环境保护受到威胁，而且会造成资源的巨大浪费，针对这些非常规矿床必须采用特殊采矿方法。特殊采矿方法包括溶浸采矿和化学采矿、海洋采矿等。

溶浸采矿是根据矿物的物理化学特性，将工作剂注入矿层（堆），通过化学浸出、质量传递、热力和水动力等作用，将地下矿床或地表矿石中某些有用矿物，从固态转化为液态或气态，然后回收，以达到以低成本开采矿床的目的。

某些微生物及其代谢产物，能对金属矿物产生氧化、还原、溶解、吸附、吸收等作用，使矿石中的不溶性金属矿物变为可溶性盐类，转入水溶液中，为进一步提取这些金属创造条件。利用微生物的这一生物化学特性进行溶浸采矿，是近几十年迅速发展起来的一种新的采矿方法。目前世界各国微生物浸矿成功地应用于工业化生产的主要是铀、铜和金、银等金属矿物，且正在向锰、钴、镍、钒、镓、钼、锌、铝、钛、铊和钪等金属矿物发展。浸出方式由池（槽）浸、地表堆浸逐步扩展到地下就地破碎浸出，并有向地下原地钻孔浸出发展的趋势。一般说来，微生物浸矿主要是针对贫矿、含矿废石、复杂难选金属矿石。

3. 金属矿床采矿技术的发展方向和趋势

我国采矿技术在许多方面已经接近或达到了国际先进水平，差距主要体现在资源效率低、资源损失严重、设备大型化、自动化程度不够和软科学技术在矿山的应用不够等方面。

随着我国基础设施及国民经济的全面发展，国民经济对矿产资源的需求日趋增长，矿产资源的消耗迅猛增长。进入深部开采后，地应力增大、破碎岩体增多、涌水量加大、井温升高、开采技术条件和环境条件严重恶化，导致开采难度加大、灾害及事故增多、劳动生产率下降、成本急剧增加，给深部大规模安全、高效开采带来一系列的工程技术问题。

结合我国的地下采矿技术条件，金属矿山科技发展有如下几方面（朱万成 等，2018；古德生 等，2011）。

（1）低品位矿床的经济开采技术。鉴于我国大宗金属矿产资源都属于紧缺或劣质资源，而保有大量的铜铁边际经济储量和大量的低品位一水硬铝石资源量未能利用，因此对低成本自然崩落采矿法和低成本充填采矿法的研究和推广应用，原地溶浸采矿技术的探索，规模化露天开采与下游湿法冶金工艺的集成等课题开展研究将具有更为重要的意义。

（2）复杂难采矿床的综合开采技术。主要指深井采矿和大水矿床的开采。深井采矿除地热问题外，还有高应力区岩爆、高应力区岩石软弱破碎及高提升成本等问题；开采这类矿床的采矿方法和巷道支护有很大的不同。对于大水矿床能否采用水力提升，甚至是否适于将选矿厂也设在地下，这些都是值得研究的理论和工程相结合的重要课题。

（3）无废开采技术。主要是指消除尾矿库和废石场的综合技术，包括强化有用矿物（含非金属矿物）的综合利用技术、固体废料资源化技术、固体废料充填技术、原地溶浸无废开采技术、矿山废气废水达标治理技术等。

（4）矿山生态和环境控制技术。并不是所有矿山都能实现无废开采，对于不能实现无废开采的矿山，应当重点研究其生态和环境的保护、恢复技术，包括尾矿库、废石堆场复垦技术，以及防止地表塌陷的保护性开采技术、露天坑生态恢复技术和尾矿干堆技术等重要课题。

（5）矿山数字化和矿井无人化技术。矿山的高度自动化、智能化、信息化有利于实现矿井无人的远程遥控采矿。数字化技术是利用信息技术改造传统矿业的发展方向，是采矿工作者追求的最理想境界。

（6）矿山安全技术。矿山安全是落实以人为本理念的重要体现，是技术科学与管理科学相结合的产物。包括矿山数字化动态实时安全监控系统研究、安全预警系统研究、重大灾害防治技术研究等课题。

（7）矿山生态和环境状况评价。矿山开采对生态和环境的影响主要表现在废石、尾矿等固体废料的堆放占用大量土地，露天坑和地下开采的塌陷区破坏地表植被和景观等。我国已有一些尾矿库进行了复垦，有少量矿山在废料资源化方面也做了卓有成效的工作，但是从整体上看，矿山开采仍然使生态和环境状况日趋恶化，特别是一些小型矿山滥采乱挖和尾矿的任意排放，与矿业发达国家相比存在很大的差距。

4. 矿山装备发展现状和趋势

近年来发达国家的采矿设备发展迅猛，新产品、新技术不断涌现。在过去的 30 多年里，采矿机械化程度得到快速发展，极大地改变了采矿方法和工艺，推动了采矿技术的发展。露天采矿装备，1995 年小松公司就推出了 272 t 的 930E 矿用汽车，1998 年卡特彼勒公司推出了 CA797 型 327 t 矿用汽车。为了与大型矿用汽车配套，P&H4100 型电铲斗容已达 35 m³，4 铲就可装满一辆 327 t 级矿用汽车。59R、61R 牙轮钻机钻孔孔径已达 445 mm，轴压力达 1.8 MN（184 t）和 1.5 MN（152 t），扭矩达 20 kN·m 和大于 30 kN·m。20 世纪 90 年代以来，国外露天矿大型设备单机载计算机实时监控已有了成功的应用。近年来，美国模块采矿系统公司、卡特彼勒公司借助于全球定位系统和高性能的数据通信网络技术，先后开发了有关计算机软件，对各种设备进行自动化智能化控制管理（章林，2016；古德生 等，2011）。

在地下开采矿山，依靠大孔径的潜孔钻机、牙轮钻机和凿岩台车、铲运机和装载机、井下矿用汽车、装药机械和锚杆台车等辅助采矿机械，垂直深孔落矿阶段矿房法（vertical crater retreat mining method，VCR）、高分段崩落采矿法、自然崩落采矿法、水平和缓倾斜厚大矿体的房柱法等高效采矿方法及工艺相继诞生。采矿装备进步也极大地改变了充填采矿方法和工艺的面貌，大幅度提高了充填采矿法的生产效率，扩大了应用范围，也创造了许多充填采矿方法的变形方法，例如块石胶结充填采矿方法、膏体胶结充填采矿方法和高浓度全尾砂胶结充填采矿方法等。与此同时，采矿装备的进步还使一些以前无法开采或难以开采的复杂难采矿体得到有效开采和利用。

1）我国地下金属矿山采矿装备发展现状

（1）大部分有色金属地下矿山采矿装备水平偏低。据调查，我国矿山采矿装备水平都普遍偏低，大多数矿山的采矿装备远远落后于世界先进水平。许多地下矿山基本上还是 20 世纪 50～60 年代的设备。占全国产量 2/3 的地下钨矿山所用的设备几乎是国内落后或一般水平的设备，但金川镍矿、凡口铅锌矿、安庆铜矿等矿山的装备水平远远领先于其他地下矿山，甚至在凿岩和铲装方面有些已经接近甚至达到世界先进水平。

（2）地下金属矿山装备国产化水平低。从 20 世纪 70 年代开始，特别是改革开放以来，我国陆续从国外引进铲运机及其他无轨采矿设备，并将其主要应用在国内少数大型骨干金属矿山，形成了以铲运机为核心的地下无轨采矿方法，很多已接近国际先进水平。但完全依靠进口设备实现机械化开采，因其进口设备价格昂贵，是国产设备价格的 3 倍，而且备件价格高，大幅度增加了矿山建设投资和生产成本，致使采矿成本居高不下，已对矿山的发展构成一大障碍。采矿装备的国产化问题已经非常突出，必须引起高度重视，否则将会使我国地下采矿装备水平与世界发达国家之间的距离进一步拉大。

（3）地下金属矿山装备生产效率低，制约采矿工艺的发展。大多数矿山采用的仍然是气动凿岩机凿岩、电耙出矿、风动或电动铲斗式装岩机装岩、普通矿车运输。在天井掘进机械方面，仍然以常规的吊罐法较为普遍，劳动强度大的普通法也占较大比重，我国地下矿山装备无论在采矿还是掘进各方面都比较落后，大多数地下矿依然是小巷道、小采场、多分段分散作业，没有摆脱小生产的模式，繁重的体力劳动充斥井下各个生产环节；矿山生产效率低；采矿成本高，采矿环境恶劣（古德生 等，2011）。

2）国外地下金属矿山采矿装备发展现状

近年来，发达国家的采矿装备发展迅猛，新产品、新技术不断涌现，地下采矿装备发展尤其迅速。

（1）装备成龙配套、高度机械化、技术成熟、可靠性高。国外先进的地下采矿装备从凿岩、装药到装运，全部实现了机械化配套作业。各种类型的液压钻车、液压凿岩机、柴油或电动及遥控铲运机是极普通的基本装备，装备大型化、微型化、系列化、标准化、通用化程度高。

（2）装备高度无轨化、液压化、自动化。在自动化方面已经成功引进无人驾驶、机器人作业新技术。如加拿大斯托比镍矿就一直致力于提高机械化和自动化水平，该矿矿石产量自 1990 年起，以年平均 8.7% 的速度递增，仅用 381 名矿工和 100 名维修工就使全矿每天生产出 1.5 万余吨的矿石，近年该公司又组建了由 2 台 Roboscoop 机器人铲运机和 1 台 MTT-44 型 44 t 遥控汽车的新型自动化运输系统（古德生 等，2011）。

（3）自动化智能化控制管理。采矿设备的遥控和自动控制技术提高了生产效率，降低了成本，增加了安全性，并减轻了对操作人员的听力损伤，对有危险的作业具有更大优越性。借助于庞大完善的矿山计算机管理信息系统和各种先进的传感器、微型测距雷达、摄像导向仪器等装置，可以实现采矿设备工况和性能的监控，达到一定程度的智能化和自动化作业。加拿大许多现代矿山的绝大部分日常生产都是依靠遥控铲运机。如国际镍公司斯托比矿的破碎与提升系统已经全部实现自动化作业,2 台 WigerST8B 铲运机、3 台 Tamrock Datasolo 1000sixty 生产钻车、1 台 Wigner40 t 已实现井下无人驾驶自动作业,工人在地表即可遥控操纵这些设备。此外,该国已制定出一项拟在 2050 年实现的远景规划,即将加拿大北部边远地区的一个矿山变为无人矿井,从萨德伯里通过卫星操纵矿山的所有设备(古德生 等,2011)。

3)我国地下金属矿山采矿装备的发展方向

通过对重大采矿装备的技术攻关和对国外先进技术装备的引进改造,我国采矿装备得到了很大发展,在很多设备方面,国产率得到了明显的提高。但是由于设备不配套难以形成生产力,国产设备质量差难以进行推广。我国地下金属矿山采矿装备的发展方向如下。

(1)加快地下采矿装备国产化步伐。针对我国采矿装备国产化率低的现实情况,必须在引进国外先进采矿装备的同时,引进它们最先进的技术和产品,在我国矿山装备现有技术的基础上,进一步实现重要设备的国产化,并对重大设备进行技术重点攻关。从世界采矿的发展方向可以看出,连续和半连续采矿设备的国产化必将成为矿山装备国产化的一个主攻方向。

(2)大力发展无轨地下采矿装备,提高生产效率。发展适合我国国情的地下开采百万吨级的高效大孔穿爆设备、中深孔全液压凿岩台车、铲运机、自卸汽车等地下无轨和辅助配套设备是提高矿山劳动生产率、降低成本的核心。建立以铲运机为中心,配以各种辅助车辆的无轨采矿设备及其工艺。

(3)加强矿山装备的研制和开发。我国矿业目前的装备水平落后于技术与工艺发展的要求,面对日趋复杂的资源开采技术条件和深井开采、露天转地下开采、低品位矿床大规模采矿和无废清洁生产等技术难题,需要通过创新装备,开展深部采矿装备的配套与自动化、“远程采矿”、“智能矿山”、无人驾驶自卸卡车、高精度全球定位系统钻机定位、挖掘机定位系统等创新研究,提高矿山采矿的效率,减少矿山采矿的经济风险。

(4)借助信息化技术发展采矿装备。借助信息技术的发展,利用遥控、无线电通信、仿真、计算机管理信息系统、实时监控等先进技术来控制采矿设备和系统,近几年已相继研制出遥控深孔凿岩、遥控装运、遥控装药和爆破及遥控喷锚支护等设备。

1.2.2　煤炭资源开采现状与趋势

1. 概述

2010 年国内煤炭消费 29.65 亿 t,占国内一次能源消费量的 66%;2013 年全国煤炭产量 37 亿 t 左右;2017 年煤炭总产量为 35.2 亿 t,较上一年增产 1.1 亿 t,增长超过 3%,是近几年来的首次增长,2018 年煤炭总产量 36.8 亿 t,较上一年增长 4.5%,这些产量的近 90%来自井工开采。煤炭行业得益于国家制定的各项经济调整政策,煤炭供能的需求日益加大，煤炭消费仍然是我国整体能源消费的主体，消费占比达到六成以上。与此同时，煤矿安全生产持续好转，2018 年全国煤矿发生事故 224 起，死亡 333 人，同比减少 2 起、50 人，分别下降 0.9%和 13.1%，百万吨死亡率 0.093，同比下降 12.3%，首次降至 0.1 以下。2020 年，全国规模以上原煤产量完成 38.4 亿 t，同比增长 0.9%，增速较上年（4.2%）回落 3.3 个百分点，2020 年，全国煤矿共发生事故 123 起、死亡 228 人，同比分别下降 27.6%和 27.8%，百万吨死亡率 0.058，同比下降 30.1%。

根据中国工程院重大项目已有研究成果（袁亮，2017），主要研究了五大产煤区域，晋陕蒙宁甘区、华东区、东北区、华南区和新青区的资源情况。根据国土资源部《2011 年矿产资源报告》，截至 2011 年底，按照我国煤炭资源分布的五大区进行统计，我国煤炭保有资源量为 14 882.73 亿 t，其中已利用资源量 4 185.17 亿 t，尚未利用资源量 15 472.24 亿 t。尚未利用资源量中，勘探（精查）2 508.47 亿 t，详查 2 932.58 亿 t，普查 5 258.66 亿 t，预查 4 772.53 亿 t。全国已利用煤炭资源量为 4 185.17 亿 t，晋陕蒙宁甘区占比最大，已利用煤炭资源量为 2 581.84 亿 t，达到 61.74%；新青区次之，已利用煤炭资源量为 489.52 亿 t，达到 11.7%；华东区、华南区和东北区已利用煤炭资源量分别为 720.18 亿 t、233.71 亿 t 和 159.91 亿 t，分别占全国的 17.21%、5.58%和 3.82%。从勘探、详查、普查和预查资源量来看，晋陕蒙宁甘地区煤炭资源的分布较为集中，分别占全国的 61.74%、80.36%、63.56%、85.83%。

我国煤层埋藏深，煤田构造整体复杂。我国在已有的 5.57 万亿 t 煤炭资源中，埋深在 1 km 以下的为 2.95 万亿 t，占煤炭资源总量的 53%。煤矿深部岩体长期处于高压、高渗透压、高地温环境和采掘扰动影响下，岩体表现出特殊力学行为，并可能诱发煤与瓦斯突出、岩爆、矿井突水、顶板大面积来压和冒落为代表的一系列深部资源开采中的重大灾害性事故。瓦斯含量高，严重影响煤矿安全生产。

水资源短缺是人类社会长足发展面临的重大问题，我国水资源地域分布不均衡，南北差异很大。以昆仑山—秦岭—大别山一线为界，以南水资源较丰富，以北水资源短缺。而内蒙古、山西、陕西、宁夏等西北部的富煤地区，已查明煤炭资源量占全国的 70%以上，淡水资源极度贫乏。据有关方面测算，我国每年因采煤破坏地下水资源达 22 亿 m^3。如果在煤炭开采过程中不对水资源加以有效保护和利用，将进一步加剧水资源短缺。

我国主要大型煤炭基地的环境现状不容乐观，综合环境容量较小，煤炭资源大规模开采给生态环境造成了严重的破坏。在近几十年来的煤炭资源开采中，煤炭开采导致地下水资源短缺、水质污染、水土流失、土壤沙化、土地塌陷、空气污染、噪声污染等一系列问题非常突出，给生态环境造成很大破坏，严重制约经济社会的可持续发展。脆弱的生态环境基底及大规模开发造成的生态环境持续恶化，影响中西部煤炭资源可持续开发利用甚至我国的生态安全。

煤炭资源集中于晋陕蒙宁地区，消费地集中于黄淮海和东南等地区。东部地区资源储量少，资源利用率已经很高，开采地质条件好的资源已经利用，产能、环境容量已经接近极限，且深部开发缺乏保障。一旦东部地区可采煤炭资源完全枯竭，遇中西部突发事件，东部煤炭供应缺乏保障，将威胁我国能源安全甚至国家安全。

我国煤矿高瓦斯、水害、火灾、冲击地压及煤与瓦斯突出灾害矿井占全国煤矿总数的 1/3 以上，并且随着开采深度的加大，这些灾害的频度和强度更趋严重。鉴于 2050 年以前煤炭仍是我国的主要能源，我国的煤炭安全开采难题只有面对，无法回避。当前，我国煤炭资源回收率仅 50%左右，远低于美国的 80%，我国低回收率引领的产能扩张型发展模式，造成生态环境破坏加剧，煤炭开采造成的生态环境破坏严重，包括大气污染、对水资源的破坏和污染、煤矸石堆存、地表沉陷、土地荒漠化加剧等。

另外，中国煤炭资源总量丰富，但已发现的煤炭资源占煤炭蕴藏量的比重较小，大量仍处于详查和普查阶段，不能作为煤炭资源整体规划的有力参考。我国煤炭资源勘查程度亟须提高，完善详尽的基础地质勘查，是提高煤炭资源勘查程度，合理规划开发煤炭资源的先决条件。

2. 技术发展现状

1）超大采高智能综采面世界领先

2018 年 3 月 19 日，世界首个 8.8 m 智能超大采高综采工作面在国家能源集团神东上湾煤矿投入试生产，这是世界煤矿井下最高的工作面。截至 2019 年 2 月 4 日，神东上湾煤矿世界首个具有完全自主知识产权的 8.8 m 超大采高智能综采工作面（图 1.5），创安全回采 323 天、生产原煤 1 000 万 t 新纪录，该工作面的安全高效回采填补了国内外特厚煤层开采的技术空白，提升了综采装备研发能力及制造水平，在综采装备和开采技术上是一次历史性变革。它不仅进一步带动国内外超大采高成套综采装备的发展，也为类似赋存条件下井工煤矿特厚煤层安全高效回采提供了技术依据和参考经验，推动了绿色开采技术的创新与进步，对引领煤炭行业的发展方向、提升世界一流示范煤矿的建设水平具有重要意义。据悉，该工作面正式投产后，上湾煤矿工作效率将提高 85%以上，成本降低 30%，资源回采率提高 30%。

图 1.5　国家能源集团神东煤炭集团公司 8.8 m 超大采高智能综采工作面

2）智能综采工作面相继增多

随着黄陵一矿 1.4～2.2 m 较薄煤层 1001 智能综采工作面有人巡视、无人操作的智能化开采及金鸡滩煤矿 8.2 m 超大采高工作面智能化开采及特厚煤层智能化综放开采取得成功以来,智能综采工作面在塔山、淮南等矿区相继建成(智能化综采装备群见图1.6)。截至2019年1月19日,全国煤矿安全生产工作会议指出,我国煤矿安全基础保障能力稳步提升。有一级标准化煤矿444处、二级1 533处、三级1 043处,全国47处单班下井超千人矿井已全部降至千人以下,733处煤矿完成安全监控系统升级改造,建成145个智能化采煤工作面,首次印发5类38种煤矿机器人重点研发目录。

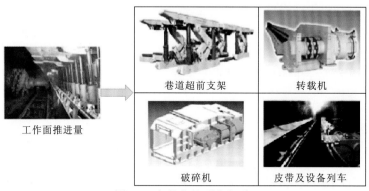

图1.6 智能化综采装备群

3. 煤炭资源开采发展趋势

1)煤炭深部开采是必然趋势

经济的快速发展、煤炭开采和需求量的不断增加,导致我国煤矿开采深度以平均10~25 m/a的速度快速向深部延伸。特别是在中东部经济发达地区,煤炭开发历史较长,浅部煤炭资源已近枯竭,许多煤矿已进入深部开采(埋深800~1 500 m)。全国50对矿井深度超过1 000 m,山东新汶矿业孙村煤矿最大采深达1 503 m,与浅部开采相比,深部煤岩体处于高地应力、高瓦斯、高温、高渗透压及较强的时间效应的恶劣环境中,煤与瓦斯突出、冲击地压等动力灾害问题更加严重,并且有多重灾害耦合发生的趋势,深部煤矿开采面临诸多重大科学技术难题,英国、德国等发达国家普遍采取国家关井措施,但煤炭仍将长期是我国的主要能源,深部煤炭开发难题只有面对、无法回避。

2)可持续发展势在必行

由于采矿行业本身的特点,采矿过程中总是伴随着对环境或多或少的破坏。如采矿对地表和地下水系的破坏,加剧了水资源的匮乏;开采导致地表沉陷,大面积的土地遭到破坏;排到地面堆积起来的矸石山则导致大量土地被占用;另外每年因开采煤炭而排放到大气中的大量有害气体,对大气环境造成严重的影响,煤炭开采环境成本与日俱增。上述煤炭开发的负外部性都与绿色、协调、可持续的发展战略冲突,未来煤炭开采若不改变发展战略和方向,行业的可持续性发展将面临巨大的挑战。

3)绿色开采体系不断完善

煤炭科学开采离不开绿色开采,煤矿重大事故有效控制的途径是:①实现生产过程机械化和自动化,重点突破适应各种地质开采技术条件的数字信息控制机电一体化装备,提高煤矿生产机械化和自动化生产水平；②实现煤矿安全高效开采决策和实施管理的信息化、智能化、可视化和自动化。

迄今为止，中国矿山开采重大灾害的研究，仍然处在对矿山开采重大灾害成灾机理不清晰、不系统的发展阶段。这是当前一些煤矿事故频繁、重大事故和环境灾害未能从根本上得到控制、开采经济效益不好的重要原因之一。针对面临的问题，煤炭开采技术发展的方向及相关技术突破的重点包括两个方面。

（1）在顶板控制设计理论指导下"量体裁衣"，实现采掘工作面生产综合机械化、自动化，从根本上解决顶板事故灾害控制问题。相关技术突破重点包括：占全国矿井一半以上的中小型煤矿薄及中厚煤层易拆装电液控制轻型综采支架的设计和制造问题；实现支护机械化、自动化的综掘装备设计和制造机械化开采是安全生产的主题。

（2）在"实用矿山压力控制理论"指导下，以机械化采集井下矸石为主体的绿色高强充填材料实现无煤柱充填开采，控制瓦斯、冲击地压、水害等重大事故和环境灾害问题。相关技术突破重点包括：无煤柱充填开采设计决策理论和模型建设；以井下采集矸石为主体的绿色高强充填材料制备；井下矸石采集及充填技术装备研制；提高煤矿现代化管理水平，实现煤矿安全开采和环境灾害控制信息化、智能化、可视化。

4）智能精准开采是未来采矿必由之路（袁亮，2017）

煤炭行业必须由劳动密集型升级为技术密集型，创新发展成为具有高科技特点的新产业、新业态、新模式，走智能、少人（无人）、安全的开采之路。煤炭精准开采将运用现代化信息技术改造传统采矿，对于推动煤炭产业变革，实现煤炭开采颠覆性技术创新意义重大，煤炭精准开采是人类社会未来采矿必由之路。

煤炭精准开采是基于透明空间地球物理和多物理场耦合，以智能感知、智能控制、物联网、大数据、云计算等作支撑，具有风险判识、监控预警等处置功能，能够实现时空上准确安全可靠的智能少人（无人）安全精准开采的新模式、新方法。精准开采支撑科学开采，是科学开采的重中之重。

煤炭精准开采涉及面广、内容纷繁复杂，实施过程中需要解决以下诸多科学问题。

（1）煤炭开采多场动态信息（如应力、应变、位移、裂隙、渗流等）的数字化定量。

（2）采场及开采扰动区多源信息采集、传感、传输。

（3）基于大数据云技术的多源海量动态信息评估与筛选机制。

（4）基于大数据的多相多场耦合灾变理论研究。

（5）深度感知灾害前兆信息智能仿真与控制。

（6）矿井灾害风险预警。

（7）矿井灾害应急救援关键技术及装备。

煤炭精准开采主要研究方向如下。

（1）创新具有透视功能的地球物理科学。

（2）智能新型感知与多网融合传输方法与技术装备。

（3）动态复杂多场多参量信息挖掘分析与融合处理技术。

（4）基于大数据云技术的精准开采理论模型。

（5）多场耦合复合灾害预警。

（6）远程可控的少人（无人）精准开采技术与装备。

（7）救灾通信、人员定位及灾情侦测技术与装备。

（8）基于云技术的智能矿山建设。

5）废弃矿井资源综合利用日趋紧迫（袁亮 等，2018）

随着我国经济社会的发展和煤炭资源的持续开发，部分矿井已到达其生命周期，也有部分落后产能矿井不符合安全生产的要求，或开采成本高、亏损严重，面临关闭或废弃。尤其是近年来实施的煤炭去产能政策，促使一批资源枯竭及落后产能矿井和露天矿坑加快关闭，形成大量的关闭/废弃矿井。据统计，"十二五"期间淘汰落后煤矿 7 100 处，淘汰落后产能 5.5 亿 t/a，其中关闭煤矿产能 3.2 亿 t/a。中国工程院重点咨询项目"我国煤炭资源高效回收及节能战略研究"研究结果表明，预计到 2020 年，我国关闭/废弃矿井数量将达到 12 000 处，到 2030 年数量将达到 15 000 处。

矿井关闭或废弃后，仍赋存着多种巨量的可利用资源。据调查，目前的关闭/废弃矿井中赋存煤炭资源量高达 420 亿 t，非常规天然气近 5 000 亿 m^3，并且还具有丰富的矿井水资源、地热资源、空间资源和旅游资源等。由于我国煤炭企业的关闭/废弃矿井再利用意识淡薄，多数矿井直接关闭或废弃，而未开展关闭/废弃矿井资源的再开发利用。这不仅造成资源的巨大浪费，还有可能诱发后续的安全、环境及社会等问题。

因此，开展我国关闭/废弃矿井资源精准开发利用研究，不仅能够减少资源浪费、变废为宝，提高关闭/废弃矿井资源开发利用效率，而且可为关闭/废弃矿井企业提供一条转型脱困和可持续发展的战略路径，推动资源枯竭型城市转型发展。

关闭/废弃矿井资源智能精准开发利用涉及多学科交叉协作、内容纷繁复杂，实施过程中需要解决以下诸多科学问题。

（1）地下煤炭气化高效转化与开发利用耦合机制。

（2）基于安全智能精准控制的地下空间储物环境保障机理。

（3）基于多场耦合的矿井水及非常规能源智能精准开发模式。

（4）构建关闭/废弃矿井可再生能源开发与微电网输能模式。

（5）构建基于生态修复与环境支持的关闭/废弃矿井工业旅游开发模式。

我国关闭/废弃矿井资源精准开发的主要研究方向如下。

（1）调研关闭/废弃矿井可利用空间资源。

（2）关闭/废弃矿井非常规天然气开发利用。

（3）关闭/废弃矿井水资源智能精准开发。

（4）关闭/废弃矿井油气储存与放射性废物处置。

（5）关闭/废弃矿井地下空间抽水蓄能发电。

（6）关闭/废弃矿井可再生能源开发利用。

（7）关闭/废弃矿井生态修复与接续产业培育。

（8）废弃露天矿坑智能精准开发利用。

（9）关闭/废弃矿井残余煤炭气化开发利用。

1.2.3　石油、天然气资源开采现状与趋势

1. 概述

我国油气资源丰富，截至 2019 年底，全国石油累计探明地质储量 409.78 亿 t，天然气累计探明地质储量为 15.07 万亿 m^3。近年来，随着经济和社会快速发展，我国对油气资源需求量快速增长。2019 年我国石油表观消费量为 6.60 亿 t，天然气表观消费量为 3 064 亿 m^3。我国油气开发继续呈现"油稳气增"态势，原油产量稳中有增，天然气产量较快增长。2019 年全国石油产量达到 1.91 亿 t，同比增长 1.1%；全国天然气产量为 1 508.84 亿 m^3，连续 9 年超过千亿立方米，同比增长 6.6%。目前我国油气产量尚无法满足国内巨大的油气需求，油气缺口持续扩大，2019 年我国油气对外依存度分别达到 70.8% 和 43.4%，油气安全面临挑战。

为了保障国家油气能源安全，我国持续加大油气资源的勘探开发力度。自 2001 年以来，全国新增石油探明地质储量 191.54 亿 t，年均新增探明 10.08 亿 t；新增探明天然气地质储量 11.11 万亿 m^3，年均新增探明 0.58 万亿 m^3。其中，2019 年全国油气勘查投资达到 821.29 亿元，同比增长 29.0%，勘查投资达到历史最高。截至 2019 年底，全国已探明油气田 1 040 个，其中油田共计 756 个、天然气田共计 284 个。2019 年，我国石油新增探明地质储量 11.24 亿 t，同比增长 17.2%。其中，新增探明地质储量大于 1 亿 t 的盆地有 3 个，分别是鄂尔多斯盆地、准噶尔盆地和渤海湾盆地（含海域）；新增探明地质储量大于 1 亿 t 的油田有 2 个，为鄂尔多斯盆地的庆城油田和准噶尔盆地的玛湖油田。天然气新增探明地质储量 8 090.92 亿 m^3，同比下降 2.7%。其中，新增探明地质储量大于 1 000 亿 m^3 的盆地有 2 个，分别为鄂尔多斯盆地和四川盆地。新增探明地质储量大于 1 000 亿 m^3 的气田有 3 个，为鄂尔多斯盆地的靖边气田、苏里格气田及四川盆地的安岳气田。目前我国油气规模增长的主体集中在致密、海域、深层碳酸盐岩、山前带，在全国石油和天然气同期新增储量的占比可以达到 35% 和 70%。我国油气勘探发现总体趋势是从常规到非常规、从陆地到海洋、从中浅层到深层与超深层、从中浅水到深水和超深水，深层、深水、非常规等已经成为我国未来油气勘探开发的重要领域。

全国石油产量自 2001 年以来稳步增长，已经由 2001 年的 1.64 亿 t 上涨到 2015 年的 2.15 亿 t。之后由于油价下降，产量有所下降，2018 年我国石油产量 1.89 亿 t，较上年同期减少了 1.3%，2019 年我国石油产量止跌回稳。其中，2019 年石油产量大于 1 000 万 t 的盆地有渤海湾（含海域）盆地、松辽盆地、鄂尔多斯盆地、准噶尔盆地、塔里木盆地和珠江口盆地，合计 1.67 亿 t，占全国总量的 87.6%。全国天然气产量自 2001 年以来迅速增长，已经由 2001 年的 303 亿 m^3 上涨到 2019 年的 1 508.84 亿 m^3。其中，2019 年天

然气产量大于 50 亿 m³ 的盆地有鄂尔多斯盆地、四川盆地、塔里木盆地、珠江口盆地、柴达木盆地和松辽盆地，合计产量达 1 352.68 亿 m³，占全国总量的 89.7%。

2. 技术发展现状

油气工程技术是提高资源探明率、储量动用率、单井产能、油气采收率和勘探开发综合效益的关键手段。油气工程技术的进步和发展，对提升我国油气勘探开发水平、保障油气供给安全意义重大。特别是当前，我国许多主力油气田逐渐进入中后期开发阶段。老油田、深层、深水、非常规等复杂油气资源成为我国油气勘探开发重点，但面临资源劣质化、勘探多元化、开发复杂化、环境恶劣化等客观难题，对油气工程技术在经济、安全、效率等方面提出更加严苛的要求。油气工程技术主要涉及物探测井、钻井完井、油气开采、增产改造和安全保障等领域，通过分析油气工程技术发展现状，明确国内外技术差距，对我国油气工程技术战略布局具有重要意义。

物探测井是油气资源勘探和井下岩石地质构造探测的重要技术手段。目前国外为了提高油气发现率和油气层钻遇率，持续推进高效高精度勘探装备和高精度多维成像测井技术装备的发展。积木式百万道级仪器、自组装全移动高速数据采集传输系统、超深井高温高压测井装备、多尺度扫描油藏成像装备、AI+物探技术、智能在线原位井下实验室等技术广泛应用。其中超深井高温高压测井装备可以在 230 ℃、200 MPa 的条件下正常工作。多尺度扫描油藏成像装备可以实现井间、井底电磁波和声波成像，并且可以实现厘米级到百米级的全空间覆盖，促进了深部油气、高温油气等复杂油气资源的勘探开发。同时国外在智能物探测井领域取得重要进展。壳牌开发的智能化监控-诊断-决策一体化平台，可实时管理 450 口生产井和 150 口注水井。斯伦贝谢推出了全球首个地质工程一体化平台。目前我国的复杂地层深井超深井物探测井技术能力进一步提高，陆上复杂山地勘探技术处于全球领先水平，研制了 24 万道能力的有线地震仪和可以承受 200 ℃及 140 MPa 工作条件的超深井高温高压测井设备等，提高了复杂地层深井超深井物探测井的精度。总体而言，我国物探测井技术尚未突破核心技术，与国外差距明显，在智能测井高端关键装备、弹性波勘探技术、智能物探技术等方面仍未打破国外垄断，制约了我国物探测井的进一步发展，因此亟须对高端物探测井技术装备进行攻关。

钻井完井是油气资源发现、探明和开采的关键环节。目前国外为了大幅度提高作业效率，持续推进高效钻完井技术装备的进步，自动化钻机、旋转导向系统、新型钻头和井下配套工具、精细控压、无风险钻井、连续管钻井、一趟钻等技术广泛应用。目前国外实现了 12 869 m 完钻井深，具备了特深井钻井完井能力，一趟钻进尺突破了 6 000 m，促进了致密油气、页岩油气等复杂油气勘探开发。同时国外在智能钻井完井领域取得突破。2017 年，贝克休斯研发出第一款自适应智能钻头。2018 年，哈里伯顿发布了全球首款智能旋转导向系统。斯伦贝谢推出了 IntelliZone Compact 多产层完井智能管理系统，能够对井下情况进行动态监控和优化控制。目前我国在复杂地层深井超深井钻完井技术方面的能力进一步增强，最大完钻井深达到 8 882 m，形成了高温高压高含硫气藏安全优快钻井技术、酸性环境下固井技术等，为元坝等地区超深高酸性气田安全高效开发提供了保障。此外我国研制了孕镶金刚石钻头、扭力冲击器、射流冲击器等高效破岩工具等，提高了研磨性地层机械钻速。总体而言，我国钻井完井技术主要以"跟跑"为主，在万米特深井钻井完井技术、智能钻井完井技术、高造斜率旋转导向钻井系统等方面仍未打破国外垄断，制约了我国油气钻井完井的进一步发展，因此亟须对高端钻井完井技术装备进行攻关。

油气开采是动用油气资源的核心环节之一。目前，国外已经形成了针对不同类型油气藏及其不同开发阶段的分层注采实时监测与控制工艺技术、高效人工举升技术和井下作业等配套采油工程技术，以及防砂、提高采收率、储层保护、稠油降黏举升、安全控制和动态监测等技术。在智能开采方面国外也处于领先地位。贝克休斯以 Predix 工业互联网平台为基础，通过人工智能和云计算技术开发了油田开发管理系统。雪佛龙开发了油藏生产应用系统，利用共享信息平台整合各类生产数据。哈里伯顿聚焦边缘计算、智能机器人等领域并将其应用到油气勘探和生产开发中。目前我国在差异化精细注水技术、稠油开采技术、天然气水平井开采技术及特殊驱替等方面初步形成了技术体系，保障了油田新区快速建产和老区持续稳产，提升了特殊岩性油藏开采规模，有效提高了储量动用程度。总体上，我国在中-高渗透老油田精细注水、同井注采、新驱替体系、动态监测等技术领域居于世界领先水平，但是在地质-采油工程一体化、耐高温高压井下工具、生产制度优化决策软件、稠油和超稠油高效开发、信息化和智能化等技术方面与国外存在一定差距，因此我国需要进一步发展先进油气开采理论和技术。

储层改造是为了提高油气井产量或注水井的注水量而对储层采取的一系列工程技术措施的总称，是提高井筒与储层的连通性，实现增产增注的重要手段。国外先后经历了单层小规模压裂、单层大规模压裂、多层压裂分层排液、多层压裂合层排采和水平井分段压裂 5 个技术阶段。目前国外利用连续油管实现了分层压裂技术，在 Jonah 气田 4 天内完成施工，每天单井压裂处理层数为 6～10 层，最高连续压裂施工 19 层。在卡顿瓦利（Cotton Valley）成功应用混合压裂技术，产气量达到瓜胶压裂液井的 2 倍，气水比降低了 60%。Drill2Frac 公司研发出压裂完井智能优化流程及软件，可以使页岩气盆地的108 口井产量比邻井提高约 27%。目前国内储层压裂技术的发展历程与国外大致相同，已经成功实现了直井分层压裂技术，在苏里格气田和须家河气藏取得了较好的效果。水力喷射分段压裂技术已处于国际领先地位。此外也研发出智能化压裂技术装备。我国在储层改造方面有领先技术，但整体与国外相比相对落后。我国非常规油气资源潜力巨大，现有储层改造技术面对深井的高破裂压力、高磨阻、快速水浸等问题仍显不足。精细卡段划分、优化裂缝穿透比和施工参数、裂缝智能诊断与控制等多层压采技术理论体系和智能压裂装备技术对未来非常规储层改造增产具有重大意义。

油气安全保障涵盖油气田开发生产、油气储存运输、弃置井安全管控及极端工况安全保障等方面，旨在控制和消除重大安全事故危害，确保油气稳定供应与安全生产。国外油气安全保障技术研究起步早、较成熟。钻井完井动态风险管理、智能井控、极地冻土层钻井风险评价、智能防护、地质灾害监测及环境监测、油气泄漏监测、全系列管道内检测、弃置井管控等方法和技术开始推广应用。此外国外研发了适用于-50℃恶劣极地环境的低温钻机及全封闭生产平台，已经建立了多个深入北极圈的后勤保障基地，可为1 000 km以外的生产平台提供支持。国内近年来也开展了相关探索，已经初步实现了油套管泄漏地面监测和钻完井动态风险评价，油气井完整性管理和井控技术进步显著，建立了基本应急仿真系统，安全监测技术装备已经基本实现了国产化。总体而言，我国油气安全保障技术仍处于起步阶段，缺少弃置井安全监测及风险评估体系和高级钢管道力学性能及断裂控制的原创性准则和模型，个人防护设备技术水平较低，在极地油气勘探安全与应急保障体系和技术等方面的研究尚为空白，因此亟须对高端油气安全保障技术进行攻关。

3. 石油、天然气资源开采趋势

基于政策和经济发展转型双重因素考虑，我国石油、天然气需求规模及结构在中长期内将发生较大程度变化，石油需求近期中期达峰，天然气需求长期增长。综合考虑经济发展、电动革命及燃油经济性提升等多重因素影响，预计我国石油需求还将保持一定时期的增长，到2030年前后将出现石油峰值，具体规模为7.1亿t，出现峰值的年份预计在2026年，峰值出现之后，石油需求将开始缓慢下降。受天然气可获得性大幅提升、环境污染治理、天然气与可再生能源融合发展等推动，我国天然气需求将长期保持增长，2035年我国天然气消费量预计将达到5 500亿m^3。

为满足我国未来实现社会主义现代化的巨大油气需求，油气勘探开发应坚持"油气并重、常非并举、海陆兼顾，立足重点盆地"的原则。2025年前预计石油年均新增地质储量为11.0～12.0亿t，天然气约为9 000亿m^3；2026～2035年，预计石油年均新增地质储量约为11亿t，天然气约为8 400亿m^3。为了进一步提升我国油气保障能力，至2035年全国原油产量需保持2亿t/a以上，天然气产量需达到2 600亿～3 000亿m^3/a。

"科技是国之重器"。油气勘探开发面临的挑战，归根结底是油气工程技术的挑战。总体而言，未来油气工程技术将基于信息技术（大数据、物联网）、新材料[纳米材料（石墨烯）、智能材料]、通信技术等基础学科及技术发展，向着"更高效、更经济、更智能、更环保、更安全、一体化"方向发展。"更高效"就是以持续提高作业速度为目标，不断开发、完善和提高技术水平，实现施工效率的最大化。例如激光钻井、微孔钻井技术的应用将显著缩短建井周期；高性能计算、大容量高传输技术的应用，将让测井解释成果"立等可取"。"更经济"就是以降低"吨油"石油工程成本为宗旨，不断开发提高单井产量和提高采收率工程技术。例如仿生井钻井技术的应用，将显著降低综合成本，大位移井的推广应用，将显著提高油气藏采收率。"更智能"就是不断追求创新，通过各种智能化技术、新型钻井方式（随钻成井技术、核能钻井技术等）与新型储层改造方式（层内爆炸改造等）

和新井型（径向水平井等）的变革大幅度提高复杂油气勘探开发效果，实现效益最大化。"更环保"就是以保护环境、保护地下水和保护油气层为目标，研制开发新型材料和环境友好型流体。例如新型钻井液的应用，将避免污染储层，更好地保护油气藏。适合水合物开采的钻井新技术的出现和应用，将规避开采水合物可能面临的技术风险。"更安全"就是以实现作业安全、人身安全和环境安全为根本，研制开发新型装备与技术，实现早监测、早预防，保证作业安全。例如新型自动化钻井技术、网络技术、信息技术和其他相关技术的集成，将让操作者实现远离现场的遥控指挥。"一体化"就是未来油气钻完井、测录井、产能测试评价、储层改造等技术的界限将日益模糊，通过应用各种新技术，以信息化为基础，实现多个工序环节的一体化，促进油气经济高效开发。

1.2.4　非金属矿产资源开采现状与趋势

1. 概述

1）非金属矿的概念

人们所称的非金属矿是指自然界中除金属矿产、燃料矿产和水汽矿产之外，在当前经济技术条件下，可供人类社会需求而提取非金属化学元素、化合物或可直接利用的天然矿物与岩石。在国外，常常把非金属矿叫作"工业矿物与岩石"。与国内的"非金属矿"称谓不同，但含义基本一致。非金属矿种类很多，不像金属矿那样只有有限的几十种。目前世界上已经开采利用的非金属矿已达 260 余种，中国已经开采利用的非金属矿也有 136 种之多，而且有不断增多的趋势。

中国非金属矿资源主要有以下几个特点。

（1）中国非金属矿产资源具有明显的地域分布不均的特点。如菱镁矿主要分布于胶辽半岛，石墨主要分布于黑龙江、山东、内蒙古、湖北、湖南等省（自治区）；石膏主要产于中西部地区，而东北及浙江、福建则少见。

（2）中国是世界上非金属矿资源总量较丰富、矿种较齐全，但人均拥有量少的国家之一。据统计，截至 2005 年底，中国已探明储量的非金属矿产有 91 种，查明矿产地 10 348处。其中，石墨、石膏、菱镁矿、重晶石、芒硝等矿种的储量居世界首位。

（3）非金属矿品位有贫有富。不少冶辅用、建材用和其他用矿种矿石质地优异，深受国际国内市场欢迎。如闻名遐迩的鳞片状晶质石墨、隐晶质石墨等。

（4）非金属矿资源储量有丰有歉。自给有余，可供出口的矿产有石墨、滑石、萤石、重晶石、菱镁矿、石材、膨润土、石灰石、砂石等；金刚石、钾盐、优质高岭土则探明储量明显不足。

2）非金属矿产的分类

不同研究者的分类方法和分类原则各异，划分出来的矿种种类也不一样。每一矿种往往有几种成因，其用途多样，不同矿种间又可以相互代用，因此，要提出一个相对完善的非金属矿产的分类就显得较为困难。从分类原则出发，较有代表性的主要有以下几种（章少华 等，2015）。

（1）以地质成因为分类基础。工业矿物，如伟晶岩的、脉岩的、交代的、变质的、沉积的；工业岩石，如岩浆的、变质的、沉积的。

（2）以产品的价值为分类基础。低价大体积的，如建筑材料；高价大体积的，如化工材料；高价小体积的，如长石、滑石等。

（3）以部门用途为分类基础。冶金辅助原料非金属矿；化工非金属矿；建筑材料及其他非金属矿。

（4）以矿物学和岩石学为分类基础（《矿产资源工业要求手册》编委会，2014；陶维屏，1994）。前者共列出 119 个矿种；后者共列出工业矿物 57 种、工业岩石 37 种、宝玉石 17 种。

3）非金属矿产的用途

非金属矿是人类最早利用的矿产，近代社会，非金属矿的开发利用速度明显加快，20 世纪初人类所利用的非金属矿产还不过 60 种，而目前已达 200 种以上。随着现代工业的发展，可供工业利用的矿物和岩石种类还将继续增加。

非金属矿床种类繁多，如石墨矿床、石灰岩矿床、磷矿床、石棉矿床、金刚石矿床、盐类矿床和宝玉石矿床等分布广泛，使人们有可能大量地利用。构成非金属矿床的矿石矿物主要是含氧盐类，以硅酸盐、硫酸盐为主，磷酸盐、硼酸盐次之，氧化物、卤化物和某些自然元素也可以形成矿床。

非金属矿石的利用方式与金属矿石不同。在工业上，只有少数非金属矿石是用来提取和使用某些非金属元素或其化合物的，如硫、磷、钾、硼等，这些矿石的工业价值主要取决于有用元素的含量和矿石的加工性能。而大多数非金属矿石则是直接利用其中的有用矿物、矿物集合体或岩石的某些物理、化学性质和工艺技术特性。

目前，非金属矿产在中国利用得比较广泛，主要体现在以下几方面。

（1）建筑材料工业方面。建筑材料用矿物原料占整个非金属矿产量的 90% 以上。据资料显示，我国砂石集料一年就要开采 120 亿 t；用于水泥生产和烧石灰的石灰岩，一年的消耗量也要数十亿吨。随着现代化城市建筑向高层发展，人们已注意研究和寻找具有轻质、高强、隔热、隔音和防震等性质的非金属原料。

（2）玻璃、化工、造纸、橡胶、食品、医药、光学、钻探等其他工业方面。如硅石和长石是制造玻璃的主要原料。高岭土是造纸和陶瓷原料。明矾可作炼铝、制造钾肥和硫酸的原料，也可用于印刷、造纸、油漆工业等。

（3）国防工业和尖端技术方面。在电子电气、机械、飞机、雷达、导弹、原子能等方面需要品种繁多，有特殊工艺技术特点的非金属矿产。如石墨在火箭、导弹的装置中用作耐热材料，并在许多方面用作机械运转的润滑剂；云母曾是电气、无线电和航空技术中不可缺少的电气绝缘材料。萤石是自然界含氟量最高的矿物，是氟化工的基础原料。氟化工产品因具有高性能高附加值，被誉为"黄金产业"，并走向"贵族化"资源。

（4）冶金工业方面。冶金工业需要大量的非金属矿产，用作耐火材料、熔剂的原料。砷在冶金工业中可作为冶炼砷铅合金和砷铜合金的原料，用于制造弹头、汽车、雷达等零件。

（5）陶瓷工业方面。无论是在工业上还是人们生活上，几乎都离不开陶瓷制品，其应用数量极多，使用范围广，而制造陶瓷的原料就是诸如高岭土、叶蜡石和硅灰石等非金属矿物。

（6）农业方面。为了提高并保持农作物的产量，在农田中大量使用由磷、硫、钾矿石生产的磷肥和钾肥及农用轻稀土，为农业的丰收做出了贡献。

2. 非金属矿产的勘查程度

以 1949 年中华人民共和国成立为界，中国非金属矿勘查工作可分为两个阶段。新中国成立前，地质工作十分薄弱，仅少数地质人员对磷矿、硫矿、矾矿等做过一些初步地质调查。

20 世纪 30 年代，谭锡畴等（1933）先后对四川省甘孜的自然硫、湖南常宁水口山的黄铁矿做过地质调查。叶良辅等（1930）对浙江平阳矾矿做了地质调查等。1941~1946年，姜文运（1946）对辽宁和山东的菱镁矿矿床做了进一步的地质调查，并著有调查报告。日本在侵华时期，为了掠夺中国的矿产资源，对中国的非金属矿产资源也进行了部分地质调查工作。20 世纪初至 40 年代，日本地质人员曾对辽宁海城、贾家堡和宋家堡三处滑石矿做过调查；对辽宁营口、丹东、海城、辽阳、岫岩、本溪、抚顺和山东掖县（今莱州市）等 40 余处菱镁矿矿床（点）做过地质调查。另外，对石棉、石膏、高岭土等矿产也进行过一些地质调查工作。

1949~1957 年，非金属矿产资源地质工作的重点是为钢铁工业和化学工业服务，提供所需矿产储量。在此期间先后开展普查勘探的矿区和地区有：辽宁大石桥菱镁矿，浙江金华地区的萤石矿，山西、河北、河南等地的耐火黏土矿，云南昆阳、贵州开阳和湖北襄阳的磷矿，安徽向山硫铁矿和甘肃白银厂铜矿的伴生硫铁矿，辽宁凤城的硼矿，青海柴达木盆地的盐类矿等。此外，还对一系列大中型建材和其他非金属矿产进行了普查勘探，如四川石棉县和青海茫崖的石棉，四川丹巴、新疆阿勒泰和内蒙古土贵乌拉的白云母矿，辽宁海城滑石矿、广西龙胜地区滑石矿，江苏苏州的高岭土矿，山东沂沭河流域和湖南沅水流域的金刚石矿等。通过地质工作，找到了一批规模大、质量优的非金属矿产地，提交了储量，为新中国非金属矿业的建立和发展打下了坚实的基础。

1958~1978 年，地质勘查工作的重点放在了农业、钢铁和国防高技术工业所需的非金属矿产资源方面。广东云浮、安徽何家小岭、内蒙古炭窑口和东升庙的硫铁矿矿床，湖南浏阳、四川绵阳、云南海口、贵州瓮安和湖北宜昌等地的大型磷矿，青海察尔汗盐湖的钾盐矿床都是在这个时期发现和探明的。此外，金刚石、压电水晶、耐火黏土、石棉、石墨、滑石、菱镁矿、萤石、重晶石、高岭土、石膏、石灰岩、玻璃硅质原料等矿产的探明储量有了较大增长，提供了一批重要的非金属矿产资源基地。

20 世纪 70 年代末和整个 80 年代是非金属矿产资源地质勘查工作的鼎盛时期。非金属矿产资源地质工作取得了新的飞跃，传统和新发现非金属矿产资源不断被探明，如蓝晶石、夕线石、红柱石、硅灰石、沸石、海泡石、累托石和凹凸棒石黏土，以及各类装饰用花岗石和大理石等。据统计，1980~1990 年 10 年间，储量增长 2~18 倍的矿产有膨润土、大理石、硅灰石、水泥灰岩、沸石、高岭土、石膏、重晶石、花岗石、石墨、滑石、玻璃硅质原料和硅藻土 13 种矿产。特别在 1985~1990 年，发现了一批大型非金属矿床，如四川雷波磷矿田、湖南沅陵和河北宣化的硫铁矿床、广东茂名和广西合浦的优质高岭土矿床和广西、福建、海南的石英砂矿，以及山东、福建、广东、北京、江苏、湖北、浙江等省（直辖市）的花岗石和大理石矿等。地质勘查的丰富硕果，使非金属矿产成为我国的一类优势矿产，使中国成为世界上非金属矿产资源探明储量较多的少数国家之一。

3. 非金属矿产的开采现状

1）开采简史

我国非金属矿产资源的开采利用主要始于 19 世纪 80 年代至 20 世纪初，当时帝国主义列强入侵中国，建矿山、办工厂、修铁路，将西方国家的科学技术和工业传入中国。

1922 年中比合资创办秦皇岛耀华玻璃厂生产平板玻璃，该厂成为首家能持久存在的中国玻璃企业。1931 年上海开办了第一个加气混凝土厂。

20 世纪 20 年代起，我国云母、滑石、石棉、石墨、石膏、菱镁矿、萤石等矿产的开发取得明显进展。先后开办了四川丹巴云母矿、辽宁海城滑石公司、湖北应城石膏公司、天津石棉制品公司，以及绥远兴河、吉林磐石和湖南郴州的石墨矿等。

1949 年前，中国几乎没有正规的化工用矿山企业，当时只有江苏海州磷矿和四川川南、安徽马鞍山、山西阳泉、广东英德等几个硫铁矿，浙江平阳、安徽庐江的两个明矾石矿和湖南石门的雄黄矿等，且产量均很低。与化工非金属矿产资源有关的化工企业极少，主要有两个，一个是永和制碱公司，另一个是南京硫酸厂。

中国近代的非金属矿业和相关工业从 19 世纪末到 20 世纪 40 年代经历了半个多世纪艰难曲折而缓慢的发展历程，到 1949 年前夕，全国一些规模较大的矿业企业均奄奄一息，难以为继；为数不多的中小企业大多停产倒闭。1949 年全国主要非金属矿产品及制品的产量仅为：水泥 66 万 t，平板玻璃 91.2 万重量箱，卫生陶瓷 0.6 万件，硫铁矿 6.4 万 t（1947 年），石棉 550 万 t，石墨 943 万 t，硫酸 22.6 万 t。

1949~1957 年，非金属矿业主要处于恢复和初步建设阶段。恢复、改建和扩建的主要矿山和企业有：江苏锦屏磷矿，安徽向山、广东英德、山西阳泉硫铁矿，本溪、华新和中国水泥厂，秦皇岛耀华玻璃厂，北京、天津、青岛等地的私营石棉工厂，黑龙江柳毛和湖南郴州石墨矿，湖北应城、辽宁大石桥菱镁矿，辽宁海城和山东掖县（今莱州市）的滑石矿及浙江武义萤石矿等。为适应钢铁工业发展的需要，当时新建了一批耐火黏土矿山，如山东淄博、山西太原和河北唐山等。为配合化工厂和建材工业的发展，新建了南京云台山硫铁矿，山西大同、甘肃永登等 6 个水泥厂，湖南株洲和河南洛阳的平板玻璃厂，山东南墅石墨矿，山西灵石石膏矿和山东栖霞滑石矿等。这一时期非金属矿业生产的特点：一是企业于 1957～1958 年前后陆续由私营转为国营，归口于钢铁、化工和建材等工业部门管理；二是老矿山和企业获得新生和扩建；三是成批建立新企业，初步建成非金属矿业系统。

1958～1978 年，非金属矿业逐渐形成基地格局。相继建成了湖北襄阳、贵州开阳、云南昆阳、四川金河和湖南浏阳五大磷矿基地，广东云浮、内蒙古炭窑口硫铁矿山，四川、新疆、内蒙古三大云母矿生产基地，苏州阳山、湖南界牌高岭土矿和广东潮州飞天燕瓷土矿，辽宁黑山、浙江临安、山东潍坊、河北宣化、河南信阳等地的膨润土矿等。

1978 年以后，受世界非金属矿业热的影响，中国的非金属矿业日益受到国家的重视和关注，尤其是 1986 年国家发出加速发展我国非金属矿工业的号召，建材及新型非金属矿业进入高速发展时期。各种所有制的矿山企业如雨后春笋般地蓬勃而出，全国非金属矿山达到 3.7 万座，化工行业的重点建设有广东云浮硫铁矿、湖北荆襄王集磷矿、内蒙古炭窑口硫铁矿、青海察尔汗钾盐矿和青海钾肥厂、山西运城芒硝矿和内蒙古查干诺尔天然碱矿等。冶金辅助原料、建材和其他非金属重点矿山遍布全国，主要有河北唐山、河南焦作的耐火原料基地，辽宁营口和山东掖县（今莱州市）的菱镁矿基地，渤海湾、长江三角洲、珠江三角洲的石灰岩矿山和水泥生产基地，以及山东、福建、广东等沿海省份的石材基地等。非金属矿产深加工技术发展迅速，加工产品的品种和质量都提高到新的水平。非金属矿业在中国矿业中的地位大大提高。

2）开采现状

据 2012 年国土资源部的统计资料，中国共有非金属矿开采矿山 80 480 处，其中大型非金属矿山 2 400 处，中型矿山 2 925 处，小型矿山 38 082 处，小矿 37 073 处。这些矿山的年采矿量 41.8 亿 t。需要说明的是，上述数据还未包括砂石集料的采矿量，据中国砂石协会的统计，2013 年中国砂石采矿量已经超过 120 亿 t。因此，中国非金属矿年采矿总量已经超过 160 亿 t，已经成为世界上非金属矿生产量和使用量最大的国家。本小节仅以磷、硼矿资源举例说明非金属矿产资源的开采利用水平。

（1）磷矿。我国中型磷矿山企业大部分是国家投资建设的，生产比较正规，技术装备比较先进，管理水平比较高。2014 年，我国磷矿矿山总回采率为 83.15%，其中露天矿山开采回采率 96.18%，地下矿山开采回采率 75.80%。磷矿矿山选矿回收率 87.32%，矿山综合利用率为 78.30%。磷矿资源共伴生矿产资源综合利用率为 77.66%。

我国磷矿个别大型矿山开采技术、选矿及综合利用处于国际领先水平。贵州宏福实业开发有限总公司、湖北荆襄化工（集团）有限责任公司和湖北黄麦岭化工（集团）有限责任公司三家企业，技术设备和管理水平在化学矿山行业处于领先地位，达到国外90年代水平，矿山生产的"三率"达到或超过设计要求，其中回采率均达到98%以上；贵州开磷（集团）有限责任公司引进法国索法明公司锚杆护顶分段空场采矿技术，并引进大型无轨液压采掘设备，其回采率由原来的59.73%提高到现在的71.1%，贫化率由原来的10.42%下降到目前的4.79%，优质磷矿石得到有效的回收和利用。

我国磷矿开发利用水平与国外相比还存在差距，除资源条件限制外，关键在于矿山装备水平、技术水平和管理水平存在差距。从开采技术和装备水平上看：国外矿山企业采矿实现大型机械生产，选矿实现了大型化和微机程序控制。在我国除国有大型企业基本实现机械化以外，中小型企业特别是地方小型及集体企业，除开采配备有少数的铲、装、运设备外，主要以人工开采为主，大多数小型国有及集体矿山尚未实现最低标准的机械化生产。

（2）硼矿。我国固体硼矿床一般规模较小，大部分出露地表，延深较大，因此多数矿山都是先期露天开采，后期转入地下开采。卤水型矿床，则采用盐田抽卤的方法进行开采。

露天开采工艺简单，作业条件和开采成本都优于地下开采。

地下开采的开拓方式主要根据矿体的埋藏条件和矿山地面作业场地等具体条件而定。我国地下硼矿山的开拓方式主要有斜井开拓、平硐盲竖井开拓、平硐开拓，以及平硐斜井、竖井等形式。目前使用的地下采矿方法有浅孔留矿法、崩落法，以及分段空场法等。

4. 非金属矿产资源开采发展趋势

随着非金属矿产开发力度加大，非金属矿业高速发展，同时也带来了许多问题。一是资源浪费严重。受经济利益驱动，回采率大幅度降低，造成资源储量急剧下降，矿山服务年限缩短，有效资源利用率降低。二是环境污染严重。由于寻求高回报率，矿产开发无序，乱采滥挖，乱象丛生，造成严重的环境灾难。三是地质灾害频发。由于矿山开发，发生滑坡、泥石流、尾矿坝垮塌等严重危及人民生命财产安全的事故越来越频繁。四是低水平重复建设。由于科技投入少，新产品更新换代速度慢，低水平重复开发建设现象严重，以上因素制约了行业的健康发展。

尽管如此，中国的非金属矿业正在由原来为工业提供原料、初级产品向产品深加工及开发高附加值的高技术功能材料方向发展，由粗放式、粗加工型，向规模化、精加工型、产业有一定技术含量的方向发展，并呈现如下趋势。

（1）非金属矿找矿难度越来越大，找矿成本将进一步加大。经过几十年的找矿勘探工作，以及世纪交替时期发生的乱采滥挖，地表或浅部发现大型非金属矿床的可能性越来越小；部分地区由于交通不便，山高路远等方面的原因制约了找矿工作的进程；非金属矿先进的找矿方法、手段的缺乏，使深部找非金属矿显得难度更大。可以预见，未来找矿成本将大幅上升。

（2）非金属矿资源的重要性将进一步显现，资源勘查商业化程度将进一步提高。建材非金属矿产资源勘查除了国家对一些重点矿种投入预查资金，其余均根据市场需要安排地质勘探项目。

（3）国内优质资源日益紧缺，利用国外资源势在必行。中国有很多非金属矿的保有资源量，特别是优质资源已不能满足国民经济发展的需要，如优质滑石，历来是中国大宗出口的非金属矿，但近年来优质滑石的产量下降，优质滑石资源接近枯竭。金刚石和钾盐资源主要靠国外进口。优质隐晶质石墨资源由于乱采滥挖已经告急。由于石棉对环境的危害，已限制使用，需加强对替代资源坡缕石、海泡石、水镁石、硅灰石等纤维状、针状矿物的地质调查。高新技术领域用量很大的高纯硅材料，亟待寻找适用的资源。

（4）节约资源，循环利用资源的要求日趋紧迫。非金属矿资源节约和循环利用最重要的是做好初级阶段的利用工作，特别是做好中低品位矿产和共伴生矿产的资源的二次回收工作，要发展固体废物的综合利用技术。目前，矿物尾矿的综合利用可归纳为两大方向：一是从尾矿中选出部分有价值的组分，制造高附加值产品；二是将无再选价值的尾矿整体利用，开发某些特殊性能，以其为主料制造各种产品。国外尾矿的整体利用途径，除用来制作微晶玻璃、陶瓷、尾矿水泥、铸石及玻璃产品外，还被用作矿肥和土壤改良剂、尾矿砖、混凝土骨料和砂浆、铁路道碴和筑路碎石、井下回采充填或造地绿化等用途。

参 考 文 献

《矿产资源工业要求手册》编委会, 2014. 矿产资源工业要求手册(2014 年修订本). 北京: 地质出版社.

陈从喜, 吴琪, 李政, 等, 2017. 2016 年中国矿产资源开发利用形势分析. 矿产保护与利用(5): 1-7.

陈其慎, 于汶加, 张艳飞, 等, 2016. 点石: 未来 20 年全球矿产资源产业发展研究. 北京: 科学出版社.

古德生, 吴超, 等, 2011. 我国金属矿山安全与环境科技发展前瞻研究. 北京: 冶金工业出版社.

姜文运, 1946. 山东掖县粉子山、优游山苦土调查报告.

李鹏远, 周平, 齐亚彬, 等, 2017. 中国主要铂族金属供需预测及对策建议. 地质通报, 36(4): 676-683.

陶维屏, 高锡芬, 孙祁, 等, 1994. 中国非金属矿床成矿系列. 北京: 地质出版社.

谭锡畴, 李春昱, 1933. 四川盐业概论. 地质汇报, 22: 45-122.

叶良辅, 李璜, 张更, 1930. 浙江平阳之明矾石. 中央研究院地质研究所集刊(10): 1-52.

袁亮, 2017. 煤炭精准开采科学构想. 煤炭学报(1): 1-7.

袁亮, 姜耀东, 王凯, 等, 2018. 我国关闭/废弃矿井资源精准开发利用的科学思考. 煤炭学报(1): 14-20.

章少华, 陶维屏, 2015. 中国矿产地质志·建材非金属矿卷·普及版. 北京: 地质出版社.

张钦礼, 王新民, 2016. 金属矿床地下开采. 长沙: 中南大学出版社.

张小陌, 2018. 中国铟资源产业发展分析及储备研究. 中国矿业, 27(7): 7-10.

章林, 2016. 我国金属矿山露天采矿技术进展及发展趋势. 金属矿山(7): 20-25.

朱万成, 关凯, 闫保旭, 等, 2018. 采矿发展趋势及未来人才知识结构需求. 教育教学论坛, 372(30): 6-10.

第2章 中国矿区生态环境问题

矿产资源是自然资源的重要组成部分，是人类社会发展的重要物质基础。同时，矿产资源也是一种不可再生的自然资源。社会对矿产资源的需求量日益增大，但矿产资源开发、加工和使用会在一定程度上破坏、改变自然环境，造成大气、水体和土壤污染，并给生态环境和人类健康带来直接和间接、近期和远期、急性和慢性的不利影响。

采矿业工作通常包括去除植被和土壤，并在必要时对表层土壤下方覆盖的岩石进行爆破以获得所需资源。在该过程中，会对环境产生不同程度的影响，对矿区土壤、水资源、生态环境造成一定程度的改变和破坏，甚至引起地质灾害。采矿活动造成的长期环境问题主要包括破坏植被、土壤退化、地表和地下水酸化、生物多样性降低等，也会造成周边土地的毁坏、地下水系的污染及植被的破坏，引发一系列生态环境和经济社会问题，采矿活动造成的环境问题已成为当今世界面临的突出问题。矿产资源的过度开发也直接导致了地质环境破坏，例如，当夏天突降暴雨，会将矿山开采中的废石和矿渣冲到农田和河流中，破坏农作物的生长，这属于典型的由采矿活动引起的生态破坏效应，不仅威胁矿区周边人民群众的生命、财产安全，也严重制约地方社会经济的协调与可持续发展。我国对矿产资源的需求量不断增加，导致一些矿山企业只单纯地追求经济发展而忽视生态环境，加剧了地质生态环境的破坏。我国已相继实行一系列矿山环境治理举措，但效果仍不理想，矿业区域环境修复工作仍面临包括土地、生态、水资源、地质等方方面面的问题（李长洪 等，2005）。

矿业对环境破坏的类型和对环境质量的影响差异极为悬殊。这种差异与矿山类型、开采规模、环境敏感性、开采方式和方法等因素有关。

（1）矿山类型。矿山类型不同，所含的矿物成分及其可供开采的矿物成分不同，其开采后对环境造成的影响是不同的。即使是同一类型的矿山，由于其成矿类型不同，埋藏条件不同，可供开采的矿物成分及其比例不同，对环境的破坏与影响也不同。一般而言，重金属矿山的开采、选矿、冶炼和尾矿排放等的环境影响远高于煤矿。

（2）开采规模。开采规模和环境破坏的程度之间存在一定的关系。开采规模越大，要求的固定设备和厂房越多。产生的噪声、废渣和废浆排放量越大，在一定时间内，受采矿影响的地表面积越大，所造成的环境破坏也越大。需要指出的是，开采规模与环境破坏之间并不存在一种简单的数字关系。在某些情况下，提高产量会有助于全面地减轻对环境的破坏。例如，在总的矿石需求量不变时，以扩大老矿山开采规模而不增加总数来满足市场的需要，可以减轻矿业活动对环境的破坏。

（3）环境敏感性。矿山开采对环境的影响与其所处的环境有关。矿山所处的位置、地形、气候不同，对环境的影响程度不同。矿山的具体位置在控制矿业对环境破坏的性质和程度上具有极为重要的意义。当地的地形和气候特征对矿山环境变化影响极大，降水量、气温、湿度、风力和其他气候因素都会强烈影响矿山污染向周围环境的扩散。大气对排放废气、粉尘、噪声和空气振动起着支配作用，而降水量则对排放废液的扩散有极为重要的影响。

（4）开采方式和方法。开采方式和方法不同，对环境破坏的性质与程度不同。露天开采成本较低，但往往占据大片土地，且其采掘规模较大，废石量较多，对环境的破坏较为严重，若采用地下开采，一般比同种矿物的露天采掘影响小些，通常可减轻景观干扰、噪声、空气冲击、地面振动、空气和水污染的程度，而沉陷则是各种地下开采的一个潜在问题。

2.1　矿山开采对土地的影响

矿山开采对土地的破坏存在于矿产资源开发的各个环节，在采矿作业中，无论是地下开采还是地上开采，都会占用、挖掘大面积土地，采矿、选矿、冶炼过程还存在资源流失、废渣堆存侵占土地等问题，主要影响分为以下几方面（周连碧 等，2021）。

2.1.1　地表崩塌和土地裂缝

矿区地表塌陷主要是由地下开采活动引起的。地下开采的矿山往往在采空区形成地表塌陷，这是由于地下采后状态易引起应力失衡，进而引起地面变形和沉积的地层塌陷，造成矿区地表凸凹不平，空坑众多，使地表变形，加速土壤的侵蚀，导致耕地无法耕种或诱发地质灾害。此外，它还会形成低洼地带，这种地壳坍塌和土地裂缝严重破坏土地，威胁矿区居民生命安全。我国 90%以上矿山开采形式采取井下开采，资料表明，井工开采 1 万 t 煤炭就会造成 $0.01 \sim 0.29 \ hm^2$ 的土地塌陷，平均为 $0.2 \ hm^2/万 t$。

采空区塌陷主要发生在已经开采过的地区，过度开采的矿区形成一定规模后自然地出现垮塌，在没有进行预防的条件下，会造成严重的事故隐患。这主要是因为矿区采空后没有进行相应的填充工作，导致坍塌。它的存在还会引发一系列的地质灾害，土地裂缝、滑坡、崩塌等，都会给地表带来一定的威胁，造成地表植物破坏、过度裸露。例如在我国山东半岛地区，区内由于开采金属矿产可能造成或导致采空塌陷及伴生地裂缝的地段主要分布于莱州金城—寺庄金矿开采区、仓上—三山岛金矿开采区、潮水庄官金矿开采区、威海市经区范家埠金矿开采区、乳山市峒岭金矿开采区、文登市金矿开采区、荣成市夏家镇同家庄金银矿等。塌坑多呈圆形或长条形盆地状，沉陷中心深度 $2 \sim 5 \ m$。一般开发时间越早，开采时间越长，资源产量越大的矿区，沉陷面积越大。截至 2011 年该区采空沉陷面积累计已达 $16.03 \ km^2$，形成较大的塌陷区 5 处。

地下井的开采还会引起矿震。这种地质灾害对周围环境和人类的生活影响比较大，带来严重的经济和财产损失。灾害发生时会对周围造成严重的破坏。主要表现在采空区山体滑坡、堆渣场坡度失稳、尾矿坍塌等。想要稳定有效地控制，不出现意外，需要对采矿区的各种设施加以完备，并且合理开采（隋惠权 等，2002）。

2.1.2　破坏土地资源

一方面，矿山开采造成地质和水文破坏，引起土地排水系统和土地供水系统的破坏，使土壤基质极端坚实或疏松，有机质、养分、水分极其缺乏。土壤过度紧实一般是由于表土被移除后，矿渣等物质被运输车辆或大型采矿设备碾压，密度逐渐增大，在缺乏植物和水分调节的情况下，形成板结土；而在一些采矿区表层，粒径不同的废弃物逐层堆积在裸露地面上，短期内风化粉碎困难，使得表层覆盖废弃物空隙大、不易持水，加之后续采矿行为的扰动，使得后期覆盖的表层结构比较松散。过于疏松和板结的土地，土壤持水和生物肥力都很弱，不利于矿区土地环境的恢复（闵祥宇，2018）。另一方面，长年累月的采矿行为打破了矿区土壤、水和空气之间原有的物质循环，矿物质的高强度遗留、积累使土壤成分发生变化，使土壤肥力降低，侵蚀现象越来越严重，最终导致土壤荒漠化。此外土地累积的有毒、有害物质和产生的噪声都将对人类的生活产生影响。

2.1.3　侵占土地资源

矿产资源开发不仅是对现有资源的摄取，在开采同时也会侵占大量土地。矿山废弃地就是指矿山开采过程中所破坏和占用的，不经一定治理则无法使用的土地。一般情况下，矿产露天开采所需要侵占的土地面积相当于采矿场面积的 5 倍以上。矿山废弃地一般可分为 4 种类型：一是剥离的表土、开采的废石及低品位矿石堆积而形成的废弃地；二是矿体采完后留下的采空区和塌陷区所形成的采矿废弃地；三是开采出的矿石通过用各种分选方法分选出精矿物后的剩余物排放而形成的尾矿废弃地；四是采矿作业面、机械设施、矿山辅助建筑物和道路交通等先后占用后形成的废弃的土地。矿山废弃地不仅破坏和占用大量的土地资源，日益加剧我国人多地少的现实矛盾，而且更为严重的是矿山废弃物的排放和堆存带来了一系列具有影响深远的环境问题。

在矿产资源开采、选矿过程中，不可避免地产生大量剥离土、废石、伴生废物、尾矿等固体废弃物，这些废弃物的堆放占用大量土地和空间，形成废弃物堆积裸露地，降低土地的生产能力。据不完全统计，全世界每年排出的尾矿及废石总量超过 100 亿 t，我国 8 000 个以上的国有矿山，11 万多个乡镇集体矿山，堆放尾矿总量达 40 亿 t 以上，且这个数据在逐年上升。尾矿、废渣等采矿业固体废弃物已成为我国排放量最大的工业固体废弃物，约占工业固体废弃物总量的 80%。一个大型尾矿库的面积可以达几平方千米，小的也有上万平方米，这些尾矿库一般选址在矿区附近的生态环境原始山谷里，由于堆放尾矿，原有植被全部被破坏掉，里面缺乏植物生长的营养物质，生态恢复困难，是矿山环境恢复治理的重点区域（黄启战，2020）。

2.1.4 挖损地

挖损是露天开采最直接、最难以避免的破坏形式，对土地的破坏基本接近毁灭程度。露天开采首先要将表层土壤剥离、移除植被，表层土壤被完全破坏，矿石采出后，采掘场地形成坑洼、岩石裸露的地貌，或形成水坑。这种严重破坏的土地难以复垦，采用填埋等方法也不能恢复土地的生态功能。

2.1.5 农林减产

采矿区的废弃物排放和选矿区的尾矿堆积不但占用大量耕地、林地，而且易释放有害成分，可导致土地功能逐渐退化，进而使农林业严重减产。矿业废弃物中含有大量的金属离子及腐蚀性物质，导致其对周围土壤造成严重的污染，很多情况下被矿业废弃物破坏的耕地都无法种植农作物。而长期的不科学开发，导致矿山周围的土地资源遭到严重的破坏，土地中的重金属含量不断上升，对人们的身体健康产生严重的威胁。

2.2 矿山开采对生态的影响

我国作为矿产资源世界大国，矿产资源开发利用在国民经济发展和推动社会进步的进程中起着重要作用，然而矿产资源开发利用也为生态环境带来消极影响，采矿遗留的废渣、废水、尾矿、废弃地等带来严重的生态问题，对生态环境的恢复、生态平衡的维持带来消极影响。矿山地质生态环境问题较为严重的地区是资源过度开发、矿山数量较多的金属矿区。例如，在矿山开采过程中，会产生大量的悬浮颗粒，这些悬浮颗粒与空气混合形成酸性气体，酸性气体遇到水蒸气时可能会产生"酸雨"，或者酸雨没有凝结成功产生"雾霾"。导致这些问题出现的主要原因就是矿山开采破坏了地质结构，进而导致植被破坏，产生大气环境问题等。这些问题进入一个循环，就会产生严重的生态问题。

2.2.1 生物多样性减少

矿山开采造成生物多样性损失，废渣排放、植被清除、土壤污染与退化都严重影响矿区动植物的生存，对生物多样性造成的破坏往往是不可逆的。生物多样性丧失后，虽然一些耐性物种能在矿地实现植物的自然定居，但形成的植被质量也通常相对低劣，因为矿山废弃土地土层薄、生物活性差，受损的生态系统恢复又非常缓慢。所以，矿山开采对生物多样性的破坏往往是致命的。

一方面，在采矿前，主要是对矿区土地进行勘察和三通一平工作，需要清除大面积的植被，将表土移除，使矿区植物覆盖率下降，破坏采矿区及周边地区的原生生境，大型植被被破碎成小型斑块，乡土植物群落被破坏，鸟类等野生动物丧失栖息地，数量和种类急剧下降，由于大面积大型植物群落的减少，生物的迁徙也受到阻碍，生物多样性锐减。生物多样性丧失后，生态系统的调节能力大幅度减弱，更加不利于植被的恢复，形成恶性循环。

另一方面，在采矿、选矿、冶炼过程中，释放的污染物、酸性矿山废水的排放、废弃物堆积等会使土壤环境发生改变，极端 pH 值、土壤贫瘠和污染物含量过高等不利于植物生长，甚至使植物枯萎、死亡。数据显示，土壤 pH 值介于 7.5～8.5 时呈现碱性，使植物枯萎，pH 值小于 4 时，强酸性土壤对植物生长产生强烈抑制作用。失去植物对土地的覆盖和对土壤理化性质的调节作用，土壤环境逐渐恶劣，极端的土壤环境使土壤中的微生物、土壤小动物难以生存，土壤有机质含量下降，使地区的植物、动物数量和种类逐渐减少，最终破坏地区的生物多样性。最为危险的是有毒有害物质的遗留、积累、转移和释放。有毒有害物质在矿区开采或矿物冶炼后形成污染区，污染物通过一系列物理、化学、生物过程后，进入大气圈、水圈、生物圈，最终对人类健康和生态安全构成威胁。

生物多样性丧失后，受损生态系统的恢复变得更为缓慢。植被很大程度被采矿毁坏，大量抽排地下水资源，致使地下水水位很大程度下降、土地贫瘠化严重，所以植被也退化严重，最终形成很多人工裸露地面，雨水很容易冲刷土壤，会形成跌宕起伏的地表，土壤和水也更容易移动，水土流失加剧。不仅如此，采矿后土壤基质被污染，由于渗出液对下游和周围地区产生污染，还会影响到周围地区的生物多样性（李璇琼，2013）。

2.2.2　生态景观破坏

我国有色金属矿产资源特点是大矿少贫矿多、富矿少共生矿多、难选矿多，其直接的后果是能耗高、水耗大、污染物排放量大、环境污染严重。由于采矿生产工艺本身的特殊性，任何一座矿山的兴建都会不同程度地改变矿区的地貌、地形，破坏矿区的自然地表景观。通常，矿山开采前一般是森林、草地或植物覆盖的山体，开采后植被消失，山体破坏，矿渣、尾矿、垃圾堆置，整个区域景观变化较大，与周边原始景观完全不协调。露天开采剥离植被，废石、尾矿、工业场地、施工机械等压占和破坏植被，矿床的疏干排水引起地下水位的下降，都会不同程度地对矿区及其周围地表植被造成破坏。随着天然植被的破坏和地表形态的改变，必然会导致矿山生态环境的逐步恶化，造成土地荒废及水土流失等，直接影响自然景观的环境服务功能。据统计结果表明，我国因采矿直接破坏的森林面积累计达 106 万 hm^2，破坏草地面积为 26.3 万 hm^2，全国矿山因采矿而形成的废石堆、尾砂，直接破坏和占用土地达 140～200 万 hm^2，且每年仍以 2 万 hm^2 的惊人速度递增。

矿山的环境景观是指在一定的视点和视距内矿山在人的视觉体系里形成的整体环境印象。矿山的开发建设一般都会给当地的自然环境景观造成不同程度的破坏，具体可归结为以下几个方面（宗子就，1998）。

（1）采掘及土方工程对地貌的破坏。露天采矿剥离出的新岩面及沿坡地建设厂房开挖的台阶立面，往往与环境背景色调反差很大，尤其是以天空和茂密植被为背景时，景观破坏程度更为特出。

（2）废石和废土堆存对景观的破坏。矿山无论是露采还是坑采都会产生大量废石、剥离废土，即使是开采时考虑废石回填的矿山，在井巷工程建设和开采前期仍有相当数量的废石无法利用，废石和剥离废土的堆置将引起严重的景色干扰。

（3）尾矿对景观的破坏。尾矿一般以尾矿库的形式堆存。当尾矿库弃置不用而干涸后，尾矿因颗粒细小，极松散、易流动，在大风时会漫天飘扬，对景观的影响也很大。

（4）外排污染物对景观的影响。尾矿库溢流水、废石堆场经雨水淋溶形成的浊流，常常使河流出现颜色杂乱的污染带；高大烟囱及车间天窗排除的烟气弥漫缭绕，这都扩大了矿山景观干扰范围。

2.3　矿山开采对环境的污染

采矿过程中产生的废物主要包括废气、废水、固废，其产生环节主要与矿山开采方式和开采工艺有关。矿山开采因矿床埋藏条件的不同，分为露天开采和地下开采。露天开采有穿孔、爆破、装载、运输等主要工序。地下开采有平硐、斜井、竖井开采方式或这三种坑道组成的联合开采方式。主要生产工序有掘进、回采、运输和提升。

金属矿区产生的"三废"污染即废石废渣固体废弃物污染、重金属离子引发的废水污染及大量有害气体（例如二氧化碳、硫化氢、一氧化碳等）产生的废气污染。固体废弃物长期对地面的堆占会使土壤贫瘠化，同时固废中的重金属离子会污染土壤；大部分矿井废水未经处理排放会使重金属离子直接污染地表环境，引发一系列安全问题并破坏河流生态系统；废气和颗粒物的排放会对当地大气造成严重污染并直接影响人类生存。

2.3.1　矿山开采对土壤的污染

在采矿闭坑后，废石场、矸石堆、尾矿库的稳定性及渗浸对土地也会造成严重的污染。矿山废弃地，尤其是有色金属矿山废弃地一般都含有大量的重金属，其中又以尾矿和废弃的低品位矿石的重金属含量最高。这些重金属含量很高的废弃物露天堆放后会迅速风化，并通过降雨、风扬等作用向周边地区扩散污染物，从而导致一系列的重金属污染问题。重金属在土壤中的聚集引起的危害更为严重，其进入土壤后，可在植物体中累积，并通过食物链最终转移到人体内，危害人群健康。金属矿区重金属污染异常严重，同样也会严重影响矿区生态环境的修复。重金属离子在土壤系统中具有隐蔽性和不可逆性，在风吹及降雨作用下会迅速扩散并在土壤中累积，一定累积程度上会导致土壤退化。经科学研究表明，砷、钒、镉等元素在土壤中还具有较强的化学活性，极易被植物吸收，而且还将污染地表水和地下水，可能经食物链或者直接接触对人体造成严重危害。

2.3.2　矿山开采对大气的污染

矿山废气是由采矿生产过程产生的某些物质进入大气中形成的，矿山废气达到足够的浓度，维持足够长的时间，就能对环境及人体造成损害。在矿山开采过程中，对矿石开采过程中的凿岩、爆破、破碎和运输，矿石装运作业等会产生含污染物质的有毒有害气体，污染物为粉尘、炮烟、柴油机尾气等；开采出来的矿石和废石在堆存时的装卸、转运均会产生粉尘；露天矿矿石堆存场和排土场在大风天气下会产生扬尘。

1. 空气污染途径

风力达 3 级以上时，采矿废弃物中细粉砂和尾矿砂，可形成长达数千米的沙尘带。扬沙不但污染环境还严重影响生活质量和交通安全，而且对采矿区当地村民的身心健康也造成一定损害。矿山开采过程中产生的粉尘和扬尘沉降也是重金属污染物进入环境的重要途径，对环境的影响甚至比矿山开发本身对环境的影响更大。在干旱、少雨地区，矿石堆场和排土场扬尘引发的环境问题尤其严重。采矿生产，特别是露天开采时对矿山大气的污染较为严重。开采规模的大型化、高效率采矿设备的使用，以及露天开采向深部发展，使矿山大气环境面临一系列问题。矿山废气污染的主要途径包括：

（1）露天采矿场和井下采场剥离作业、爆破、开拓运输系统产生的扬尘废气。

（2）各种低品位矿堆场、废石堆放场、排土场剥离物堆场因风力作用产生的二次扬尘。

（3）交通运输燃油机械废气、道路扬尘等。

（4）地面矿石与废石装卸、破碎站含尘废气和运输等作业时产生的扬尘。

2. 形成大气污染源

采矿活动虽不是主要的大气污染源，但它仍然会带来区域性的大气污染。主要污染物为烟尘、二氧化硫、氮氧化物和一氧化碳。尾矿的风扬是矿业废弃地大气污染的主要来源之一，也是尾矿环境污染物如重金属等扩散的一个重要途径。大气沉降作为重金属进入环境的重要途径，对环境的影响甚至比矿山开发本身对环境的影响更大。在干旱、少雨地区，尾矿的风扬引发的环境问题尤其严重。由于尾矿是富含重金属的颗粒物，大量的尾砂扬尘必然会严重污染水体和土壤。因此，控制粉尘的污染是矿山环境保护的重要工作。

3. 大气污染的危害

在露天采矿活动中主要有两种尘源：一是天然尘源，如风力作用形成的粉尘；二是生产过程中产尘，如露天矿的穿孔、爆破、破碎、铲装、运输及溜槽放矿等生产过程都能产生大量粉尘，其产尘量与所用的机械设备类型、生产能力、岩石性质、作业方法及自然条件等很多因素有关。由于露天矿开采强度大，机械化程度高，又受地面气象条件的影响，不仅有大量生产性粉尘随风飘扬，而且还可能从地面吹起风沙，沉降后的粉尘还可能再次飞扬。所以露天矿的粉尘及其导致尘肺病发生的可能性不可低估。硅肺病是由吸入大量的含游离二氧化硅的粉尘而引起的。露天矿大气中的粉尘按其矿物和化学成分，可分为有毒性粉尘和无毒性粉尘。含有较多铅、汞、铬、锰、砷、锑等的粉尘属于有毒性粉尘；微量的煤尘、矿尘、硅酸盐粉尘、硅尘等属于无毒性粉尘，但当这些粉尘在空气中含量较高时，也就成为促进硅肺病的"有毒"性粉尘。有毒性粉尘在致病机理方面与硅肺病不同，它不仅单纯作用于肺病、毒性还作用于机体的神经系统、肝脏、胃肠、关节及其他器官，导致发生特殊性的职业病。露天矿大气中粉尘的毒性，还表现在粉尘表面能吸附各种有毒气体，具体表现在某些有放射性矿物存在的矿山。例如，氡及其气体可吸附于粉尘表面而形成放射性气溶胶。因此，其对人体的危害就不限于硅肺病，也可导致肺癌等疾病（王传志 等，2013）。

2.3.3 矿山开采对水体的污染

从矿区采掘生产地点、废石场（排土场）及生活区等地点排出的废水，统称为矿山废水。矿山废水的污染特点主要表现在三个方面：一是排放量大，且持续时间长；二是污染范围大，影响地区广；三是成分复杂，浓度极不稳定。在矿山开采的过程中，会产生大量矿山废水，如矿坑水、矿山工业用水、废石场淋滤水等，其中矿坑水是采矿废水的主要来源。矿坑水亦称为矿井水，主要来源于：地下水及老窿水涌入巷道；采矿生产工艺形成的废水；地表降水通过裂隙、地表土壤及松散岩层或其他与井巷相连的通道流入井下或露天矿场。矿井涌水量主要取决于矿区地质、水文地质特征、地表水系的分布、岩层土壤性质、采矿方法及气候条件等因素。矿井水的性质和成分与矿床的种类、矿区地质构造、水文地质等因素密切相关。此外，地下水的性质对矿坑水的性质及成分亦有较大的影响。最后，采矿生产工艺中需要用水，而且使用后的水都受到不同程度的污染而变成废水（孟召平 等，2011）。

1. 饮用水污染

例如，在我国河北省承德市滦平县周台子村南面不远处为滦河水系，它是村域内最大的地表水（淡水）体。由北到南穿村而过的河水主要为北面山区降水组成，最终流进村南的滦河。采矿废弃物和尾矿库尾水中的大量有害物质会随着流水大量汇入上述水系，使矿区地表水系重金属离子成分偏高，对饮用水造成一定程度的污染。

2. 河流和湖泊污染

采矿对矿区地表水的影响主要来自采矿和选矿产生的废水,在采矿和选矿的各个过程中,需要使用很多水,当采矿废水和选矿废水排入地表(湖泊或河流)水体后,造成矿区地表水体的重金属污染和有机污染。矿坑、洗矿和选矿废水统称为矿山废水,一般都具有酸度高、悬浮物浓度大、重金属含量高等特点。矿山废水中,又以酸性矿山废水(acid mine drainage,AMD)的环境影响最大。很多矿山废弃物的含硫量较高,而含硫固体废弃物最为严重的环境问题之一,就是该类废弃物酸化(acidification)导致土壤酸化和大量酸性废水的产生。含硫固体废弃物暴露于大气和水中,在微生物的作用下,会迅速氧化产酸,并导致金属的释放速度大大快于自身的风化速度。在较低 pH 值条件下,水体明显地富集可溶性的 Fe、Mn、Ca、Mg、Al、硫酸根等离子,以及重金属离子(如 Pb、Zn、Cu、Ni 和 Cd 等)。AMD 的污染问题有 4 个特点(束文圣 等,1999;Robbed et al.,1995)。①矿山废弃物的酸化具有普遍性。含硫废弃物都有酸化的可能,煤矿、硫铁矿及大部分的有色金属矿的废弃物都存在不同程度的酸化问题。②酸化污染的严重性。酸化引起的矿山酸性排水不仅 pH 值低,而且富含重金属和盐分,因此,对环境的污染非常严重;此外,废弃物的酸化也是导致废弃地上重建植被退化的主要原因之一。③影响的广泛性。由于矿山废弃物的酸化是一个较普遍的现象,影响范围极其广泛。例如在美国东部,至少有 7 000 km^2 的河流及其流域被煤矿的酸性废水严重污染。④污染的长期性。有模型预测表明:废石堆酸性废水和重金属污染将持续 500 年以上,而尾矿的酸性废水和重金属污染也要持续 100 年。因此,矿业废弃物酸化的预测与控制是世界各国都高度关注的环境问题之一。

3. 地下水污染

采矿还可能导致地下水污染,超过一定限度就会危害生态系统。高重金属对绝大多数植物的生长发育都产生严重抑制和毒害作用。而且重金属可迁移性差,不易降解,因而会在生态系统中不断累积,毒性不断增强。

综上所述,在矿产资源开发的同时,如果不能做到资源开发与环境保护、社会稳定发展、经济增长之间的和谐发展,必将对我国矿区可持续发展产生不利影响,因此做好矿山地质环境生态恢复意义重大。通过社会投入对正在或已经遭到破坏的矿山地质环境进行生态恢复,使之能满足当地居民的生存需要,又能维持相对稳定的生态平衡,最终实现当地的环境保护、经济发展、社会稳定的协同促进。

2.4　矿山开采引发的地质灾害

矿山地质灾害是指在自然和人为的共同作用下使矿山生态地质环境恶化,发生了使人民的生命财产安全和自然环境受到损害的事件。部分研究人员认为,这些灾害的发生主要原因就是人类无限制地对矿山资源的开采。尤其在如今经济高速发展的时代,过度追求经济的利益化，忽视了自然环境的可持续发展。无序的开发、过度的开采给环境造成了很大的压力，导致各种自然灾害频发，部分矿区的环境已经恶化，不适合人类居住，严重威胁了人类的生存。对此，相关部门应该重视矿区环境问题，出台相关的法律法规，严格控制矿产开发者的市场准入性。避免矿区环境恶化及泥石流、塌陷、矿震等灾害的发生，为国家和人民的生命财产安全高度负起责任。

2.5.1 造成盆地地形和水肥流失

地下开采时，矿产资源被大量采出后，岩体原有的平衡状况遭到破坏，上覆岩层将依次冒落、断裂、弯曲等移动变形，最终波及地表，在采空区的上方造成大面积的塌陷，形成一个比开采面积大得多的下沉盆地。下沉盆地内的土地将发生一系列变化，造成土地生产力的下降或完全丧失。我国的塌陷地绝大多数为煤炭采空塌陷地。塌陷对土地破坏的类型主要为水渍化、盐渍化、裂缝和地表倾斜。地表塌陷造成潜水位相对上升，当上升到作物根系所及的深度时，便产生水渍化。在下沉盆地的外围，地表被拉伸变形产生裂缝。裂缝造成耕地水肥流失、农作物减产，在丘陵山区表现最为严重。

2.5.2 诱发滑坡、泥石流

长期的高强度矿业开发给自然环境带来巨大扰动，一些矿区地质灾害频繁发生，地面塌陷、土地开裂、地下水位下降、废石堆存、尾矿堆放，给矿区群众的生命和财产安全造成很大威胁。与此同时，为了能够使地上、地下矿产资源均得到开发利用，开采企业对矿山进行过分开采，当遇到地震或暴雨等时，经常会发生滑坡泥石流，使得矿山的结构受到严重的破坏，不利于地下资源的进一步挖掘和利用（吕由，2014）。

1. 滑坡

地面和边坡的开采及地下的采空会影响山体和斜坡的稳定性，地面崩塌、开裂及滑坡等地质灾害会随之发生；同时，采矿废石废土处置不当形成了人工堆积滑坡，露天采场和排土场的斜坡，易发生山体滑坡。采矿弃渣的无序堆弃，侵占了行洪沟道，影响泄洪安全，产生的大量煤矸石和渣滓，形成沿山坡的废堆，堆积的斜坡坡度从 3°～40° 不等，高度在 2～5 m，最高坡度可达 50 m。没有保护装置的斜坡结构松散，稳定性差，并且易于滑动。剥离或回采不当造成了边帮滑坡，部分采矿促使原有滑坡和泥石流规模和危害增大，这些都是导致滑坡的直接原因。同时地下开采闭坑后会逐渐形成采空，地下水的大量涌入会造成周围边坡岩体内的地应力重新分布，围岩体内软弱夹层的力学强度将会降低，有可能会产生采场边坡滑坡和一系列地质活动（刘效仁，2013）。

2. 泥石流

泥石流是在山沟地区，因为暴雨的冲刷，导致含有大量泥土的石块顺坡下滑，其原因是地表缺乏植被保护，地表过于裸露。特别是在暴雨天气，过度的自然搬运作用，就会导致降雨性泥石流的发生。我国的泥石流主要是矿山的无节制开采、乱石砂砾无序堆积在暴雨天气遭到冲刷所致。在中国近几十年的矿山资源开采中，发生规模最大、破坏最严重的降雨性泥石流灾害是 1981 年 8 月 21 日的凤县特大暴雨导致的泥石流。因此，泥石流的危害性不可忽视，对此矿区的开采应该注意和生态保护相结合，注意环境的可持续发展。

我国部分地区降雨充沛且集中，往往会形成暴雨，由于金属矿区开采排放的尾矿及废石通常会选择堆积在山坡下或沟谷中，废石从而和泥土进行混合堆放使废石受到的摩擦力减小，透水性大幅度变小，最后出现溃水现象。再加上频繁的地下开采会强烈扰动地表和地下结构，矿区岩土体稳定性遭到破坏，在区域性暴雨的冲刷下极易诱发泥石流。

据统计，全国尾矿库约 12 000 多座，山西、江西、云南、安徽、湖北等省都发生过尾矿库溃坝事件。最为严重的是 2008 年 "9·8" 山西襄汾特大溃坝事故，淹没面积约 35.9 hm^2，共造成 276 人死亡，直接经济损失人民币 9 619.2 万元。我国河北省矿山环境主要问题，就是排渣、排土、排石、占用大量土地或形成泥石流、崩塌、滑坡现象（石田利，2014）。

2.5.3　使地表岩石发生整体滑动

当井巷围岩的稳定性不高时，在开采时强大的地压在顶板或两帮传递时，围岩进一步遭受破坏导致陷落形成冒顶。由采矿活动引起的边坡失稳会造成山体滑坡，在汛期地表水、降水、地下水、重力等外部力量影响下，岩石和土壤会发生整体运动。

参 考 文 献

黄启战，2020. 可持续发展理念在矿山企业中的运用：评《废物资源综合利用技术丛书：尾矿和废石综合利用技术》. 矿业研究与开发，40(1): 165.

李长洪，任涛，蔡美峰，等，2005. 矿山地质生态环境问题及其防治对策与方法. 中国矿业，14 (1): 29-33.

李璇琼，2013. 矿产资源开发对生态环境的影响研究. 成都：成都理工大学.

刘海龙，2004. 采矿废弃地的生态恢复与可持续景观设计. 生态学报，24 (2): 323-329.

刘效仁，2013. 滑坡与采矿. 杂文选刊(3): 57.

吕由，2014. 矿山开采引发的地质灾害及治理措施分析. 地球(9): 45.

孟召平，高延法，卢爱红，2011. 矿井突水危险性评价理论与方法. 北京：科学出版社.

闵祥宇, 2018. 采煤塌陷地复垦土壤紧实特征及其土壤环境效应. 泰安: 山东农业大学.

束文圣, 黄立南, 张志权, 等, 1999. 几种矿业废物的酸化潜力. 中国环境科学, 19(5): 402-405.

石田利, 2014. 对我国矿山地质环境保护工作的对策建议. 城市建设理论研究: 电子版(32): 2047.

隋惠权, 范学理, 2002. 深井开采地质灾害及矿山地震研究. 中国地质灾害与防治学报(4): 51-54.

王传志, 武少飞, 2013. 我国矿山环境治理的现状分析与对策研究. 2016 年 3 月建筑科技与管理学术交
    流会论文集: 258, 259-260.

周连碧, 王琼, 杨越晴, 等, 2021. 金属矿山典型废弃地生态修复. 北京: 龙门书局.

宗子就, 1998. 有色矿山环境景观涉及若干问题的探讨. 有色金属(矿山部分), 4: 35-38.

ROBBED G A, ROBINSON J D F, 1995. Acid drainage from mines. Geographical Journal, 161(1): 47-54.

第3章 中国矿区生态扰动的监测与评价

矿产资源开发在为国家建设提供大量优质资源的同时也严重破坏了矿区的生态环境。矿区多种自然资源共存，共同构成"矿区生态要素"这一有机整体。受矿产开采破坏影响，与矿产资源同位异构的各类生态要素在质和量上受到不同程度的扰动。揭示矿产开采对矿区主要生态环境要素的扰动特征和规律，对减轻开采损害、实施有效的生态环境治理具有重要价值，监测和分析矿区生态环境各种典型信号和异常已成为环境保护、生态恢复等工作的重要基础。本章将进行矿产开采对矿区生态扰动的理论分析，总结矿区生态扰动监测与评价研究内容及特点，从地表形变与沉降、地下煤火与煤矸石山自燃及其他生态要素监测等方面讨论矿区生态扰动监测研究进展，进行国内外研究进展比较及发展趋势展望。

3.1 矿产开采对矿区生态扰动的理论分析

本节在对矿区生态要素受采煤影响相关理论回顾的基础上，总结矿产开采对环境要素影响的机理和过程。

3.1.1 理论基础

矿区发展演变及资源环境受矿产开采影响研究中，形成了如"矿区生命周期理论""矿区资源环境累积效应理论""生态矿区建设理论"等理论，对这些经典理论及其科学方法进行回顾，有助于明晰植被、土壤等本书研究对象受矿产开采的扰动基础，理顺其相关关系和作用特征。

1. 矿区生命周期理论

矿区生命周期理论描述了从规划到建井、投产、达产、稳产、衰退、闭坑的过程及各个阶段中矿区形态演变、产业发展和对环境的扰动特征[表 3.1，主要参考李永峰（2007）]。

表 3.1 矿区生命周期及对环境的扰动特征

生命周期	对环境的扰动特征
投产阶段	扰动开始显现
达产阶段	扰动逐渐加强，但尚未形成严重影响

生命周期	对环境的扰动特征
稳产阶段	扰动不断扩大，环境安全受到很大挑战
扩建阶段	开发强度上升，对环境的扰动进一步加剧
衰退阶段	受累积效应影响，扰动并未减少，甚至继续扩大，有可能突破生态底线
闭坑阶段	资源开发对环境影响的滞后性得到体现，负效应加强，环境治理负担增加

根据矿区生命周期理论，在矿区开采的全阶段内开发强度和对环境的扰动强度如图 3.1 所示。投产阶段，开发强度及其环境效应都较低；达产阶段，开发强度迅速上升，此时，对环境的扰动逐渐加强，但由于受到滞后性及环境的自我净化等作用，上升幅度较开发强度平缓；稳产阶段，开发强度基本保持不变，此时对环境的扰动幅度增量却因累积性和滞后性表现得尤为突出；扩建阶段，开发强度上升，对环境的扰动进一步加剧；衰退和闭坑阶段，开发强度逐渐减小，但其带来的环境效应却要持续很长的时间。

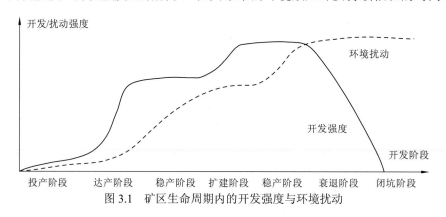

图 3.1　矿区生命周期内的开发强度与环境扰动

矿区生命周期理论阐明了矿区发展演变的规律，以该理论为基础，衍生出了许多矿区相关环境要素演化的科学命题，如矿区土地利用演化模拟、不同时期煤炭开采对矿区环境扰动量的测算、环境因子受扰动变化的时滞分析等。

2. 矿区资源环境累积效应理论

矿区资源环境累积效应理论阐述了矿产开采活动对环境影响在不同产业上的复合性、时间上的持续性、空间上的拥挤性和扩展性，强调多项活动或多次重复活动在长时间和较大空间范围内对环境的叠加累积性影响，使得资源环境扰动在时间尺度和空间尺度上发生累积变化，引发一系列的资源环境效应。其中，多影响源导致的空间累积效应模式如图 3.2（张大超，2005）所示。

图 3.2 中反映的是多源导致空间点 j 累积结果，设影响源 i 和 p 的影响度均以线性递减，$E(ij)$ 为影响源 i 对 j 点的环境影响，$E(pj)$ 为影响源 p 对 j 点的环境影响，$E_j = f(d_{ij})$ 为影响源 i 对 j 点环境影响与 ij 间距离的函数，$E_j = f(d_{pj})$ 为影响源 p 对 j 点环境影响与 pj

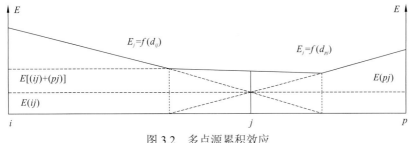

图 3.2　多点源累积效应

间距离的函数，$E[(ij)+(pj)]$ 为不考虑累积效应时影响源 i 和 p 对 j 点的影响。当在空间上相互叠加后，累积效应得到加强和放大。其中，j 点总的环境累积效应表达式为

$$E = \sum_{k=1}^{n} \int_{0}^{t} e_{ij}^{k}(x_i, t)\mathrm{d}t + \sum_{l=1}^{m} \int_{0}^{t} e_{pj}^{l}(x_p, t)\mathrm{d}t \qquad (3.1)$$

式中：n、m 为点源 i 和 p 的影响因素个数；t 为时间；$e_{ij}^{k}(x_i, t)$ 和 $e_{pj}^{l}(x_p, t)$ 为各因子对 j 的影响效应。

矿区资源环境累积效应充分揭示了矿区环境受采动的时间持续性、空间叠加性、开发周期性、影响多样性、来源广泛性、作用复合性、机制复杂性等特征，或将成为矿区环境研究与评价的经典理论之一。

3. 生态矿区建设理论

"生态矿区"是近几年来热度较高的矿井建设理念，自从钱鸣高院士提出"绿色开采"的概念（钱鸣高 等，2003）以来，绿色开采、科学开采等理念得到广泛的认同，引起了各方面的关注，产生了强烈反响。在国家相关政策的激励下，有关矿区纷纷将相关理论与技术作为攻关目标，国内部分矿山企业建设了循环经济试点矿井，力求将矿产开采对环境的影响减小到最小，如大同矿区塔山矿、同忻矿等。区别于传统开采模式和"开采—破坏—治理"末端治理模式，生态矿区建设的关键在于从建井阶段就充分采用绿色开采技术和循环工艺，同时充分重视并及时治理开采对环境的影响，始终做到"不欠新账"。

生态矿区理论通过熵增模型对传统开发模式和生态矿区模式进行对比，"熵增"描述了矿产开采中矿区环境的破坏和降级，从环境污染的热力学本质揭示矿业系统对环境的影响（Sleeser，1990）。通过构建熵增模型，仿真模拟不同开发模式的总熵值，该理论得出的熵增趋势图如图 3.3 所示。

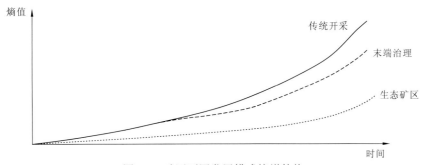

图 3.3　矿区不同发展模式熵增趋势

　　图 3.3 表明，生态矿区建设期，通过从源头开始持续地开展环境保护和治理，矿区熵增得到有效控制，使矿区生态系统的热力学平衡破坏得到一定程度的缓解。

　　此外，生态矿区理论还通过构建仿真系统，抽取生态矿区发展过程中所波及的作用空间，对环境、经济效益等进行模拟和综合评价（朱青山 等，2010）；生态矿区建设期环境成本和效益的变化过程研究表明，虽然在建井及投产初期，生态矿区受绿色工艺成本高、生态保护投入大等因素影响，环境成本较高，而环境效益却不明显，但到了维护期，其环境成本将大大降低，环境效益逐渐显现并稳定上升，最终，环境成本将低于环境效益，二者在矿区生命周期内呈现正反两个"双 S"形曲线，生态矿区形成了矿区环境保护与矿产开采、成本支出相协调的良性循环。

　　虽然生态矿区理论发展时间较短，仍然缺乏大量的实践检验和理论提升，但其积累了一定的理论成果，在当前建设"美丽中国"的大背景下，以生态矿区理论为指导的矿区建设力度势必会大大加强。

3.1.2　矿产开采的生态扰动特征及成因分析

　　受矿区生命周期理论、资源环境累积效应理论、生态矿区建设理论的启示，结合矿区发展普遍规律及相关实例，本小节将归纳矿区生态要素受扰动的主要特征、成因和机理。归纳起来，生态要素受矿产开采表现为强烈的时空累积性、时序滞后性、空间外延性三大特征。

1. 时空累积性

　　时空累积性特征来源于矿山开采沉陷现象和井工开采模式的独特性。

　　矿山开采沉陷现象是指工作面采空后，在岩体内部形成空洞，其周围的应力平衡受到破坏，应力重新分布的过程中导致岩层移动，形成了地表沉陷、水平移动和变形。

　　井工开采模式是指矿产开发过程中不断地布置新的工作面，又不断地采空原有的生产工作面，致使开采地点不断转移，滚动式发展，导致矿区采矿系统的动态变化（韩宝平，2008）。其中，井工矿山通过主、副井和巷道连接地表及地下工作面，主、副井又串联了地下不同煤层的巷道和工作面。各同层采空区之间、矿层之间、甚至不同年代矿层之间，不仅在空间坐标上和垂直关系上重重叠叠，此为空间累积效应；受重复采动影响，老采空区对地表的影响尚未结束，新采空区又不断叠加，在时间上的累积效应也十分显著。

　　井工开采模式带来的采空区在时间和空间上的重叠、累积等效应引起了复杂的岩层应力变化，导致岩层移动的复杂性，传递到潜水层和包气带，有可能破坏和污染地下水；传递到地表，导致沉陷产生，破坏了土壤结构等地表要素，给环境带来更大的压力。因此，以开采沉陷引起的环境扰动为例，煤矿区地表要素受煤炭开采累积效应影响的主要表现形式如图 3.4 所示。

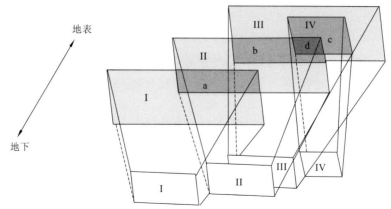

图 3.4　煤矿区地表要素受煤炭开采累积效应影响的主要表现形式

图 3.4 中白色平行四边形代表采空区，浅灰色平行四边形代表开采工作面对地表的影响范围（沉陷区）；中灰色和深灰色为产生累积效应的区域。其中，采区 I 与采区 II 的沉陷区相互重叠，在 a 区域产生空间累积效应；采区 II 与采区 III 的沉陷区相互重叠，在 b 区域产生空间累积效应；采区 IV 的沉陷区位于采区 III 的沉陷区内，在 c 区域产生空间累积效应；累积效应区 b 和 c 重叠的部分在 d 区域产生空间累积效应。以上空间累积效应区，如果其回采时间不同，则产生时间累积效应。因此，地表各单元承载的扰动量为像元水平范围内在空间垂直关系上相互重叠的各采空区扰动量的叠加。

根据矿井生命周期理论，矿产开采对矿区环境的破坏随着时间的演变形式类似环境 logistic 曲线：在矿井生命周期的投产阶段，矿产产量稳步增加，矿区资源环境原有的相对平衡被逐渐打破，矿产开采对环境的影响逐渐显现；达产阶段，由于回采强度提高，对矿区环境的影响已经非常明显并随着开发强度的增强而迅速增长；稳产阶段，这一时期是矿产开采对矿区环境影响最大的时期，但是由于已经接近了区域环境承载力，其进一步扩大的趋势表现得较为稳定，从整个过程来看，伴随着矿产产量的增长，矿区环境受扰动量从整个阶段来看表现出"S"形的趋势，如图 3.5 所示。

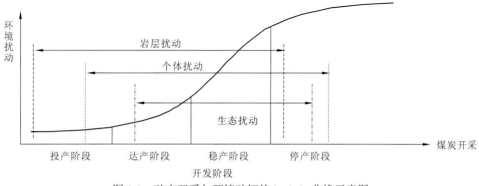

图 3.5　矿产开采与环境破坏的 logistic 曲线示意图

德国数学家 Verhust 于 1837 年提出的 logistic 方程（"S"曲线）假说，早期用于对生物繁殖和生长过程的研究，发展至今，它的应用从人口增长的生物种群模型拓展到较多领域（姚远 等，2010）。综合矿井生命周期理论和煤炭开采对环境扰动累积效应理论，本书对 logistic 方程进行适当的修正，受矿产开采影响的环境要素扰动量（$m_{(x,y,t)}$）为时空点矿产开采强度（$q_{(x,y,t)}$，开采强度与时空单元的矿产产量、开采方法和工艺等有关）、空间累积效应维度（S）的函数，矿产开采与环境扰动间的时间序列 logistic 过程表达式：

$$\sum q_{(x,y,t)} = \sum_{S=1}^{n} S\left[\int_0^t q_{(x,y,t)} \mathrm{d}t\right] \tag{3.2}$$

$$m_{(x,y,t)} = \frac{K}{1 + a\mathrm{e}^{b-r\sum q_{(x,y,t)}}} \tag{3.3}$$

式中：$\sum q_{(x,y,t)}$ 为位置 (x,y) 在时间 t 的开采强度；r 为常数；$m_{(x,y,t)}$ 为空间单元 (x,y) 在时刻 t 的环境受破坏量；a、b 为参数；K 为常数，表示上限容纳量。

利用式（3.2）和式（3.3），结合矿区土壤、植被等相关要素受扰动的时空数据，求解 a、b 等参数，构建 logistic 方程，一方面能够分析研究矿井周边环境所处的扰动阶段（矿区生命周期阶段）；另一方面能为研究区今后的环境扰动预计提供参考，必要时可以通过优化开采模式、生态修复等措施改变方程参数，减小环境扰动。当然，式（3.2）和式（3.3）只是理论上的表达式，其计算结果参数可能只适用于参与计算的矿井或矿区，对于不同的环境要素，其扰动参数也可能不尽相同，需要分别讨论。

2. 时序滞后性

研究表明，矿区环境受采动变化明显滞后于开采活动，但随着开采的进行逐渐进入恶化阶段，如地表沉陷出现于当回采工作面自开切眼开始向前推进的距离相当于 1/4~1/2（张书建 等，2012）平均采深之时，而土地资源破坏等指标滞后开采期长达十余年（连达军 等，2011），形成了独特的矿区生态环境扰动特征。尽管矿区环境扰动的时序滞后性已经得到广泛的认可和实测的证实，但仍缺乏理论上全面的分析。综合来看，滞后性主要由岩石的物理力学性质、生物体的耐受性和生态系统的净化能力等原因引起。

1）岩层的物理力学性质

一般情况下，未采动的地下岩体处于受力平衡状态。井工开采在地下形成采空区，改变了岩石的受力方向和大小。此时岩石孔隙被压密，发生弹性变形，但初期仍有一定的承载力。随着采空区范围的扩大，岩石在应力作用下发生变形，当其内部拉应力超过岩层的抗拉强度极限时，顶板首先断裂，并向其他岩层传递。地下岩层形变与断裂将会自下而上影响到承压水层、潜水层和包气带；当岩层移动发展到地表，遂形成下沉盆地，甚至产生地裂缝，并破坏到地表水、土壤和植物的根系。岩层受开采影响的滞后时间可用式（3.4）（何国清 等，1991）表示：

$$T \in 0.25H/V \sim 0.5H/V \tag{3.4}$$

式中：T 为地表环境受开采影响的滞后时间（d）；V 为开采速度（m/d）；H 为采深（m）。

2）生物体的耐受性

耐受性指生物体对某种刺激作用的反应低于预期，或在时间上明显滞后于该刺激，表现为个体的自我保护和调节能力。例如：一些植物可降低铅的生物有效性，缓解其对环境中生物的毒害；一些植物通过根际微生物改变根际环境的 pH 值和 Eh 值来改变重金属的化学形态，固定土壤中的重金属等（龚惠红，2007）。生物体对环境破坏的耐受性因不同的个体类型和扰动强度差异很大。

3）生态系统的净化能力

一定范围内大量的各类生物体及周边环境间相互作用构成的有机复合体为生态系统，由于生态系统具有系统的物质循环、生态传递、生态平衡、生物多样性和一定的能量流动规律，生产者、消费者、分解者各司其职。整个系统在受到自然因素或人为因素影响时，具有抵御外界侵扰、维持自身功能和结构处于较稳定状态的能力，如被污染的水域依靠其自净能力和一定的时间可以恢复原状、绿色植物净化大气、水生生物净化水等。生态系统自我调节能力的强弱是多方因素共同作用体现的，结构与成分单一的生态系统自我调节能力弱；反之，组成多样、物质循环途径和能量流动复杂的生态系统自我调节能力相对较强（Molles，2006）。

引起矿区环境时序滞后性的三个原因在时间上有着先后和重叠关系，但其滞后时间并不是三个时间的简单加成。首先，当近地表的岩层开始发生形变后，影响土壤的物理化学性质。此时，受生物体的耐受性作用，部分生物指标并未发生明显改变，若此时停止开采活动，开采对环境的扰动极小。若继续开采，地表沉陷的范围和深度逐渐增大，土壤剥蚀、塌陷、裂缝等现象愈发明显，其物理性质和营养物质的变化影响对植物根系的固结作用和根系对养分的吸收，沉陷区内部分生物休因生存环境恶化而死亡，但整个生态系统仍然依靠调节和净化作用得以维持，当开采破坏超越了整个生态系统的环境承载力，对环境的扰动力由量变转变为质变，形成突变，环境质量急剧恶化，甚至演变为不可逆转的境地。

矿区环境扰动的时空累积性和时序滞后性紧密结合，如图 3.5 所示，本书将时序滞后性分为三个扰动阶段——岩层扰动、个体扰动和生态扰动。岩层扰动在开采初期即显现，至开采结束后持续一段时间停止；生物体的个体扰动滞后于岩层扰动，受累积效应影响，在岩层扰动停止后仍将持续；而生态扰动效应在投产阶段极小，至达产阶段才显现，并急速上升。因此，在开采的同时，应同时注重生态矿区建设，大力发展绿色开采技术，尽可能避免超越生物体耐受性和环境净化能力的扰动。

矿产开采的时空累积性和时序滞后性特征对由植被构成的生态系统破坏作用较明显，是研究植被和土壤受扰动时空特征和物质量计量的理论基础。

3. 空间外延性

空间外延性主要描述井工采煤对地表环境要素的扰动超出沉陷区范围的特征。这一特征在水流方向、流量、水流长度、土壤侵蚀变化等领域表现得较为明显。如图 3.6 所示，当开采沉陷导致正中心栅格高程降低，引发流域水流流向变化，进而导致沉陷区原下游区域水流长度和汇流累积量改变，而汇流量是影响土壤侵蚀坡长因子的重要因素，因此，开采沉陷将可能导致山区沉陷区以外的土壤侵蚀变化。此外，在高潜水位矿区，

沉陷前

水流方向

1	1	4
128	2	4
1	1	

汇水面积

0	2	3
	0	4
0	1	8

水流长度（逆流）

0	$\sqrt{2}$	$1+\sqrt{2}$
0	0	$2+\sqrt{2}$
0	1	$3+\sqrt{2}$

沉陷后

水流方向

2	4	4
1	2	
128	1	

汇水面积

0	0	0
0	4	1
0	0	8

水流长度（逆流）

0	0	0
0	$\sqrt{2}$	1
0	0	$2\sqrt{2}$

图 3.6　开采沉陷对地形因子影响示意图

沉陷区地下水位下降后，受水流流动作用，可能导致沉陷区外水流流进沉陷区以补给沉陷区下降的水位，引发沉陷区外植被因缺水而死亡。

图 3.6 表明，当中心栅格发生沉陷，部分周边栅格的水流方向、汇水面积和水流长度发生了变化。进一步表明开采沉陷对地形的重塑作用将外延到沉陷区以外的地形和水文因子。

3.2　矿区生态扰动监测与评价研究进展

3.2.1　研究内容及特点

矿区资源开发，致使其面临严重的地表沉降、土地破坏、植被退化、水质污染、大气污染等生态环境问题。尽管各类生态扰动表现方式和演变机制各不相同，但在灾害孕育、形成和衰退阶段都会在地表和近地表层呈现出特定的几何、物理或化学性异常。监测和分析矿区生态各种典型信号和异常，方便、快速、低成本地获取精确、可靠、及时的矿区生态数据资料，客观、准确反映矿区生态环境状况是土地复垦与生态修复工作的重要基础及关键，也是国内外研究的热点、重点和难点。

矿区生态扰动监测是指运用各种技术探测、判断和评价矿区资源开发对生态产生的影响、危害及其规律，分为宏观-微观监测、空-天-地监测、干扰性生态监测、污染性生态监测和治理性生态监测等，具有综合性、空间性、动态性、后效性、不确定性等特征。从 20 世纪 90 代开始，美国及欧洲的一些发达国家利用先进的光学、红外、微波、高光谱等对地观测技术和数据，对矿区各类生态及灾害要素，如开采沉陷、水污染、植被变化、土壤湿度、大气粉尘等进行了长期有效的动态监测，为矿区土地复垦与生态修复监测目标的定量分析提供了依据。受技术和数据限制，国内相关研究起步较晚，但发展很快，如有关高校"九五"期间就将"矿区生态扰动监测与治理"列入"211"重点学科建设项目，深入研究了地面测试和空间对地观测集成研究的作业模式、精度匹配，以及地理、环境和资源环境遥感与非遥感数据复合处理的关键理论和技术方法。随着各种卫星的发射升空，以及各类天基、地基、巷基传感器等装备及信息系统的成功研制和使用，我国学者综合运用对地观测、无人机遥感监测、三维激光扫描、地面生态监测等手段及物联网等技术，在矿区生态环境领域开展了多方面的基础和探索研究并取得了较大成果。然而，矿区生态扰动监测与评价研究往往局限在小尺度和单一矿区，尚难以对各类环境和灾害要素的时间和空间演化特征进行精准评价，矿区生态扰动单一监测手段难以奏效，亟须发展多源多尺度空-天-地协同监测与智能感知体系。

矿区生态扰动监测对象及指标众多且复杂，矿区土地复垦与生态修复的区域及目标不同，其监测对象、指标、监测及评价方法也有所差异（表 3.2）。

表 3.2　矿区生态扰动监测内容及相关指标

类别	监测内容	主要指标
自然环境状况	地质条件	地质构造、含水层、隔水层
	地形地貌	高程、高差
	景观	斑块、廊道
	水文条件	地表径流量、地下水位、水网密度
	气候气象	气温、降水量、蒸发量、风速、风向、空气湿度
生态环境状况	土地占用/利用	土地利用类型
	生物多样性	生物多样性指数、丰度指数
	植被	植被覆盖率、裸化率、植被总量与结构、珍稀植物、种群密度、生长量
	土地生产力	pH 值、肥力、土壤容量、氮含量、磷含量
	水土流失	水土流失模数、水土流失和土地沙化的区域面积
地质灾害	地表沉陷	形变量、塌陷区数量、塌陷面积、塌陷坑最大深度、积水深度、沉陷破坏程度
	地表裂缝	地裂缝数量，最大地裂缝长度、宽度、深度，地裂缝走向，破坏程度
	地下煤火与煤矸石山自燃	着火点位置、深度、范围
	不稳定边坡	相关定性指标
环境污染	污染物排放量	"三废"产生量、排放量、堆存量、化学成分等
	大气污染	二氧化硫、氮氧化物、一氧化碳、烟尘、粉尘、总悬浮颗粒物
	地表水污染	酸碱度、浊度、色度、电导率、溶解氧、悬浮物、化学需氧量、生化需氧量、氨氮、总磷、总氮、铜、锌、氟化物、硒、砷、汞、镉、六价铬、铅、氟化物、挥发酚、石油类、硫化物等

类别	监测内容	主要指标
环境污染	地下水污染	地下水位、开采量、酸碱度、溶解氧、化学需氧量、生化需氧量、总有机碳、氨氮、硝酸盐、亚硝酸盐、挥发性酚类、氰化物、砷、汞、六价铬、总硬度、铅、镉、铁、硫酸盐、氯化物、大肠菌群
	土壤污染	酸碱度、有机质、盐分、土壤颗粒、镉、汞、铅、铬、砷、铜、锌、镍、六六六、滴滴涕、石油烃类
	噪声污染	声压级（分贝）
环境治理	"三废"处理资源利用	"三废"处理率
		土地复垦率
		矿井水回用率
		瓦斯利用率
		煤矸石利用率

3.2.2　研究进展

这里主要考虑应用需求及研究的关注度与深度、广度，侧重地球空间信息技术应用角度，从地表形变与沉降监测与评价、地下煤火监测与评价、煤矸石山自燃监测与评价及矿区其他生态扰动要素监测与评价、矿区生态环境评价方面对主要研究进展进行叙述。

1. 地表形变与沉降监测与评价

矿产开采引起上覆岩层及地表产生移动与变形，这是开采沉陷及其衍生灾害产生的根源。快速获取岩层、地表的移动与变形是进行沉陷灾害评估预测、土地复垦与生态修复的前提。国内外学者在地表沉降变形监测方面做了大量研究，传统的地表沉陷观测手段主要是通过布设地表移动观测线或观测网来获取地表移动和变形数据，通过对这些观测数据的处理，反演出相应的物理力学与几何参数，进而预测未来地表形变强度及其影响范围，采用的方法包括三角测量、精密导线测量、精密水准测量、近景摄影测量、全球定位系统（global positioning system，GPS）等。常规的监测方法虽然精度较高，却存在工作量大、成本高、变形监测点密度低且难以长期保存等缺点，不便于获取地表形变的三维空间形变信息、历史信息及大范围的作业；全球导航卫星系统（global navigation satellite system，GNSS）连续运行参考站系统（continuously operating reference stations，CORS）具有定位精度高、观测时间短、可以提供三维坐标等优点，但存在只能进行点、线测量，只适用于小范围的静态变形监测等问题。

合成孔径雷达（synthetic aperture radar，SAR）测量技术为解决上述问题提供了新的技术途径，成为近年来的研究热点，德国、澳大利亚、法国、英国、韩国等国学者及我国香港学者在实践、理论、算法与应用等方面取得了众多成果。我国于 21 世纪初将干涉合成孔径雷达（interferometric synthetic aperture radar，InSAR）技术用于矿区开采沉陷监测，随着 ENISAT、ALOS、RadarSAT-2、TerraSAR 等卫星的升空，可用于干涉处理的 SAR 影像数据越来越多，并且影像的分辨率、波长、入射角等也不尽相同，推动了国内的相关研究。实践表明，与传统的开采沉陷监测方法相比，InSAR 技术监测地面沉降具有面积大、时间跨度大、成本低的优势，探测地表形变的精度可达厘米甚至毫米级。但由于开采地表沉降量大、速度快，且不少矿区地表植被覆盖好，InSAR 技术极易造成失相干，出现了诸多问题需要解决。为此，人们逐渐从以往的高相干区域转移到了长时序上个别的高相干区域甚至是某些具有永久散射特性的点集上，通过分析它们的相位变化来提取形变信息，以此对 InSAR 技术进行了拓展，如永久散射体干涉合成孔径雷达（persistent scatterer InSAR，PS-InSAR）、人工角反射器干涉合成孔径雷达（corner reflector InSAR，CR-InSAR）、短基线集干涉合成孔径雷达（small baseline subset InSAR，SBAS-InSAR）等，以提高形变监测的精度，这些技术在徐州、西山、神东、唐山、皖北等矿区得到应用，取得了重要成果，但仍然发现存在诸多问题，如矿区地表沉降是以非线性形变为主要成分，上述技术的解算模型则是建立在线性模型的基础上；矿区开采导致地表变形大，现有的解缠方法并不能得到大形变梯度条件下的地表变形等（朱建军 等，2019；Du et al.，2017；Hu et al.，2017；Yang et al.，2017；Fan et al.，2015；吴侃 等，2012；Jiang et al.，2011a；Ketelaar，2010；Ge et al.，2007；Carnecm et al.，2000）。

此外，国内外学者还采用精密单点定位（precise point positioning，PPP）、连续运行参考站、三维激光扫描及无人机等现代测量技术，集合传统高程及平面监测数据，构建了复杂矿山高精度测绘框架，开发了相应的软件系统，在此基础上，进行变形监测及开采沉陷参数反演等研究。

近几年，针对空-天-地沉降监测中多源数据时空分辨率多样、技术方法各异、数据质量和可靠性存在差异等问题，结合各类数据、方法、技术优势，国内深入开展了多源数据融合和信息提取关键技术的研究与开发，主要工作及取得的创新成果如下。

1）基于知识的矿区形变 SAR 信息提取技术

（1）范洪冬（2016）研究了基于 D-InSAR 和概率积分预计模型的联合解算地表沉降方法、融合累积 D-InSAR 和子像元偏移方法提取矿区地表变形方法等结合开采沉陷知识的矿区大变形 SAR 信息提取技术。以峰峰矿区万年、徐州庞庄、榆林大柳塔等煤矿为实验区域，获取了矿区概率积分法参数，得到了大形变梯度条件下地表沉降，证明了方法的有效性，为矿区地表沉降提供了新的研究思路。

（2）引入超短基线干涉测量技术进行老采空区沉降监测。该方法相比传统的干涉差分 SAR 技术具有无需外部数字高程模型（digital elevation model，DEM）的优势，避免了外部 DEM 的引入所带来的误差。利用该方法获取了老采空区沉降速率和形变时间序列，在此基础上建立了地表残余下沉速度循环周期与采厚、下沉速度循环峰值与深厚比的经验关系式，为预测和评价老采空区残余形变提供了基础。

（3）对于矿区塌陷裂缝，提出采用滤波后的差分干涉图对应的伪相干图进行精确定位，采用纹理分析法实现地裂缝的自动提取，采用不同期的伪相干图揭示地裂缝的时空活动特征。采用伪相干图一次性探测了神木煤矿十余个矿井的塌陷位置信息，与已有的煤矿分布图具有很强的一致性。

（4）针对 InSAR 技术大尺度形变监测，采用短基线集（small baseline subset，SBAS 方法）对满足一定时空基线的干涉对进行处理，有效地减弱时空基线引起的失相干问题，在提高 D-InSAR 结果精度的同时提高形变的时空分辨率；针对大地形变场研究的热门方法——位错模型，研究基于垂直方向的简化后位移位错模型，并结合 InSAR 结果利用大地测量反演方法反演煤矿塌陷机理。

（5）构建 InSAR 技术监测与预计一体化模型。该模型利用 InSAR 技术的全天候、高精度、大区域等优势进行开采沉陷监测，获取开采沉陷的影响范围与发展趋势，得到其时空演化规律。在此基础上将监测结果作为支持向量机算法的训练与学习样本建立已观测数据与未来沉降之间的函数，进行开采沉陷动态预计，最终实现开采沉陷监测与预计的一体化。

相关研究成果见图 3.7～图 3.9。

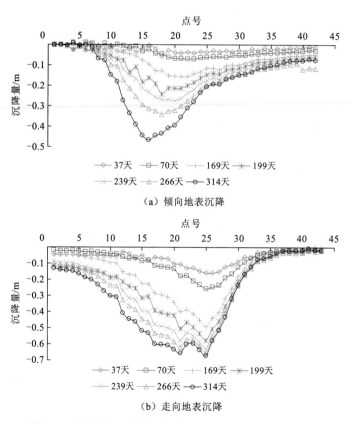

（a）倾向地表沉降

（b）走向地表沉降

图 3.7 峰峰矿区万年煤矿倾向和走向地表观测点沉降图

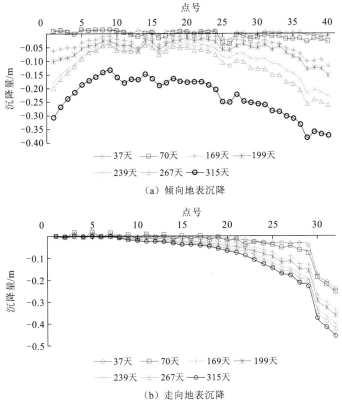

（a）倾向地表沉降

（b）走向地表沉降

图 3.8　峰峰矿区九龙煤矿倾向和走向地表观测点沉降图

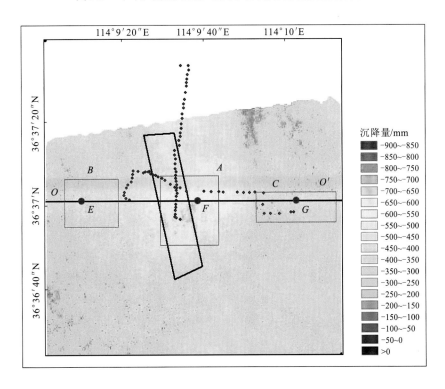

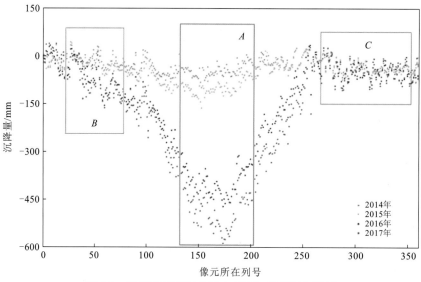

图 3.9　峰峰矿区万年矿横向剖面年际累积沉降量

2）多尺度多平台时序 SAR 影像地表沉降信息获取方法

（1）提出了一种综合利用 SAR 影像幅度和相位信息获取矿区地表时间序列沉降的新方法。该方法一方面利用基于幅度信息的跟踪振幅（amplitude-based feature tracking, ABFT）技术进行大梯度形变区域的监测，同时采用基于相位信息的（人）干涉点目标分析（人）技术进行微小变形区域的监测，再将二者得到的形变监测结果进行融合得到形变区域的完整监测结果。相比单独利用相位测量技术，融合后的结果能获取大变形区域的形变信息；同样相对单独利用强度跟踪技术，融合后的结果获取得到了更多更精确微小形变的信息。

（2）研究了利用 ENVISAT、ALOS、Radasat-2、TerraSAR-X 及 Sentinel-1A 等不同卫星影像提取地表变形方法。将 ENVISAT、ALOS 卫星获取的不同尺度的 SAR 影像提取的地表时序沉降信息进行融合，联合获取地表变形信息。上述方法在峰峰等矿区进行了应用及验证。

（3）提出了融合多源 SAR 影像提取矿区三维形变场并反演概率积分法参数的方法，为矿区地表移动监测及开采沉陷预计提供了新的技术途径，弥补了离散地表监测点不能全面描述真实地表形变信息的缺陷。

（4）研究了基于多轨道 SAR 影像的地表三维形变提取方法。该方法采用不同轨道获取的至少三景影像（如 Radarsat-2、TerraSAR-X、Sentinel-1A），根据卫星航向角、入射角等信息，基于最小二乘原理将干涉 SAR 技术得到的视线向变形分解到三维方向，从而建立矿区地表三维形变场。研究了基于偏移量跟踪算法的矿区地表方位向及距离向二维地表形变方法，在一些矿区进行了应用及验证。

3）SAR 与 GNSS、LiDAR 及无人机数据的融合方法

（1）研究了基于 GNSS 的干涉图中大气延迟相位的估计方法及轨道误差修正方法、

多轨道 SAR 影像同 GNSS 结果融合的地表三维变形解算方法、地面控制点与时域相干点干涉测量（TCP-InSAR）技术的融合方法等，并进行应用及验证。

（2）提出了一种基于地面雷达点云数据和 InSAR 数据融合的矿区地表大梯度形变监测方法。该方法一方面利用反距离加权算法对 SAR 形变场中的大梯度形变和失相关区域进行填补，另一方面对地面 LiDAR 点云形变场和 InSAR 形变场的公共覆盖区域进行均化融合，一定程度上解决了 InSAR 技术应用于矿区大梯度形变中所遇到的问题（Fan et al.，2015）。

（3）研究分析了 ENVISAT、ALOS、TerraSAR-X、Radarsat-2、Sentinel-1A 等多源多尺度 SAR 数据的融合解算方法，提取了更为全面的地表时序地表沉降量。在此基础上，研究了 SAR 技术同地面三维激光扫描、GPS、水准数据、无人机等融合方法。针对时序 InSAR 处理方法，提出了基于无偏相干估计的时序观测量选取算法、联合解算轨道误差和形变的 TCP-InSAR（temporally coherent point InSAR）模型，在峰峰等矿区进行了应用及验证。矿区沉降空-天-地协同监测信息提取流程见图 3.10。

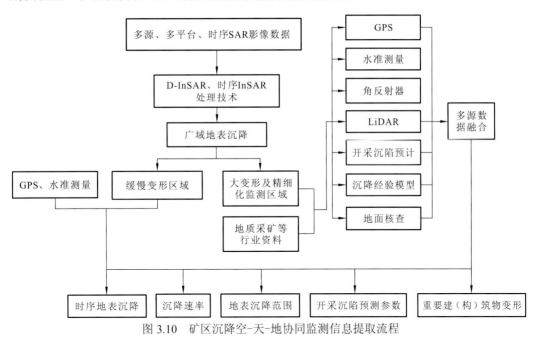

图 3.10　矿区沉降空-天-地协同监测信息提取流程

4）利用多平台 SAR 数据和三种基于水平形变假设的地表形变联合监测方法

（1）多平台 SAR 数据、基于无水平形变假设的地表形变联合监测方法主要利用多尺度 InSAR（mutil-scale InSAR）技术监测结果和"同名点对"搜索与融合方法来进行基于多平台 SAR 数据的地表竖直形变联合监测，联合监测结果与单一平台 SAR 数据监测结果相比具有监测频率高（时间分辨率高）、监测点密度大（空间分辨率高）和噪声点少的优势，更有利于非线性（时间维度）或非均匀（空间维度）地表形变的监测和反演。

（2）多平台 SAR 数据、基于水平形变速率不变假设的地表形变联合监测方法首先利用 MT-InSAR（multi-temporal InSAR）技术得到各平台 SAR 数据形变监测结果，而后基于"同名点对"搜索和加权最小二乘方法来反演研究区水平形变速率（各监测点水平形变速率相同）和竖直形变速率。该联合监测方法较单一平台 SAR 数据监测方法，具有能够反演地表三维或"伪三维"形变速率的优势。

（3）改进利用了多平台 SAR 数据、基于小基线技术和正则化方法的地表形变联合监测方法。将观测值权重引入该方法中，并根据研究区地表形变的特点将正则化矩阵由原方法的单位对角矩阵扩展为一般矩阵，改进的方法能够更好地考虑各差分干涉测量值的观测质量和研究区的地表形变特点。该联合监测方法可以得到地表形变二维或三维（由具体的数据情况决定）的时序监测结果，具有能够增加监测频率，反演多维地表形变的优势。

5）矿区地表沉降、建筑物沉降及结构物形变监测的自动化监测系统

采用液体静力水准开展了矿区公路、建筑物沉降自动监测；开发了基于光学影像的试验模型沉降高精度、自动化获取方法；开发了基于测量机器人的结构物形变监测控制系统，实现了矿区大型构筑物形变信息的快速获取。

综合运用近景摄影测量、无人机、差分干涉雷达、水准测量、三维激光扫描等技术、分布式光纤光栅测量技术等，围绕煤矿区地表沉陷的自动化、大面积快速监测，采动区内建筑物、结构物形变高精度快速获取等目标，深入开展了地表形变信息获取的研究，成果成功应用于矿区地形图更新、矿区高等级公路下采煤、建筑物下采煤、重要建（构）筑物下采煤及废弃采空区上方新建大型基础工程等工程案例中。

将距离向频谱干涉技术（range split spectrum interferometry，RSSI）引入矿山大梯度形变监测，将子带干涉和概率积分法结合，提出了一种矿山大形变梯度监测方法，一定程度上改善了 D-InSAR 可检测形变梯度较小的局限；基于升降轨 SAR 数据，提出将 D-InSAR、多孔径干涉技术（multiple aperture interferometry，MAI）或偏移量跟踪技术（offset tracking）获取的地表形变观测值融合估计地表三维形变，将多轨道 InSAR 观测值方法中所需的独立轨道数从三个减少到两个；将水平煤层开采导致的水平移动和沉降梯度之间的比例关系与偏移量跟踪技术获取的二维形变融合，实现了基于单个 SAR 强度影像对的矿山地表大量级（几米甚至十几米）三维形变估计；将该方法与测量平差理论（比如加权最小二乘和稳健估计）融合，提出了基于单轨道 SAR 影像的矿山地表多量级（从毫米级到米级）三维时序形变监测，推动了 InSAR 矿山三维或三维动态形变监测；基于概率积分模型参数与视线向（line of sight，LOS）形变观测值的函数关系，将模拟退火法引入反演概率积分法模型参数，预计矿区地表三维变形，将 Knothe 时间函数修正的概率积分法模型与 InSAR 监测的 LOS 向形变值结合，发展了一种基于 InSAR 的矿区地表动态三维形变预计和矿区建构筑物动态破坏风险评估方法。

研发了融合三维激光扫描/GPS 技术的沉陷盆地全局坐标实时获取系统；提出了基于点云均匀度/移动最小二乘曲面拟合与拉格朗日算子相结合的地面移动盆地精确获取方法；建立了基于特征区域配准思想获取特征点位移动变形的技术流程；提出了基于

Delaunay 剖分的 ICP 配准的表面突变提取算法和不规则及漏洞点云重心计算方法，依据点云法矢量变化实现了点云特征线的提取；实现了基于点云数据的沉陷盆地移动变形信息的快速准确全面获取。

6）石油和地下水开采地表形变监测与评价

石油和地下水开采同样会导致地表发生形变，危害人民生命财产安全。相较于煤矿开采引起的地表形变，石油和地下水开采导致地表形变具有缓慢和沉降量级较小特点。但地下水和石油开采常常位于城镇等人口较密集区域，对石油和地下水开采引起的地表形变进行监测与评价可为这些区域地表形变控制及相关灾害的预警提供重要资料和宝贵信息。这里基于时序 InSAR 技术，对两种最主要的地下液体矿产——石油和地下水开采导致的地表形变进行监测与评价。

（1）以河北任丘为研究区域，对比 D-InSAR 和时序 InSAR 技术在石油开发区域地表形变监测中的能力，发现与 D-InSAR 技术相比，时序 InSAR 技术能够较好克服失相干等因素影响，探测微小地表形变能力更强；此外，对比分析了三种常见时序技术 PS-InSAR 技术（稳定散射体时序 InSAR 技术）、SBAS-InSAR 技术（小基线时序 InSAR 技术）和 TCP-InSAR 技术（时域相干点 InSAR 技术）在石油开采导致地表形变监测中的特点和优势，发现 TCP-InSAR 技术通过选取某时间段内保持较为稳定的相干性地物目标为 TCP 点，形变监测点密度较高，同时可避免解缠引入的误差，可以更为有效地反演出油田区域地表形变。

（2）为充分挖掘多平台 SAR 数据在地表形变监测中的潜力，发挥多平台 SAR 数据的优势，基于时序 InSAR 技术对利用多平台 SAR 数据联合监测地表形变的方法进行了研究，并将研究方法应用到沧州地下水开采导致地表形变监测和分析评价中。

首先，基于三种地表形变假设研究了三种多平台 SAR 数据地表形变联合监测方法：提出了基于无水平形变假设的地表形变联合监测方法（联合监测方法 I）；研究了基于水平形变速率不变假设的地表形变联合监测方法（联合监测方法 II）；研究与改进了基于小基线技术和正则化方法的地表形变联合监测方法（联合监测方法 III）。

其次，对研究的三种联合监测方法进行了总结和分析，得出的结论和建议：待监测区域地表水平形变较小时，如地下水开采导致的地表形变，建议使用联合监测方法 I 进行形变监测；无法确定待监测区域地表水平形变大小且待监测区域范围较小时，建议使用联合监测方法 II 进行形变监测；待监测区域 SAR 数据丰富（3 种及以上平台 SAR 数据）时，建议使用联合监测方法 III 进行形变监测。

利用基于多平台 SAR 数据的地表形变时序 InSAR 技术联合监测方法对沧州地区地下水开发地表形变进行了监测，对地表整体沉降情况和重点对象（包括重点区域和建（构）筑物）沉降特点进行了分析与评价。结果表明：研究区沉降中心分别位于沧州市区西北面青县和东南面沧县，沧州市区沉降现象不显著；研究区南北 4 个沉降中心（谭缺屯村、叩庄村、大马庄村和黄官屯村）年均沉降量均达到-55 mm/a，且都位于非城

市区域。沉降中心的地表沉降表现出明显的非线性特性，引起沉降变缓及停止的主要
因素为降水量大小和地下水埋深；沧州市区累积沉降量值在空间上呈现出由外向里不
断减小的特点。

相关研究成果见图3.11、图3.12。

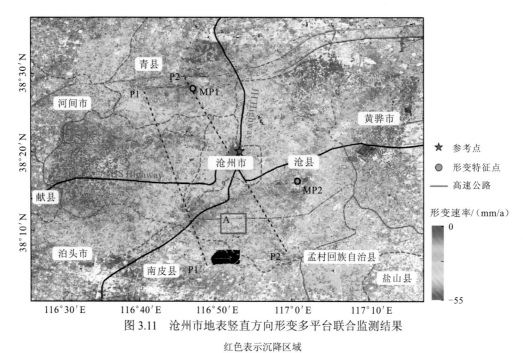

图 3.11 沧州市地表竖直方向形变多平台联合监测结果

红色表示沉降区域

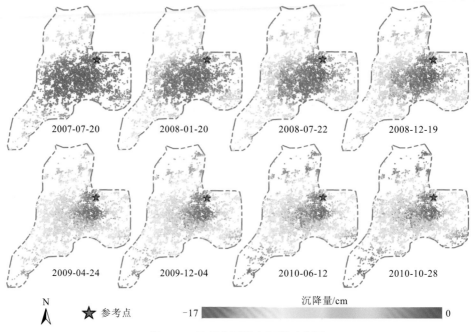

图 3.12 沧州市区地表沉降时序图

2. 地下煤火监测与评价

地下煤火主要是指煤矿由于人为因素或自燃形成的煤田火和矿井火,在中国、美国、澳大利亚、印度、印度尼西亚等国家普遍发生。自燃煤火已经成为全球性的灾难。煤火在造成巨大能源浪费的同时,伴随产生的 SO_x、CO、NO_x 等有害气体及大量烟尘严重污染空气,威胁着居民的身体健康,煤火燃烧产生的温室气体 CO_2 和 CH_4 加剧了全球气候变暖。地下煤炭燃烧也导致了地表沉降,严重时会产生大量地表裂缝,形成严重的地质灾害。煤火探测主要从勘查区的热异常、地表沉陷和区域空气异常三个方面进行。同时,煤火探测的主要目的是确定煤火的空间位置及状态。早期主要采用测温、钻探等直接方法进行煤火探测。随着科学技术的发展已逐步发展为测温、钻探、物探、遥感及红外探测相结合的综合探测方法。遥感监测煤火的研究开始于 1963 年,HRB-Singer 公司在美国宾夕法尼亚州的斯克兰顿用热感相机 RECONOFAX 红外侦查系统,进行探测和定位煤矸石的可行性试验,这是科技人员首次利用热红外遥感技术研究和探测煤火,此后国内外学者对煤火问题展开了一系列研究,形成了大量基于遥感探测煤火的成果,包括煤火温度的定量反演、煤火异常区提取、煤火区特征地物信息提取、煤火动态监测等。目前更加注重对地下煤火信息提取的研究,如利用航空、航天热红外遥感数据提取地下煤火信息,利用雷达影像探测地表沉陷,利用可见光影像提取煤火产生的地表裂隙等,煤火遥感监测方法正不断地向精确化、自动化方向发展。我国学者针对地下煤火的类型和特点,将火区地质模型(燃烧分带、燃烧系统、燃烧阶段等模型)认识与高精度遥感的优势相结合,通过燃烧裂隙、燃烧系统和采煤工作面等重点信息的提取,大幅度提高了煤火信息的获取水平和探测精度。对生产矿山地表浅层燃烧的暗火火区,已结合矿区实际,初步建立了集成无人机、遥感、热红外成像仪、GPS、InSAR、三维激光扫描仪等软硬件的立体监测技术体系,指导了煤火灾害治理工作,提高了煤火调查、预警及治理的效率。

利用遥感手段探测煤矿火区的方法与所用的传感器密切关联,低分辨率热红外卫星因其空间分辨率过低而不能满足小区域煤火的监测需求;通过中分辨卫星的 Landsat 热红外传感器和 ASTER 反演地表温度的算法较为成熟,以辐射传导方程法、单窗算法和单通道算法精度最高,应用也最多。在地表温度反演的基础上,许多火区圈定的方法被提出,在火区自动提取方法中,尤其以移动窗口算法和自适应梯度阈值法最为著名。中分辨率的卫星虽能识别火区及其动态变化,但是受太阳热辐射、植被、地形、气象等条件的影响,反演的地表温度精度不高,导致火区的识别精度不能得到根本性的提升。机载热红外数据可以满足火区识别的精度要求,但是仪器昂贵,数据采集成本居高不下,未能得到广泛应用。近年来,测量型无人机的出现为煤火监测提供了新的技术手段,无人机的优势在于采集数据的成本低、测量数据的精度高,无人机热红外技术获取的地表温度精度更高,更有利于圈定火区,已经开始逐步应用到煤火监测领域。

发展中的煤火区域及其演变的快速多源遥感监测流程,见图 3.13。

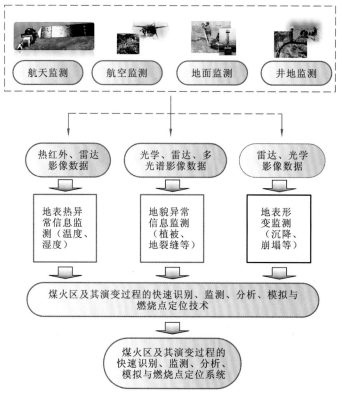

图 3.13　煤火区域及其演变的快速多源遥感监测流程

1）地下煤火地-空一体化探测

依据地下煤火发展过程中各阶段的物理场效应、地下煤火信息的传输过程和地下煤火的动态监测模型理论，采用地-空一体化技术，即高空间分辨率的航空自然彩色遥感技术、高光谱分辨率热红外遥感技术和地面的热红外探测技术、氡气探测技术、地质雷达探测技术，提取并获得了某煤田客观、准确的煤火信息，结合对研究区常规地质资料和往年火区探测资料的综合分析，完成了对研究区的火区宏观动态监测；以光学和影像学为基础，从航空遥感的热场、光场、微波场等方面，获取研究区煤火燃烧信息，圈定了研究区的煤火温度异常区，从地面的热场、化学场和磁场等方面，进行了野外地面综合探测验证，从不同的观测角度对研究区煤火情况进行了系统的对比分析研究，最终圈定火区范围，钻探证明该方法所圈定的火区范围准确性可达95%以上；通过飞机上搭载自然彩色数码相机和使用 TASI-600 热红外成像光谱仪，在某煤田进行了航空大面积煤田煤火探测工作，经过数据获取、校正、影像镶嵌、影像配准、地面同步测温、地表温度反演和影像解译一系列过程后，获取了煤田火区地表热异常信息，由于该煤田火灾基本发生在 0～50 m 的浅埋层中，通过野外地面综合探测验证，仅通过航空可见光遥感和热红外遥感所圈定的火区范围准确性可达89%以上；采用地面红外探测技术对从航空高光谱遥感提取的重要的热异常信息进行野外探测，验证和补充了地表煤火异常情况，采用地面氡气探测技术大致圈定出了研究区的燃烧中心和范围，采用地面地质雷达探测技术对重要的煤火热异常点进行探测，探测的煤火燃烧造成的塌陷情况与遥感提取的煤火信息基本一致，进一步修正了遥感探测的煤火信息，对火区煤火燃烧的空间信息和发展趋势有了更好的掌握（Hu et al.，2017；Wang et al.，2014；Gangopadhyay et al.，2012；Jiang et al.，2011b；Mishra et al.，2011b；蒋卫国 等，2010；陈云浩 等，2005；Stracher et al.，2004）。

2）基于天-空-地遥感信息的山西马脊梁煤火监测与评价

大同矿区古窑开采、小煤窑私挖滥采形成了众多在地表浅层燃烧的暗火火区，这些火区资料缺乏，情况不清；且工作面、采空区与地表裂隙相互连通，形成了复杂的立体交叉漏风网。因此，在数百平方千米的井田范围内如何快速、准确确定燃烧点的位置及范围、地表裂隙位置，在此基础上开发有效的治理技术已成为矿井火区治理亟待解决的重大技术难题。

针对这些火区特点，结合马脊梁矿煤火区实际，研究了利用 Landsat TM/ETM 温度反演、无人机和地面红外热像仪等的集成监测分析技术。利用 Landsat TM/ETM 影像提取了 2000 年、2002 年、2006 年、2007 年和 2009 年 5 个时期的煤火区热场分布信息，分析了其变化过程，圈定了煤火区的大致范围；利用无人机搭载光学相机拍摄了火区的高分辨率影像，结合煤火区地裂缝的纹理、线特征、灰度值等信息，建立了知识模型，提取了煤火燃烧区的构造裂缝，为探测、治理地下煤火提供了依据；利用红外热像仪采集了煤火燃烧重点区域的温度场信息，进行了热点趋势分析、着火点深度分析，为确定煤火区燃烧点提供依据。研究得到如下结论。

（1）Landsat 热红外波段可以从宏观上反映煤火区太阳辐射温度的空间分布特征，为精准圈定煤火区提供靶区。

（2）无人机因其影像拍摄时间灵活、空间分辨率高等特点，能够为煤火监测提供较理想的数据源，通过无人机搭载光学相机获取的影像能够提取煤火区厘米级宽度的地裂缝分布信息，进而辅助判定地下煤火燃烧情况，为填实地裂缝、治理地下煤火提供依据。

（3）利用红外热像仪拍摄的煤火燃烧区的温度图像，可建立地表温度场模型，从小尺度上分析地下煤火燃烧引起的地表温度场变异情况，推断煤火燃烧的特点及着火点深度，为确定煤火区燃烧点提供依据（Wang et al.，2014）。

3）基于热红外与 InSAR 信息的新疆阜康煤火监测与评价

利用热红外技术探测火区的温度异常已较为普遍，用 InSAR 技术探测火区沉降也已引起关注。但在火区热异常提取和沉降信息的精确反演，以及融合多源数据进行火区的精确识别和动态监测等方面还存在许多问题需要解决。此外新疆阜康火区不少是由废弃煤矿没有进行有效治理而引发，火区与开采区交错分布，且开采区地表多为低比热容地物，太阳辐射后容易产生高温现象。这种特殊的地理环境会造成较多的非煤火导致的沉降和地表高温区域，造成火区的误判。为实现新疆地区广域煤火的精确识别和动态监测，以新疆阜康火区为研究区，研究了利用光学与 SAR 数据源进行火区的热异常和沉降异常反演，通过滤波的方式将两种信息叠加一起，从而提高火区识别精度。研究得到如下结论。

（1）根据煤火燃烧和发育过程中多为片状火区，几乎无孤立煤火点的特点，通过将满足温度阈值的区域进行时序叠加处理，可有效减少冗余热异常区。接着采用卷积运算方法可进一步排除孤立的冗余煤火点。

（2）虽然火区整体形变较小，但是通过设置沉降阈值构建沉降滤波器的方法将热异常和沉降异常融合的方式可有效减少非煤火区。识别火区范围从 71.5 km² 减少到 60 km²。实验结果和实测火区对比发现依然存在较多误判火区和少数漏判火区。分析其主要原因是采用单一沉降滤波的方式无法有效排除存在低比热容地物的采空区对煤火识别的影响。

（3）通过对火区绘制剖面线并提取对应温度和沉降值的方式，初步发现了火区温度和沉降具有一定的正相关性。

相关研究成果见图 3.14。

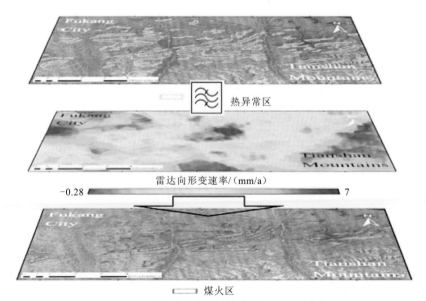

图 3.14　空间滤波提取疑似煤火范围示意图

4）基于热异常、NDVI、沉降遥感信息的新疆米泉火区监测与评价

地下煤火燃烧不仅会产生高温，而且燃烧过程可能也会造成地表塌陷，煤火产生的高温、析出的硫化物等物质会严重阻碍植被生长，以上现象表现在热红外影像上为热异常，在时序干涉测量信号上则呈现为微小形变，光学影像上则表现为植被稀疏。基于以上考虑，提出了沉降、热异常、归一化植被指数（normalized difference vegetation index，NDVI）三种信息联合的多源遥感信息强弱约束方法（strong and weak control method，SWCM）火区识别方法，并应用于新疆米泉地区煤火监测与评价，得到如下结论。

（1）SWCM 方法可有效减少新疆米泉地区非煤火关联热异常和沉降对煤火探测的影响。通过与其他三种常规遥感火区识别方法的对比中得出 SWCM 方法在火区误判率、漏判率和精度上都有较好的表现。其中 SWCM 识别火区的误判率、漏判率和精度分别为 9%、37%和 91%，相较于其他三种方法识别火区的误判率、漏判率和精度平均提高了 77.2%、33.4%和 33.4%。

（2）通过时序热异常范围确定了火区的时空变化，火区在 2015～2017 年虽有向东南方向蔓延的迹象，但火区减少范围为增加范围的 2.8 倍，整体燃烧范围呈减小趋势。火区减少区域集中在米泉火区进行灭火整治的东部地区，这也侧面反映了灭火整治效果较好。

（3）火区温度和沉降关系分析表明火区时序温度与沉降速率具有较强的正相关关系，在 2015～2017 年期间相关系数为 0.82。

5）基于无人机热红外遥感的新疆宝安煤火监测与评价

无人机技术，尤其是机载热红外技术，在煤火监测方面近年来得到了极大的重视。Cao 等（2016）将无人机技术应用于露天煤矿温度监测中，可以及时反映矿区温度变化及高温信息分布情况。Li 等（2018）利用无人机携带可见光和热红外镜头对煤田火区进行识别与绘图，其夜间检测火区精确度高达 92.78%。Abramowicz 等（2019）以废煤堆为研究对象，通过无人机热红外相机获取热红外数据，研究发现煤火燃烧区地表温度与地下 30 cm 处温度相差很大，但其未根据实测值对无人机地表温度观测值进行精度评估。

无人机热红外技术可以从时间和空间两个维度动态地获取煤火燃烧区高时空分辨率影像，使其在煤火监测中发挥着重要作用。但是，相对于无人机可见光影像，无人机热红外影像分辨率和拼接成图精度均较低。同时，无人机地表温度观测极易受气象状况、无人机飞行姿态等因素的干扰。目前无人机热红外技术对地表温度的观测精度研究较少，而其对煤火区地表温度的精确刻画是煤火燃烧状况评估与后续火区治理的重要依据。

为分析无人机热红外遥感煤火区地表温度监测结果精度及稳定性，选取新疆宝安煤田火区为研究区，从时空维度对无人机煤火区地表温度（图 3.15）测量结果进行了评估，得到以下主要结论。

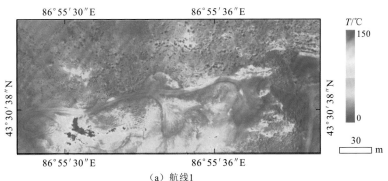

（a）航线1

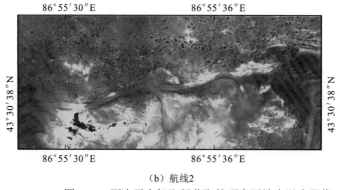

（b）航线2

图 3.15 两次无人机飞行获取的研究区地表温度影像

（1）对无人机获取的煤火区地表温度影像进行等值线、剖面线和三维可视化分析
（图 3.16），结果表明无人机煤火区地表温度影像可以极其精细地描绘煤火区的高温异常
现象，等值线的疏密程度和煤火区燃烧点的剖面线反映了煤火区地表温度的骤变现象。

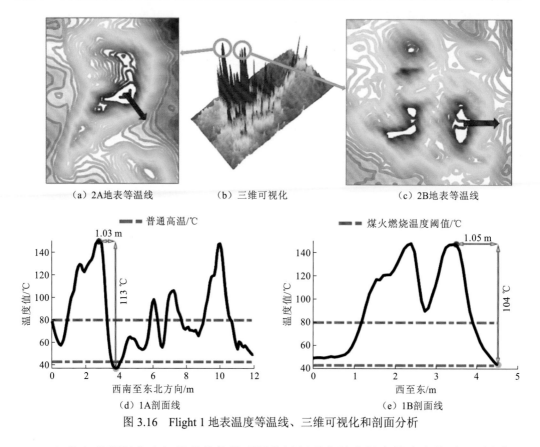

（a）2A地表等温线　　　　　　（b）三维可视化　　　　　　（c）2B地表等温线

图 3.16 Flight 1 地表温度等温线、三维可视化和剖面分析

（2）将红外测温仪和红外热像仪的观测值近似看作地表温度的真实值时，无人机测
量值与两种地面仪器观测值的中误差分别为±1.5℃和±2.5℃，线性回归 R^2 均在0.99以
上，表明无人机对煤火区地表温度观测具有较高精度；地面实测与无人机不同半径缓冲

区内地表温度平均值线性回归 R^2 均小于 0.8，且随缓冲半径增大而减小，表明无人机获取的煤火区地表温度由于地表异质性和温度骤变现象的存在变化剧烈。

（3）将不同时间获取的两景无人机地表温度影像升尺度到不同的空间分辨率，从时间维度对无人机热红外影像火区地表温度监测稳定性进行评估。随着分辨率的提高，两景无人机影像线性回归的 R^2 均大于 0.85 且呈现先增大后减小的趋势；各分辨率影像均可反映煤火燃烧导致的高温异常，表明无人机可以持续稳定地监测煤火区地表温度的动态变化。

（4）采用局部方差和香农信息熵来探测煤火区地表温度异常的最优观测尺度。结果表明无人机原始地表温度影像在升尺度到分辨率约为 7.5 m 时，可以探测到该新生火区绝大多数的地表温度异常区，且在该分辨率下煤火区高温异常信息损失较小（约为 17%）。对在不同阈值下提取的高温异常面积变化情况进行分析，结果表明两幅影像在 0.1～0.4 m 分辨率时，面积变化率比较小（均小于 5%）。当分辨率大于 10 m 时，由煤火燃烧导致的高温异常边界模糊使得对煤火燃烧区面积的提取变得不可靠。

3. 煤矸石山自燃监测与评价

作为煤炭开采和洗选过程的废弃物，矸石山是煤矿区主要生态环境问题之一。煤矸石堆积产生污染（水、土、大气）、结构侵蚀、稳定等环境岩土效应，还经常发生自燃、爆炸、塌方、滑坡、泥石流等灾害，对居民的日常生活造成严重影响。特别是自燃煤矸石山，占矸石山总量的 30% 以上，它不仅产生大量有毒有害气体，而且容易频发矸石山坍塌、喷爆甚至爆炸事故，酿成重大的人员伤亡和经济损失。由此，煤矿区矸石山自燃监测与评价研究尤为重要。

我国煤矸石山自燃监测评价近期取得的主要成果如下。

1）融合多尺度分割和 CART 算法的矸石山边界信息提取

针对传统的像素分类法提取矸石山边界信息普遍存在"椒盐现象"极大干扰面积统计的问题，融合多尺度分割能统一精细尺度的精确性与粗糙尺度的易分割性，以及分类回归树（classification and regression tree，CART）算法处理高维、非线性数据的高准确性，提出了多尺度分割和 CART 算法融合的煤矸石山边界信息提取技术，与单纯像分类法相比，抑制了"椒盐现象"，有效减少了提取结果的噪声（赵慧，2012）。

2）表面自燃温度监测定位

针对酸性煤矸石山自燃着火的问题，发明了红外遥感与全站仪、近景摄影测量、三维激光扫描、GPS 等相耦合的表面自燃位置监测定位技术，解决了多源监测设备站位优化、控制点布设、特征点识别、坐标基准耦合等问题；提出了热红外温度信息的距离、气候等补偿模型，基于立方卷积等空间插值方法解决了温度信息与空间信息的数据融合，构建了表面自燃温度场的四维模型（Hu et al.，2017；夏清 等，2016；孙跃跃，2008；盛耀彬 等，2008）。

3）内部自燃位置点解算模型

针对内部自燃位置点无法确定的难题，利用空间热力学、传热学等理论，依据煤矸石山多孔非连续介质导致热量非均匀传播的特性，经大量野外测量数据分析，在对连续介质热传导模型进行修正的基础上，利用内部自燃点所垂直对应表面温度与邻近温度比值的推演，建立了基于表面温度的内部自燃位置点解算模型，采用拟合逼近真值的方法进行数值求解（夏清 等，2016；盛耀彬 等，2008）。

4）矸石山不同自燃点散热量估算

根据矸石山具体情况对其热量传递过程的影响因素进行简化，抽象出热量传递模型，并依此模型对不同自燃点情况下矸石山产热和散热强度进行了计算。平煤一矿（图 3.17）分析结果如下。

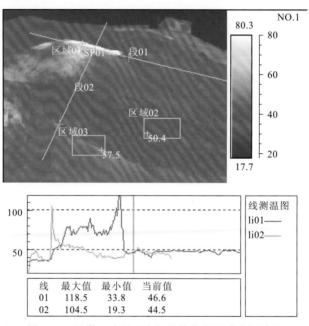

图 3.17　平煤一矿矸石山红外热像仪测试分析结果

（1）普通矿井煤矸石最可能发生自燃的深度为 4 m，洗选煤矸石为 1.5 m。干燥煤矸石自燃深度分别为：矿井矸石 2.8 m，洗选矸石 1.0 m。有自燃倾向的矸石山，自燃深度不会超过 6 m，因为该深度热量散失随深度变化已经不大，而深度增加致使氧气供应量不足，影响其产热量。

（2）反应产生热量多的煤矸石自燃点必然较浅，而产热量少的煤矸石自燃点必然较深。

（3）影响矸石山散热强度的主要因素有：临界温度、环境温度、对流传热系数、综合导热系数。其中以综合导热系数的影响最大，甚至在一定程度上决定矸石山自燃过程是否发生以及矸石山自燃点位置。针对煤矸石山自燃防治工作的需要，综合考虑煤矸石山自燃深度的煤矸石综合导热系数、外界温度、风速、煤矸石放热强度和耗氧速率等因素，通过求解矸石山内部产热放热平衡方程得到煤矸石山自燃深度计算公式，通过试验验证证明了其可靠性。

4. 矿区其他生态扰动要素监测与评价

传统的矿区生态扰动监测一般首先进行实地调查、样品采集，之后利用化学、物理或者生物指标诊断等手段对所采集样品进行定性或定量分析，不仅工作量巨大，而且需要耗费大量的人力、物力和时间，同时部分地区因特殊的地理环境，系统的采样布点难以实现。卫星遥感技术以其监测范围广阔、时效性强、数据丰富等特点，为矿区生态扰动监测提供了一种快速、动态、全面的技术手段。

从不同遥感平台可获得不同光谱分辨率、不同空间分辨率及不同时间分辨率的遥感影像，形成多级分辨率影像序列的金字塔，为矿山环境信息提取与防灾减灾提供了丰富的数据源，多年来一直是国内外研究热点。随着遥感数据分辨率的提高与波段信息的增加，以遥感数据为主要手段的矿区生态扰动监测向着定性与定量两个方向逐渐发展，其研究对象主要包括矿山地表水、大气、土壤和矿区植被 4 个方面。20 世纪 90 年代以来，国外将高光谱遥感应用于矿区环境监测的研究逐渐增多。美国、加拿大、欧盟和澳大利亚等发达国家和地区纷纷将高光谱遥感技术和方法应用于本国（地区）矿区环境监测，其中以美国和欧盟的试验和研究最为系统和深入。美国地质调查局（United States Geological Survey，USGS）利用高光谱遥感技术，系统研究了若干典型煤矿区的污染水的主要成分，检测受污染水域的空间分布范围，欧盟的"应用先进地球观测技术评价和监测欧洲采矿活动环境影响"项目则联合英国、德国、葡萄牙、奥地利、芬兰 5 个国家，在 6 个矿区建立试点，应用 HyMap 机载高光谱数据和星载 Hyperion 数据，精确描绘采矿污染源及其扩散分布情况，研究矿区环境下的植被胁迫效应，并给出相应的环境评价结果（杜培军 等，2008）。由于机载高光谱遥感兼具高空间分辨率的特征，近年得到迅速发展。一些学者采用基于机载 Probe-1 传感器获取的高光谱数据，结合空间、光谱特征，实现了矿山尾矿区的异常信息提取。

国内高光谱数据在矿区环境监测中的应用起步较晚。如利用高光谱遥感技术，系统研究了矸石山污染物的吸收光谱特征和受污染植被的光谱变异规律；利用实用型模块化成像光谱仪（operational modular imaging spectrometer-1，OMIS1）数据系统全面地研究了矿区环境污染探测等相关问题，其中包括植被、土壤、水体和粉尘等内容，以上工作，为国内深入开展矿区高光谱（星载和机载）遥感研究奠定了基础（Lin et al.，2016；Tan et al.，2014）。

国内近几年取得的主要创新成果如下。

1）多源遥感矿区环境及灾害动态监测技术与评价预警系统

（1）针对多源遥感矿区环境及灾害动态监测技术中的多元信息数据集，研究了多元信息数据处理的理论与方法，构建了多元数据的模式集和子模式的理论与方法，建立了多元信息数据集的模式描述和模式划分方法，建立了度量和分析矩阵模式间的差异，提高了多元空间数据模式分析的正确性，并应用于多源遥感矿区环境及地质灾害动态监测中。

（2）利用高分辨率遥感影像和大比例尺基础地理数据，总结了地质环境灾害遥感影像识别标志，研究了地质环境灾害信息增强技术，建立了遥感与地理信息系统相结合的地质环境灾害参数提取方法，提出了原始影像与边界突出结果相结合的地质环境灾害边界信息突出方法，建立了基于单因子曲线拟合与多因子逻辑回归相结合的矿山地质环境灾害评价模型。

（3）通过对矿区植被、水体等典型地物的光谱参数、大气参数、植被生化组分参数、水质参数的野外监测与多源遥感数据的处理，构建了矿区生态环境参数多源遥感数据反演模型，通过去临近像元效应研究，解决了矿区水体面积小，水质参数反演受临近像元效应影响的问题，通过植被生化组分抗土壤背景分析研究，解决了植被生化组分反演中矿区植被稀疏，土壤背景影响显著的问题，根据植被胁迫程度，确定了矿区生态环境临界值模型及评价预警模型。

（4）针对示范矿区地质灾害与生态环境变化野外巡查及数据采集的需要，通过综合应用 GPS、CORS、平板电脑（portable android device，PAD）、通用无线分组业务（general packet radio service，GPRS）、实时动态载波相位差分技术（real-time kinematic，RTK）、地理信息系统等技术，突破精密定位、多媒体信息实时采集与传输等技术瓶颈，实现了矿区野外巡查系统的设计与开发。

（5）针对矿区环境监测的需求，通过集成气体传感器、紫蜂（ZigBee）、GPRS、GPS和地理信息系统等多种最新技术，进行了矿区大气环境监测传感器的硬件研发，开发完成了矿山环境多屏幕动态监测网络平台，实现了污染气体的动态采集、分析与可视化表达等功能。

（6）突破多源、异构的遥感数据、地物波谱数据与空间矢量数据集成管理和多重检索技术，创建了矿区地质灾害与生态环境变化综合数据库及分析评价临界值监测模型库，以此为核心进行了矿区地质灾害与生态环境变化分析预警系统的设计与开发，并基于 B/S 体系结构，实现了预警结果的存储、管理和远程发布。

2）煤炭开采对植被的扰动

植被是考量矿区生态环境状况的关键之一，从生态学视角出发，诸如水土保持、生态系统调节、生物多样性保护、土壤质量改良、景观修复等矿区资源环境诸多因子都不同程度依赖于植被的长势和繁茂程度。同时，从生态学视角出发，诸如水土保持、生态系统调节、生物多样性保护、土壤质量改良、景观修复等矿区资源环境诸多因子都不同程度依赖于植被的长势和繁茂程度。因此，植被是考量矿区生态环境状况的关键之一。

采煤引发的地裂缝、煤火、土壤性质改变等影响一方面破坏了矿区植被生长和土壤发育的环境，使其失去适合的生存空间；另一方面，植被的破坏使地表逐渐裸露，改变土壤侵蚀的植被覆盖因子，土壤质量的下降又反过来影响植被生长，进一步加剧了矿区生态脆弱度。因此，植被长势、土壤质量与矿区生态环境之间存在着高度的三向制衡关系（图3.18）。国内外研究表明，作为重要的气候、生态水文影响因子，植被与土壤影响着区域大气圈、水圈、生物圈层间的各种物质转化和能量转移过程。

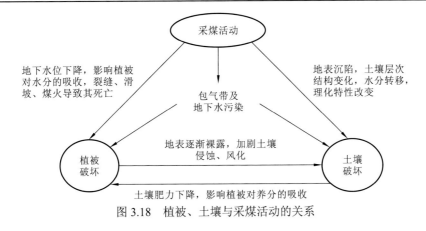

图 3.18　植被、土壤与采煤活动的关系

3）基于 NPP 的矿区生态扰动监测与评价系统

（1）提出了采用植被净初级生产力（net primary productivity，NPP）作为矿区生态扰动的监测指标。在分析矿区生态扰动的特征及其生态响应机理的基础上，结合矿区生态扰动监测的内容和目标，采用 NPP 对矿区生态扰动进行监测，通过理论和实证分析，得出 NPP 作为监测指标是可行的（侯湖平 等，2013）。

（2）基于遥感学和植被生态生理学原理，建立了中等尺度的 NPP 遥感估算模型。模型体现了三个方面的特色：建立了光合有效辐射吸收比例（fraction of photosynthetic active radiation，FPAR）与植被盖度的遥感反演模型；提出了 NDVI 指数的确定方法；提出了采用中等分辨率的遥感影像、不同植被采用不同最大光能利用率、提高土地植被分类精度三方面提高基础数据的精度。对模型结果采用收获值和其他模型模拟结果进行对比，表明模型结果具有一定的可靠性。

（3）在矿区生态系统演替规律和生态系统扰动特征分析的基础上，从矿区生态系统扰动的机理、影响因素、扰动程度、生态响应特征 4 个方面，分析了矿区生态系统中的非生物因子、生物因子和景观因子的生态响应机理，结果表明采矿扰动能导致矿区生态系统因子发生不同程度的变化。

（4）运用改进的光能利用率模型，对徐州九里矿区生态扰动的 NPP 变化量进行了定量评价，从 NPP 变化的时空分布、矿区不同阶段 NPP 变化程度、NPP 变化的影响因素角度分析得出，采矿活动是导致矿区 NPP 变化的主要因素，NPP 变化程度对采矿活动具有敏感性（Huang et al.，2015；Tian et al.，2013）。

4）煤炭开采对土壤侵蚀的扰动

土壤作为地球陆地表面分布最广泛的自然要素，提供了陆地生态系统中各类生物体生存所必需的养料；与人类农业生产和生活息息相关，承载了人类生存的物质基础。由于位于地球各圈层中间，土壤圈与水、大气、岩石、生物等圈层间亦存在密切的相互关联。自工业革命以来，人类活动对土壤的破坏日趋严重，主要包括土壤中重金属元素富集、土壤养分丧失、土地盐渍化、水土流失等。煤矿区土壤受煤炭开采的主要影响有：沉陷产生的地裂缝和地表坡度变化影响土壤侵蚀、土壤理化性质改变、土壤水分养分转移、有机质含量变化等。

修正通用土壤侵蚀方程式（revised universal soil loss equation，RUSLE）是当前应用最普遍的土壤侵蚀计算公式，此公式充分考虑了植被、土壤、地形等关键地表要素，特别是考虑了坡度、坡长等极易受开采沉陷影响的地形因子，因此，选用 RUSLE 作为计量土壤侵蚀受采煤沉陷影响量的方法，其计算公式如下：

$$A = R \cdot K \cdot L \cdot S \cdot P \cdot C \tag{3.5}$$

式中：A 为单位面积时间平均的土壤流失量$[\text{t}/(\text{hm}^2 \cdot \text{a})]$；$R$ 为降水侵蚀力因子$[\text{MJ} \cdot \text{mm}/(\text{hm}^2 \cdot \text{h} \cdot \text{a})]$；$K$ 为土壤可蚀性因子，为某种给定土壤上单位侵蚀力的土壤流失速率$[\text{t} \cdot \text{h}/(\text{MJ} \cdot \text{mm})]$；$L$、$S$ 分别为坡长和坡度因子；P 和 C 分别为水土保持因子和地表植被覆盖因子。

煤炭开采引起地面塌陷，改变了地表 DEM 结构，RUSLE 中，坡度和坡长与地形密切相关。首先分析平地情况下坡度、坡长受沉陷影响的改变：根据开采沉陷理论，工作面回采结束后，地表沉陷移动还会持续一段时间，而后在采停线一侧停止，静态移动盆地即移动完全停止后形成的移动盆地，其开采沉陷纵断面如图 3.19 所示。

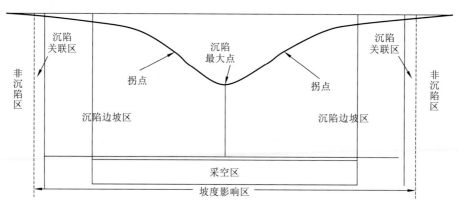

图 3.19　平地地表移动曲线

地表为平地时，开采沉陷对坡度和坡长因子的影响如下。

（1）开采沉陷对坡度的影响。地表坡度的计算方法为以周边 3×3 邻域为算子（图 3.20），中心栅格 e 的坡度计算公式如式（3.6）所示。

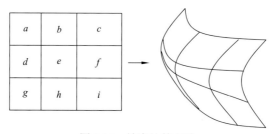

图 3.20　坡度计算方法

$$\text{slope} = \arctan(\sqrt{(\mathrm{d}x/\mathrm{d}z)^2 + (\mathrm{d}y/\mathrm{d}z)^2}) \times 180/\pi \tag{3.6}$$

$$\mathrm{d}x/\mathrm{d}z = (c + 2f + i - a - 2d - g)/8s \tag{3.7}$$

$$\mathrm{d}y/\mathrm{d}z = (g + 2h + i - a - 2b - c)/8s \tag{3.8}$$

式中：s 为栅格单元的边长；$f_x^2 = \mathrm{d}x/\mathrm{d}z$，$f_y^2 = \mathrm{d}y/\mathrm{d}z$ 分别为 x 方向和 y 方向的高程变化率。

根据式（3.6），开采沉陷对地表坡度的影响可分为最大下沉点、沉陷边坡区和沉陷关联区，各部分坡度的变化情况分别呈现如下特征。

最大下沉点：为开采沉陷稳定后最大下沉值所在位置，水平煤层开采时，位于采区中央正上方，由于沉陷具有对称性，最大下沉点处 3×3 邻域中 x、y 方向两侧 DEM 下降值相等，因此，沉陷中心点处坡度没有变化；倾斜煤层开采时，最大下沉点向下山方向偏离，坡度将增加。

沉陷边坡区：为沉陷中心点与沉陷边缘间的部分，沉陷边坡区内任意点周边 3×3 邻域中，靠近沉陷中心点侧的栅格下沉值高于另一侧，因此，沉陷边坡区坡度必然增加。

沉陷关联区：其本质上为非沉陷区的一部分，并与沉陷区拓扑邻接的栅格单元，沉陷关联区任意点周边 3×3 邻域中内侧高程将减小，而外侧无变化，其坡度也必然增加。

（2）开采沉陷对径流长度的影响。平地各栅格间由于高程相等，不会产生水流，原始坡度和水流长度为 0，坡长也为 0；开采沉陷后形成水流，逐渐向沉陷值最大的栅格流动，各栅格水流长度的大小取决于本身及周边栅格沉陷值的大小及与沉陷最大栅格的距离。由于沉陷等值线呈近似同心圆分布，可将最大沉陷点（I）周边栅格划分为 II、III…若干个等级，相同等级间沉陷值不一定相同，只是表示具有相同的下沉拓扑级别，低级别的下沉栅格中的水流将朝向与其最近的高级别下沉栅格流动，径流长度变化见图 3.21。

沉陷等级					水流方向					水流长度（逆流）				
非	III	II	II	II	1	1	2	4	8	0	1	2	0	0
非	III	II	I	II	1	1	1		16	0	1	$1+\sqrt{2}$	$3\sqrt{2}$	0
非	III	II	II	II	1	128	12	64	32	0	1	$2\sqrt{2}$	$1+\sqrt{2}$	2
非	III	III	III	III	1	128	128	64	64	0	2	1	1	1
非	非	非	非	非	128	64	64	64	64	0	0	0	0	0

图 3.21 沉陷对水流长度的影响

（3）开采沉陷对汇流量及坡长的影响。平地开采沉陷中，汇流量由最大下沉点向沉陷盆地四周逐渐减少。通用土壤侵蚀方程（universal soil loss equation，USLE）中对坡长因子的定义为：坡面漫流的起点到达坡度下降到一定程度（径流被拦截或流路中断）或一个定义好的沟道或河网处。坡长表征了径流的速度和汇聚的流量，是影响土壤侵蚀的重要指标，与土壤侵蚀力呈正比。平地开采沉陷不会产生明显的河道，坡面较单一，坡长从沉陷边界至最大下沉点外侧逐渐增大。只有在重复开采情况下，坡长才可能影响到原沉陷区以外的区域，此时实际已经演变为山地开采沉陷的坡长变化。

因此，根据坡度、水流方向、水流长度的计算原理，平地区域开采沉陷后，沉陷盆地内为汇水区，沉陷边坡区的坡度及坡长增加，当坡度改变较大时，引发土壤侵蚀。通过以上分析，明确了开采沉陷对平地坡度、坡长因子等土壤侵蚀因素的影响机制，并将在此基础上计量山地实际情况下的侵蚀因子在空间上扰动特征和土壤侵蚀变化量。

　　山地矿区强烈的煤炭开采扰动效应重塑了地表结构和形态（图 3.22）。大量观测资料表明，开采沉陷影响下的山区地表形变与移动规律与平地有明显的不同，山地本身坡度和坡长并不为零，以及沉陷导致山体滑移现象的存在，其 DEM 为山地原 DEM、平地开采沉陷 DEM 和由滑移现象导致的地表移动的叠加。

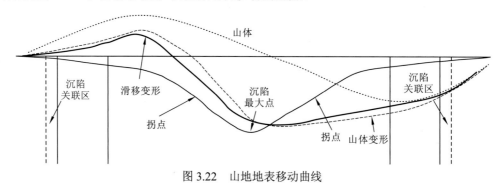

图 3.22　山地地表移动曲线

　　5）矿区地表环境损伤立体融合监测及评价技术

　　（1）针对煤矿区地表环境类型多样、损伤动态、尺度跨度大、显性隐性信息交融的特点，研发了星-空-地-井（航天-航空-地面-地下）"四位一体"的监测手段立体融合技术和多源多尺度时空数据的实时交互与转换融合问题，明确了不同地表环境损伤因子、不同监测尺度的监测手段耦合机制，与传统技术方法相比，突出了地下采矿信息的先导作用，实现了井上下信息耦合，为科学界定损伤边界，进行与开采时序相结合的煤矿区地表环境损伤因子监测提供了保障。基于该技术，揭示了我国煤炭-粮食复合区面积为 10.8%（煤炭保有资源量）和 42.7%（资源总量）及其存在问题的空间分布。

　　（2）针对单纯遥感技术无法直接获得采煤沉陷边界信息、传统以地表下沉 10 mm 为边界划定的沉陷地损毁范围过大，导致复垦成本剧增的问题，从影响植物生长的视角，考虑地面积水、土壤裂缝发生和地面坡度变化等土地损毁因素，构建了沉陷土地损毁边界计算模型；提出了星（空）-地-井多源数据（D-InSAR、三维激光扫描仪、GPS、水准测量等）解算与融合成图的损毁边界信息提取方法及沉陷监测模式（图 3.23）。

　　（3）针对煤矿区受采动影响土地生态变化剧烈的特点，创建了基于元胞自动机（cellular automata，CA）差值法的土地生态变化信息遥感自动发现技术，综合考虑了遥感影像各个波段间、各个波段与地物之间的相互关系，使各主胞分的物理意义得到了明确表达。

　　（4）针对传统的基于分级对比方法研究植被覆盖度难以提高定量表达精度的问题，研发了以局部性和空间相关性为主的矿区植被覆盖度时空效应获取技术，运用空间关联指数，可在单纯基于 NDVI 值获取趋势分析的基础上，从全局演变和局部效应的视角揭示植被受采矿扰动的时空演变和内在作用机制（王行风 等，2013；汪云甲 等，2010）。

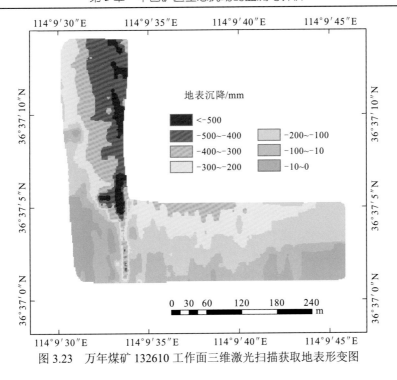

图 3.23 万年煤矿 132610 工作面三维激光扫描获取地表形变图

6）采煤工作面沉陷裂缝损伤与生态因子监测技术

（1）针对风沙区地表动态裂缝发育规律难以获取的问题，基于开采沉陷学相关理论确定了超前裂缝角值，结合开采进尺量确定了监测始点、范围、时间间隔等关键参数；开发出动态裂缝监测仪器与装置，可直接观测微小毫米级裂缝宽度与落差，解决了动态裂缝难以持续高精度观测的难题。揭示了动态裂缝 18 天周期的开-闭-开-闭"M"形双峰波形规律，建立了动态裂缝发育时间 T 的通用函数模型，形成了动态裂缝发育到闭合的全生命周期理论，为揭示该区域煤炭开采对土地生态环境的影响机理及其自修复周期提供了技术支撑。

（2）土壤裂缝是采煤沉陷水田变旱地及废弃的主要原因。针对隐性土壤裂缝难以识别的难题，研发了开采沉陷预计先导（预计裂缝区）、地球物理手段探测（高密度电法测漏水通道、探地雷达确定裂缝位置）、田间渗水验证相结合的探测技术，实现地表以下 2 m 内土壤裂缝的位置确定。

（3）风沙区煤炭地下开采导致地表浅层裂缝的形成与发育是地面水土流失加剧与植被退化的主要诱因。针对神东矿区永久性边缘地裂缝治理困难、效果欠佳及地下发育特征数据欠缺的难题，研发了石灰浆体示踪剂灌注、高精度探地雷达（ground penetrating radar，GPR）探测、Lensphoto 近景摄影测量技术建模的浅层地下裂缝发育监测方法，实现了对 3 m 左右的浅层地下裂缝发生特征的探测和三维形态的获取，为裂缝精准充填与治理提供了技术支撑。

7）风沙区一体化的地表环境监测体系与土壤水分监测技术

（1）针对风沙区开采对地表影响持续时间长范围大，且缺乏精准长时序地表环境监测技术与手段的难题，研发了基于开采过程和超前影响距的地表环境损伤监测体系与方法，重点解决了监测布点（20 m 间隔）、监测时间间隔（基于开采影响的三阶段式）等关键参数；配套发明了用于土壤理化性质等指标监测的土壤取样及渗透系数测定仪器与装置，揭示了开采影响下地表环境与土壤理化性质等的变化规律与特征，实现了对开采影响下的地表环境损伤空间变异数据的获取；构建了基于三区（对照、采空、裂缝）的 10 m 样方调查与室内元素含量分析的方法。

（2）针对风沙区土壤水分动态规律监测的空白，分别构建了裂缝区与影响区差别化的土壤水分动态监测技术，建立了消除时空差异与降水影响的土壤水分解算方法，实现了对地裂缝发育全周期的水分监测；建立了基于中子仪和沉陷损毁分区特征的浅层土壤水分监测方法与布设参数，揭示了沉陷裂缝区土壤水分的自修复周期（约 18 天）和土壤 2 m 内水分含量分为速变层（60 cm 以上）和稳定层（60 cm 以下）的规律，构建了沉陷裂缝附近土壤水分自修复周期模型。

8）基于物联网技术的矿区生态扰动监测系统

（1）以遥感和物联网技术为核心，系统收集了神东矿区 1990～2015 年的遥感影像数据，提取了土地利用、土壤温度、植被覆盖度、土地复垦率、土地绿化率和水体 6 项遥感监测专题信息，开发了"神东矿区水保生态信息管理系统"，实现了环境的遥感监测；在大柳塔沉陷区建设了视频实时监控系统，集成了已有的生态、灌溉水质、土壤风蚀三个方面的监测系统，实现了从宏观与微观两个方面对矿区的生态环境进行监控与展示，为矿区环境监管可视化、数据管理一体化、环境决策科学化提供了基础资料。

（2）提出了基于物联网技术的煤电基地生态扰动监测技术体系的设计方案，并从感知层、传输层、支撑层、应用层、用户层的角度，论述了利用物联网技术在煤电基地进行生态扰动监测的技术体系的具体方法与监测成本低、数据质量高的优势。

（3）启动建设矿山地质环境监测系统，利用传感器技术、信号传输技术，以及网络技术和软件技术，从宏观、微观相结合的全方位角度，监测各种关键技术指标；记录历史、现有的数据，分析未来的走势，以便辅助企业及政府决策，提升矿山地质环境保障水平，有效防范和遏制重特大事故发生。系统依托智能的软件系统，建立分析预警模型，实现与短消息平台结合，当发生异常时，及时自动发布短消息到管理人员，尽快启动相应的预案。如焦作市建成的矿山地质环境监测网络由地下水环境监测网、地面形变监测网、土壤环境监测网、地形地貌景观破坏及土地资源损毁监测网组成，工程主要包括地下水动力场监测孔 113 个、地下水水位动态统调监测孔 400 个、地下水水质监测点 156 个、智能降水量监测点 1 个、基岩标 3 个、水准监测点 228 个、GPS 监测墩 33 个、土壤监测点 96 个等，同时安装了地下水水位自动仪 10 套、自动雨量仪 1 套等监测设施。

5. 矿区生态环境评价

国内外对煤炭开发的生态环境效应评价经历了从简单到复杂、从单项评价到综合评价的过程。20 世纪 90 年代以后,关于将沉陷预测模型、环境污染模型与 GIS 及空间信息统计学等相结合,对开采沉陷、水、气、土、噪声等污染破坏、对采矿中的环境与人类系统交互作用进行计算机模拟分析等方面研究显著增加。西方发达国家,强调矿业开发应注意使社会净现值达到最大化,矿区资源开发规划及生态环境评价的主导思想经历了经济利用、景观重构、可持续发展等阶段。国内在评价指标体系及权重确定、评价信息系统及可视化表达等方面做了大量工作,针对不同的目标,提出了多种方法方案,如由大气环境、水质、植被覆盖度、地质灾害组成矿区生态环境评价指标体系,利用综合指数法进行基于栅格数据的综合评价;通过对影响矿区的自然环境、生态环境、人类活动影响及降水量、植被覆盖密度、采矿活动、居民建筑用地、水网密度、排土场、地形坡度等3个子评价和14个单指标评价因子的分析建立递阶层次结构模型,并应用层次分析法(analytic hierarchy process,AHP)构建判断矩阵,确定影响矿区生态环境各因子的权重值;用系统聚类与德尔菲法结合筛选参评因素,在地理信息系统软件中用矢量数据叠加确定矿区生态环境现状的等级。

针对煤炭开发活动具有较强的时间持续性、空间扩展性,开发周期长,对矿区环境系统扰动形式多,影响来源广,机理复杂,传统评价中生态环境影响的时空效应、各个工程项目之间对生态环境产生的综合影响或累积影响等考虑不够等缺陷,我国学者开展了煤矿生态环境损害累积效应评价研究。近几年我国学者取得的主要研究进展如下(汪云甲 等,2018;黄翌,2014)。

1)矿区环境综合评价与时空变化规律分析

以矿业资源型地区空间结构分析、动态变化检测和定性定量遥感解译信息为基础,耦合资源型城市生态环境分析模型,对典型资源型地区的地物要素提取、植被净初级生产力、生态安全、人居环境质量等进行了综合评价,提出了一种基于特征选择的光谱-空间地物要素提取方法,提出和实现了遥感"时空谱"特征和定性定量解译信息、调查统计数据与矿区生态环境分析模型的级联和松散耦合技术,实现了从遥感数据、专题信息到生态环境知识服务的提升。

2)地表环境损伤评价及整治时空优化技术

针对煤矿区地表环境损伤类型多样的特点,构建了地表环境损伤综合评价指标体系,创立了基于地理信息系统栅格数据的空间模糊综合评判算法,提高了数据处理的自动化和可靠性;提出了基于遥感影像图斑、评价指标权重及指标值栅格面积的损伤评价单元划分方法,克服了传统评价单元划分方法不能兼顾评价精度与评价成果应用的缺陷;针对井工煤矿区损伤地表环境整治混乱无序的现状,研发了基于综合评价的损伤地表环境整治时空优化技术。

3）煤矿生态环境损害累积效应评价方法

（1）构建了适合煤矿区的生态环境累积效应分析框架，揭示了井工开采对资源环境要素的累积影响机理、效应特征、累积影响源、途径及效应类型，选择土、水、生物资源等要素，构建了相关表征模型；提出了地理信息系统方法、对地观测和遥感遥测信息采集方法、图表、数学模型方法、计算机模拟及实验室试验方法、模糊数学评价法、综合法等煤炭开发累积效应定量评价方法。

（2）构建了由景观类型结构偏离累积度指数、景观格局干扰累积度指数和生态敏感性退化度指数所组成的煤矿区景观空间累积负荷表征模型；建立了适用于矿区水、土利用演变模拟的人工神经网络-元胞自动机（artificial neural network-cellular automata，ANNCA）模型；建立了时空累积效应系统动力学-元胞自动机-地理信息系统（system dynamics-cellular automata-geographic information system，SD-CA-GIS）模型；基于幕景分析原理，设定不同的幕景形式，对矿区不同时期的生态环境变化进行了分析和对比。

（3）揭示了研究矿区采煤塌陷盆地土壤中氮、磷的时空分布规律，塌陷地淹水后土壤中氮磷的释放规律和释放机理，确定了塌陷地土壤"源""汇"功能转换的临界条件，土地塌陷前后土壤侵蚀模数及氮磷流失量变化。

4）煤炭开采对植被-土壤物质量与碳汇的扰动与评价方法

在煤矿区植被、土壤受扰动理论分析和时空扰动特征研究的基础上，以碳循环、碳源/汇等理论讨论了煤炭开采对矿区植被—土壤系统碳汇变化的计量方法；充分利用了"矿区与保护区同位异构"这一山西大同矿区的独特性和典型性。利用时空自适应反射率模型构建长时期植被在 NDVI 序列的基础上，通过 CASA 模型计算植被 NPP 损失量；结合沉陷区内外不同土地利用类型土壤有机碳测定结果，得到矿区植被和土壤受扰动的碳汇变化。经过对大同矿区忻州窑矿及所在流域受扰动植被 NPP、生物量及碳损失理论分析和测度、土壤有机碳的测定，得到以下成果与结论。

（1）综合运用以局部性和空间相关性为主的地理信息系统空间分析方法，研究植被这一综合体现矿区生态环境状况的关键因子受以煤炭开发为主的矿区活动扰动的时空效应，对比以往大多单纯基于 NDVI 值的矿区植被演化研究，运用多种空间关联指数在趋势分析等一阶整体效应的基础上，分别从全局演变和局部效应的视角揭示了矿区植被受扰动的时空演化和内在作用机制。

（2）结合 MODIS 8 天、16 天、一个月合成产品，利用时空自适应反射率融合模型（spatial temporal adaptive reflectance fusion model，STARFM）生成大同矿区规律性的时间序列影像，STARFM 模型能够结合 Landsat 影像的空间分辨率和 MODIS 影像的时间分辨率，生成高时空分辨率的影像序列，为年际、月际、半月际甚至更短周期的植被监测提供高质量的数据源（图3.24）。受煤炭开采的影响，矿区生态环境变化复杂，因此构建高时空分辨率的 NDVI 数据集对矿区生态环境监测具有重要意义。以该数据集为基础，结合气象数据、煤炭开采数据、环境治理资料等，分析大同矿区生态环境变化规律及驱动因子是进一步研究的方向。

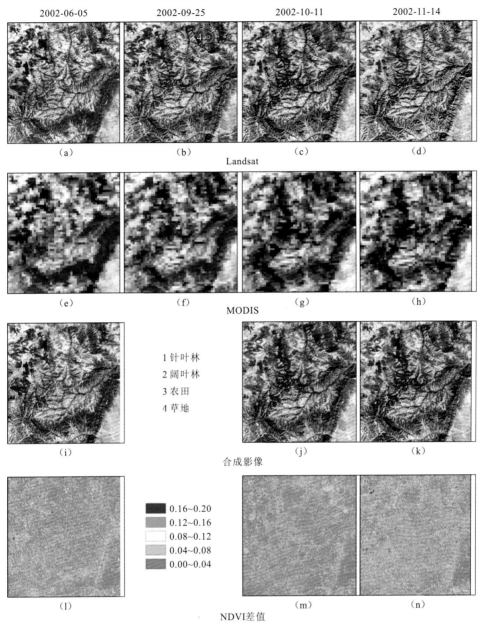

图 3.24 大同矿区 STARFM 模型质量评价

波段组合为红色：近红外、绿色：红色、蓝色：绿色

（3）根据煤炭开采对植被影响的理论分析结论（将植被受扰动的损失分为显性损失和隐性损失两部分），对大同矿区植被影响因子进行 NDVI 变化定量分析，研究植被空间影响关系划分、因子分离、受扰动植被测度。利用云冈石窟、非沉陷区等与沉陷区具有相同自然条件及地表人类活动的区域作为植被 NDVI 变化的对照区，将外部因素同煤炭开采分离，分析了自然因子对植被 NDVI 影响的拟合效果。与煤炭工作面开发布局、时序开采相结合，推演出矿区植被变化与煤炭开采的关系，得到了煤炭开采扰动下矿区

植被 NDVI 变化曲线，表明持续累积的煤炭开采对矿区植被产生了负面作用。

（4）在融合高时空分辨率遥感影像，拟合煤矿区 2001～2010 年植被 NDVI 值的基础上，利用积分中值定理求取 FPAR 均值，以改进的 CASA 模型计算煤矿区净初级生产力损失量，该方法规避了由单幅或几幅影像表达月整体 FPAR 的随机性和不确定性，提高了精度，结果更加稳定。

（5）结合开采沉陷学和数字地形分析、土壤侵蚀方程等相关学科的方法和技术，测度了流域尺度上采煤沉陷引起的地表土壤侵蚀方程中坡度、坡长、植被覆盖三大因子在空间上的改变量以及由此导致的矿区土壤侵蚀变化量，讨论了沉陷与侵蚀变化的正负关系，验证了采矿对土壤侵蚀影响的空间外延性（图 3.25）。

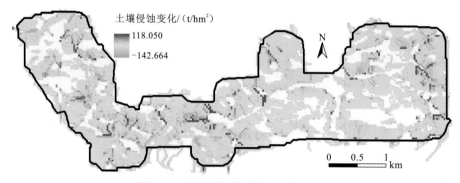

图 3.25　采矿引起的土壤侵蚀变化量

（6）通过理论分析提出了受煤炭开采扰动下植被对气候变化响应改变而造成的碳吸收量减少机制，从另一角度展示了煤炭开采活动对环境的影响。在此基础上测算出矿区植被受煤炭开采的 NPP 损失量，结果表明：2001～2010 年，大同矿区忻州窑煤矿因煤炭开采造成的植被 NPP 直接损失量为 4 613.656 t，由煤炭开采引起的植被对气候变化的响应改变导致 NPP 损失量为 5 653.330 t，甚至高于煤炭开采直接破坏引起的 NPP 损失，为后者的 1.23 倍，研究结论为科学测度矿区生态损失提供了新途径。在采矿对植被扰动的两个部分中，显性（直接）损失较小，并且对于木本植物而言，存储在死亡、枯萎的树干、树枝内的碳元素在短时间内仍将保留；对于草本植物而言，其死亡后，地上和地下部分在微生物作用下进行矿质化和腐殖质化过程，存储在其中的一部分碳元素进入土壤，成为土壤碳汇的重要组成。而受到破坏的植被吸收大气中 CO_2 并转换为自身生物量的能力却在无形中遭到破坏，从某种程度上讲，造成恶性循环。因此，植被对大气中碳吸收的减少量成为煤炭开采扰动 NPP 损失的最主要部分。

（7）通过野外采集土样，测定沉陷区和非沉陷区土壤有机碳、无机碳、氮、磷、钾等营养元素含量，并结合土地类型，分析了沉陷区土壤有机碳的变化。

（8）构建了植被-土壤系统的碳汇变化机制，结合植被和土壤 NPP 和有机碳变化研究结果，测度了研究区植被、土壤等主要地表碳汇要素受开采扰动的碳效应。研究结果表明：2001～2010 年，土壤有机碳增加为 1 552.745 t；虽然植被破坏使得枯枝落叶比例增加，但植被 NPP 总量的损失导致枯枝落叶量增加量较小，土壤有机碳变化不大，平均 0.333 g/kg，植被-土壤系统碳汇损失 11 465.468 t，其研究结果可为煤矿区地表碳汇要素扰动及后续生态补偿提供依据。

（9）根据大同矿区忻州窑矿土地利用类型、植被受扰动的生物量变化量、土壤受扰动的侵蚀变化量、土壤营养物质变化量、植被-土壤系统碳收支变化量等结果，借助环境经济学方法构建计量模型，将植被、土壤的物质扰动量转换为经济指标。并通过问卷调研，摸清矿区居民对环境影响的感受，以此作为生态补偿的谈判力，结合企业财务数据，测算生态补偿额度，对补偿结果进行分级制图，并提出了生态补偿的方式。

5）开采塌陷地土壤全氮高光谱估测与评价

土壤为植被提供了丰富的养分，是植被健康生长的基质。近年来，土壤资源的过度使用严重影响了土壤质量，使得土壤肥力退化严重（Dhillon et al.，2017）。土壤全氮等养分信息的有效监测能为农业精细化施肥提供指导，更能为全球氮储量氮循环的动态监测提供重要服务，吸引了越来越多学者的关注，积累了大量研究成果。然而大多数已有研究都是以耗时、费力、昂贵的传统实验室化学测试方法为主。有限的土壤采样和实验室分析导致获取的土壤全氮信息较难有连续性和准确的空间分布特征。因此为了服务农业生产力和有效监测全球氮储量氮循环，探索高效、实时、动态的土壤全氮监测技术显得极其必要。

遥感技术提供了实用、经济的手段来评价土壤的理化性质，而高光谱遥感由于具有波段多、数据量丰富等特点，可以获取土壤全氮等养分的精细光谱，实现对其的有效监测。近年来土壤全氮等养分信息监测研究层出不穷，基于实验室测量的高光谱研究已经得到了广泛的认可。但土壤破坏严重的开采塌陷区的研究相对较少，针对这一特殊区域，建立快速有效的土壤全氮高光谱反演方法，对服务该特殊区域的精准农业施肥和监测区域氮储量及变化显得越来越重要。现有高光谱土壤全氮估测算法的研究可以提供很好的技术支持，但其精度仍受限于大量噪声的影响。本小节从去噪和去除土色影响等角度出发，进行了一系列全氮估测算法研究，建立了多种有效模型（林丽新，2016），主要如下。

（1）为了寻找和建立适合资源开采塌陷地高光谱全氮（total nitrogen，TN）含量估测的方法，利用光谱转换、小波去噪（wavelet transform，WT）分析、相关性分析、偏最小二乘回归（partial least squares regression，PLSR）和自适应模糊神经推理系统（adaptive neuro-fuzzy inference system，ANFIS）分析等方法，研究了能够有效去除噪声并最大化利用 TN 响应信息的局部最大相关优势互补（local correlation maximization-complementary superiority，LCMCS）定量估测 TN 的潜力。基于(log[1/R])′(OSP)的 1 655 个被选择的有效波段（$P<0.01$），得到了 LCMCS 方法建立的最佳模型，作为最终 LCMCS 模型。

结果表明，WT-PLSR 方法能较好地估测 TN 含量，建模检验都较理想，即 WT-PLSR 方法适合资源开采塌陷地的土壤 TN 估测。为了得到更高估测精度，分别利用局部最大相关-偏最小二乘回归（local correlation maximization-partial least squares regression，LCM-PLSR）和小波去噪-优势互补（wavelet transform-complementary superiority，WTCS）方法建立 TN 估测模型。结果表明 LCM-PLSR 模型和 WTCS 模型估测结果远好于 WT-PLSR 模型，展示了 LCM 去噪分析在土壤光谱去噪中的优势，且结合了 PLS 降维特点和 CS 建模方法的 ANFIS 优势。而 WTCS 模型与 LCM-PLSR 模型相比，精度有小幅提高。结果还表明 LCMCS 模型相较于三种对比方法估测精度最高，在沧州、任丘和峰峰研究区的估测结果均为最好，LCMCS 在估测地下水、石油和煤炭等资源开采导致的塌陷区土壤 TN 含量方面具有潜力，值得进一步研究。

（2）为对土色影响进行研究分析，研究了摄影实测值放大法（photography measured-value magnification，PMM）对土色影响减弱的效果。在进行 PMM 分析以 TN 实测值进行不同参数放大后，LCM-PLSR 和 LCMCS 方法分别用来建立 TN 估测模型，分别对比评价各个参数下的模型结果，并将两种建模方法建立的最优模型作为 PMM 组的最终模型。作为对比评价，未经 PMM 处理的 LCM-PLSR 和 LCMCS 模型被作为常规组。常规组结果表明基于高光谱数据的 LCM-PLSR 模型监测 TN 含量是可靠的，且 LCMCS 建立的模型表现较 LCM-PLSR 模型更佳。然而，PMM 组的模型不论 LCM-PLSR 模型还是 LCMCS 模型的表现均明显好于对照组对应的模型。因此，结果表明 PMM 方法减少了土色的影响并显著提高了模型的估测精度。PMM 方法提供了一种新的以快速减少土色影响的途径来提高塌陷区土壤 TN 模型估测精度，为塌陷地氮储量监测提供了新思路（图 3.26）。

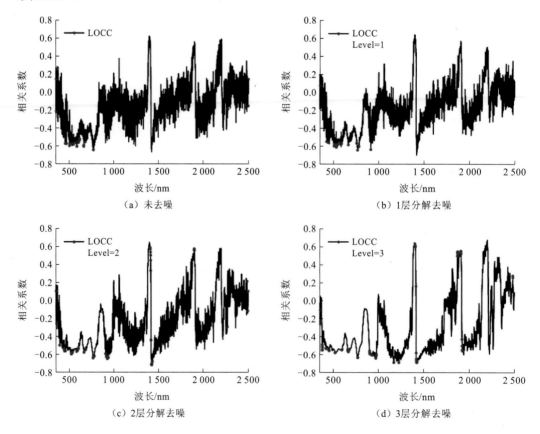

（a）未去噪 （b）1层分解去噪 （c）2层分解去噪 （d）3层分解去噪

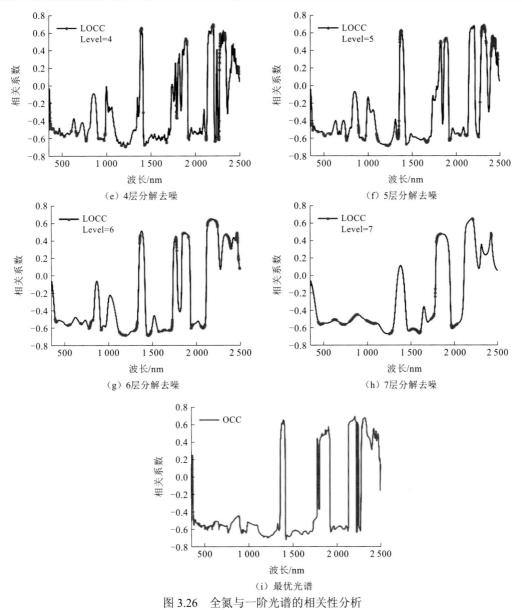

图 3.26　全氮与一阶光谱的相关性分析

LOCC，local optimal correlation coefficient，局部最优相关系数；OCC，optimal correlative curve，最优相关曲线

（3）为能够快速有效去除土色影响，以更好地服务农业生产力和区域氮储量及动态变化，研究了虚拟色学习机（synthetic color learning machine，SCLM）方法的有效性。SCLM 直接利用土壤光谱拟合得到 66 种拟合土色值，最终结果表明当拟合色为 0.1R+0.5G+0.4B 且模糊参数为 j=7 时，模型在 1 254 个模型中表现效果最佳，并将该模型作为 SCLM 的最终模型，作为对比评价，PLSR 单独被用来建立全氮模型。对比结果表明，PLSR 表现较佳，而考虑土色影响的 SCLM 模型效果较 PLSR 具有明显的提升，SCLM 能够快速有效去除土色的影响，并达到模型精度提高的目的。SCLM 为高精度氮储量估测提供了较好的技术参考。

6）草原区煤电基地生态扰动与修复评价

按照我国煤炭产业发展战略规划，煤炭开发利用的中心逐步向西部赋煤区域转移。内蒙古自治区已成为我国主要的煤炭生产开发利用基地。草原区煤电基地开发，为国民经济发展提供了可靠的能源保障，但同时也给区域生态环境系统带来了巨大冲击。草原区本底生态环境脆弱，煤炭开发利用形成众多扰动源，且影响持续时间长、影响空间范围广，区域生态环境累积效应明显。紧扣草原区煤电基地生态环境的特点，以内蒙古锡林郭勒盟胜利煤电基地为典型研究区域，应用系统分析理论，利用遥感反演、数据融合、空间插值、统计分析等多源数据处理方法，对草原区煤电基地生态环境进行了监测、分析和评价，获得了有助于草原区煤电基地协调发展决策的基础参数和基本规律，提出了基于大数据的草原区煤电基地开发弹性调控与生态环境修复管理对策（邵亚琴，2019）。

（1）讨论了草原煤电基地生态环境的特点，并选择胜利煤电基地作为研究的典型区域，分析了煤电基地生命周期各阶段扰动源时空发展状态及对生态环境的扰动特征。

（2）通过胜利煤电基地各种土地利用类型30年间的数据统计分析显示，草地面积逐渐减少，露天矿区及电厂区和建设用地面积逐渐增加是最明显的变化趋势；通过阶段性转移分析，表明2005年煤电基地大规模开发是重要的时间转折点。基于分类结果构建了煤电开发驱动指数，计算结果表明煤电开发是研究区域内土地利用类型转移的主要驱动力。

（3）通过时空趋势分析法、差值分析法和空间关联法对研究区域的植被覆盖时空变化进行测度，结果表明，露天矿区是植被覆盖度变化冷点聚集区，即在煤电基地开发以来，植被覆盖度显著变低，且受露天矿区排土场复垦的影响，呈现先增强后减弱的趋势。

（4）建立了土壤侵蚀风水复合模型，基于多源空间信息技术获取了土壤侵蚀因子，估算了研究区域2000年、2005年、2010年和2015年的土壤侵蚀模数并进行了分级统计，对照《内蒙古土壤侵蚀图》和内蒙古水利科学研究院经验模型，与其侵蚀等级基本一致，表明该方法对该区域的土壤侵蚀估算具有一定的适用性。露天矿区地表剥离造成的地形变化和植被覆盖变化是造成土壤水力侵蚀的重要因素，土壤侵蚀模数与坡度呈显著正相关，随着坡度的增加，土壤侵蚀逐渐加强；土壤侵蚀模数与植被覆盖度呈显著负相关，随着植被覆盖度的提高，土壤侵蚀逐渐减弱。研究结果可以指导煤电基地开发过程中对地形地貌变化的控制、植被修复的管理和抗蚀措施的采取，对于胜利煤电基地长周期开发水土保持具有重要意义。

（5）通过遥感技术反演了 SO_2、NO_2 的柱状浓度和气溶胶厚度，并利用地面观测站数据对其可靠性进行了验证，其时间序列变化和空间分布规律均符合国家控排政策，同时表明露天矿区的开采和电厂的开发对大气环境污染具有明显的贡献。

（6）通过生态效益响应因子识别，参考《生态环境状况评价技术规范》（HJ 192—2015），构建了草原区煤电基地生态环境综合评价指标体系，基于多源动态监测技术获取指标基础数据，从煤电基地尺度、功能区单元和最适宜格网单元等多时空尺度，综合评价和分析了研究区域2000年、2005年、2010年和2015年的生态环境状况，并探寻了区域生态的时空变化规律。

（7）针对胜利煤电基地生态环境评价的结果，提出了草原区煤电基地开发弹性调控与生态环境修复管理对策，为煤电基地的可持续发展提供了有效途径。

相关研究成果见图 3.27、图 3.28。

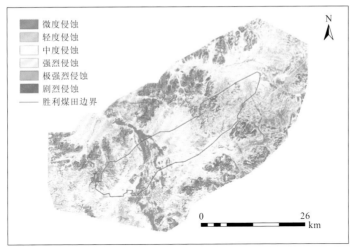

（a）2000年土壤复合侵蚀强度分级

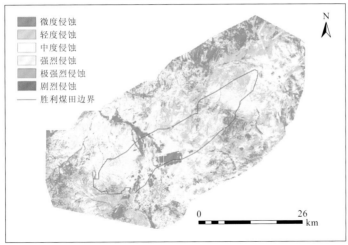

（b）2005年土壤复合侵蚀强度分级

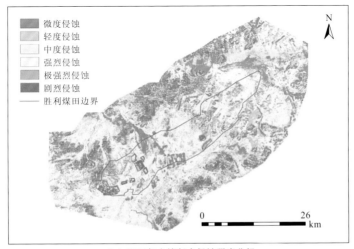

（c）2010年土壤复合侵蚀强度分级

（d）2015年土壤复合侵蚀强度分级

图 3.27　草原区胜利煤电基地土壤复合侵蚀强度分级图

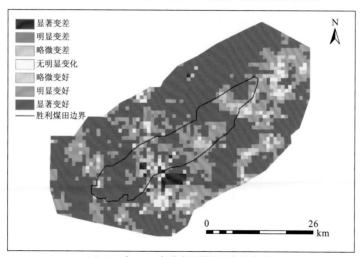

（a）2000年~2005年生态环境状况变化度分级

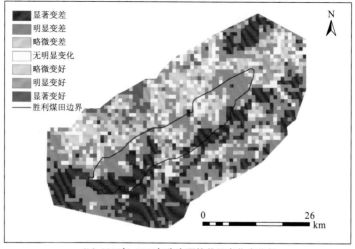

（b）2005年~2010年生态环境状况变化度分级

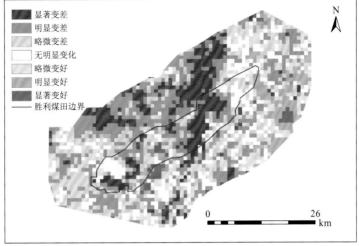

（c）2010年~2015年生态环境状况变化度分级

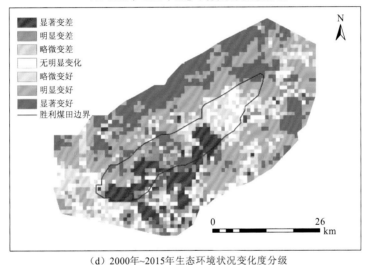

（d）2000年~2015年生态环境状况变化度分级

图 3.28　草原区胜利煤电基地分阶段生态环境变化度等级空间分布

7）露天矿山环境与灾害监测

针对露天矿山开采引起的灾害与环境问题，通过光谱测试、室内实验、数据融合分析、集成建模、数值模拟、野外实测等研究手段，构建空-天-地多源协同监测技术，进行露天矿山灾害与环境监测、变化检测、定量反演及灾害预警（刘善军 等，2020；李诗朦 等，2018；王森 等，2018；吴立新 等，2018），主要技术内容如下。

（1）露天矿大型滑坡空-天-地协同监测。针对传统的露天矿滑坡监测多关注某一阶段，且手段单一，无法实现滑坡全面的认识，根据滑坡的初期、中期及后期不同变形特点，选择露天矿大型滑坡综合试验场，利用多种观测技术，开展了滑坡灾害多阶段、多物理量的空-天-地多源协同观测研究。其中大型滑坡的空天地多源协同监测，主要表现为集成性、协同性、优势互补性。

集成性。集成了包括空基（无人机）、天基（InSAR、高分遥感）、地基（GPS、三维激光扫描、红外热成像）等技术，实现滑坡的全程有效跟踪监测。

协同性。①时间协同：在滑坡初期小变形阶段使用卫星 InSAR 技术进行大范围位移场监测，确定滑坡的范围；在滑坡中期位移量中等情况下使用地面三维激光扫描技术进行滑坡位移场监测；在滑坡后期大变形情况下使用高分遥感影像图像匹配的方法进行位移场监测。通过三种不同特点技术的协同应用，实现滑坡的全程有效监测。②监测参数协同：三维激光扫描技术与高分遥感技术配合，实现垂直位移场探测与水平位移场探测的协同；③点式和面式监测、连续和非持续监测协同：地面 GPS 与其他遥感技术（卫星 InSAR 技术、高分影像技术、三维激光扫描技术）的配合，实现点、面与连续和非持续监测相结合，实现滑坡范围的准确圈定与局部重点区域的跟踪监测。

优势互补性。①卫星 InSAR 技术具有空中观测、不需进入现场、面式测量、可以获取大范围位移场信息、精度高（毫米级）特点，且成本较低，用于大型滑坡初期小变形量位移场监测，以确定滑坡范围。②地面三维激光扫描技术，具有地面远距离、面式测量、较大位移量的观测、精度较高（厘米级）特点，用于滑坡中期的位移场监测。③卫星高分影像图像匹配方法具有不需进入现场、面式测量、可以获取大面积位移场信息、成本低特点，在 InSAR 失效的情况下，用于滑坡后期大变形场监测。④无人机监测具有对人员无法到达区域进行空中观测的特点，弥补地面现场勘查的不足，用于滑坡典型区域的勘测及灾害区确定。⑤红外热成像探测技术，可以探测断层带、软岩层、破碎带、含水带，可以帮助确定滑坡危险区。

考虑电离层对 InSAR 变形监测的影响，研究了一种顾及电离层改正的 D-InSAR 与 MAI 联合监测方法，并拓展为视线向-短基线集（line of sight-short baseline subset，LOS-SBAS）和方位角-短基线集（azimuth-short baseline subset，AZI-SBAS）联合的形变场时序监测方法，实现露天大型滑坡形变场 InSAR 时序监测。

考虑滑坡后期 InSAR 技术失效，研究了利用高分遥感进行滑坡大变形位移场监测，通过对滑坡不同时期高分影像的特征点识别、匹配与方向、距离量测，实现滑坡位移矢量场的提取。

（2）露天矿边坡稳定性空-天-地协同监测及预警。将点式监测（GPS、测量机器人、裂缝位移计）和面式监测（InSAR）结合、在线监测（GPS）和非在线监测（测量机器人、裂缝位移计）结合、变形监测（GPS、测量机器人、裂缝位移计、InSAR）和温度场监测（热成像技术）结合、现场监测与力学数值模拟相结合，以全面了解露天矿边坡稳定性与位移、温度场变化情况，形成露天矿边坡稳定性空-天-地协同监测及预警技术。

基于 D-InSAR 的排土场变形监测：使用 D-InSAR 技术进行排土场变形监测，利用 COSMO-SkyMed 卫星数据对矿区排土场进行 D-InSAR 形变分析，以有效确定危险区域，为热红外温度场探测提供可靠的靶区。

基于监控影像的边坡位移远程实时监测：对排土场存在失稳的危险区域，利用数码相机实时获取排土场影像数据，通过 3G/4G 网络将影像数据传送给远程客户端，利用"SIFT"算法进行图像匹配和位移场信息提取，从而形成基于监控影像的排土场位移远程实时监测的方法。

测量机器人和 GPS 监测数据处理：针对测量机器人和 GPS 监测数据存在的粗差、定向偏差和噪声问题，研究了粗差剔除模型、定向偏差修正模型及最佳去噪方法，以提高数据的精准度，形成测量机器人和 GPS 联合的边坡监测方法。

露天矿环境大气折光系数模型：针对露天矿环境导致的大气折光三角高程测不准问题，利用氢气球放飞实验获取的露天矿大气折光物理量方法，建立露天矿大气竖直折光系数模型，提高基于测量机器人三角高程监测数据的精度。

边坡稳定性力学模型及预警：将边坡变形监测与力学数值模拟相结合，建立边坡稳定性力学分析与预警模型，结合 GPS 实时跟踪监测，实现边坡稳定性预测与灾害预警。

8）矿区生态修复

矿产资源的高强度开发带来一系列生态环境问题。矿山测量工作者一直面向国家发展需求，围绕矿区生态修复进行攻关，推动了这一领域的发展。

（1）建立了生态文明建设目标下煤炭资源枯竭型城市景观生态风险评价方法；依循"压力-状态-响应"评估框架，基于景观格局指数和动态特征变化，构建了矿区自然生态系统风险评价指标体系；在对煤炭资源型城市景观格局适宜粒度及幅度进行研究时，加入粒度效应分析方法，为煤炭资源型城市的景观格局优化提供数据支撑；提出了综合考虑生态源地选取、生态阻力面、生态廊道的构建及生态节点确定 4 方面的优化策略。

（2）从资源开发利用子系统、社会经济子系统和生态环境保护子系统方面，提出了煤矿区国土资源协调利用的内涵，构建煤矿区国土资源协调利用评价指标体系；采用基于耦合度模型法、象限图分类识别法对煤矿区国土资源协调利用状况测度，判断煤矿区国土资源协调利用程度，揭示了矿区的"矿土"耦合关系；按照煤矿区国土资源协调利用规划的理念，提出了土地利用总体规划、城镇规划、矿产资源规划的调整措施，结合矿井与城镇布局关系，提出了矿强城弱、矿城分离、矿城融合等形式。

（3）围绕采矿迹地生态恢复与规划，针对传统的采矿迹地生态恢复工程实践以项目为主导，局部生态恢复与城市整体生态功能重建结合不紧密，分散生态工程实施难以发挥出最大的生态效益等问题，基于 ArcGIS 平台，以完善城市绿色基础设施（green infrastructure，GI）为目标，从采矿迹地内部生态属性及外部结构位置两个层面，采用基于压力-状态-响应（pressure-state-response，PSR）方法的生态重要性评价及基于景观连接度评价，研究设计了 GI 引导下采矿迹地生态恢复评价模型，计算得出采矿迹地完善 GI 的贡献度指数；并以此作为生态恢复区划的标准，从高到低将采矿迹地划分为保育型 GI 恢复区、游憩型 GI 恢复区、生产型 GI 恢复区和建设用地恢复区，在城市 GI 与采矿迹地之间建立了联系，将采矿迹地置于矿、城、乡统筹的背景中，构建适合于我国平原地区煤炭城市特征的、以完善城市 GI 系统为目标的采矿迹地生态恢复理论体系、方法模型、规划协调机制及保障体系。

（4）采用基于属性信息的空间数据融合技术、基于本体的空间数据融合技术、基于位置的空间数据融合技术等数据整合与统一利用管理框架，设计了基本的信息融合属性库结构、图形数据库结构，以及属性数据库和图形数据库之间的关系，建立了采煤驱动下的矿地一体化信息融合核心数据库；实现了数据采集、传输、审核、汇总、管理、分析与监测的全流程信息化，集成矿区土地权属、土地规划、土地利用状况、土地复垦等"地籍"信息与矿产资源的矿业权、矿产资源规划、矿产储量、矿产开发状况等"矿籍"信息，开发了集地政、矿政、决策分析于一体的煤矿区国土资源综合监管平台。

（5）针对我国华东地区矿地矛盾突出、采煤塌陷地综合整治需求，研发了高潜水位采煤沉陷区水资源梯级调控及水质生态净化方法，资源枯竭井工煤矿区土地损伤诊断与生态修复技术，探索出利用矿地一体化管理技术平台，实现区域煤炭开采地表形变预测和残余变形分析、生态演变全过程监控的方法体系，在徐州、淮南、兖州等矿区得到成功应用。

（6）针对西部黄土沟壑矿区和风积沙矿区大量地裂缝、沟壑水蚀和土壤沙化等典型生态环境问题，研发了采煤对生态环境系统损伤的控制技术、采后生态环境系统持续性修复技术，提出了自修复原理和生态恢复力建设理论，建立了集采前预治理－采中减损－采后自修复与重点修复结合为一体的地表生态修复模式。

3.3 国内外进展比较及发展趋势

3.3.1 国内外进展比较

1. 重视程度与研究深度

德国、美国、加拿大等发达国家矿区土地复垦与生态修复起步早，自 20 世纪 70 年代起，各国逐步开展了生态环境的调查、监测与评价的研究。发达国家一般根据场地和利益相关者调查建立可持续目标，将目标分解为具体监控和评估指标，依据国家规定或文献确定修复标准，再进行具体的规划设计，包括场地生态环境调查、生态环境风险评估、功能定位及修复策略、生态修复规划设计和后期环境监管等步骤。矿山开采前，必须对当时的生态环境状况进行研究并取样，获得数据并作为采矿过程中及采矿结束后复垦的参照；在采矿权申请阶段，必须同时提供矿区环境评估报告和矿山闭坑复垦环境恢复方案，由政府环境、资源等有关主管部门共同组织专家论证，举行各种类型的听证会，因此生态扰动监测与评价工作一直贯穿于始终，具有特别重要的地位，得到高度重视，做了大量研究，形成了针对不同区域、采矿方法及地理环境条件，不同土地复垦与生态修复目标的监测与评价方法、方案。我国矿区土地复垦与生态修复近几年进展迅速，也开展了大量生态扰动监测与评价研究，某些技术方法上甚至达到国际先进水平，但总体而言，重视程度仍然不够，围绕矿区土地复垦与生态修复目标的系统、深入、长期的研究仍然不足，关键生态扰动规律研究掌握不透。

2. 监测分析方法

我国虽然在矿区生态扰动监测与评价方面起步晚，但起点高，实例多，需求大。特别是国务院办公厅印发了《关于生态扰动监测网络建设方案的通知》，促进了矿区生态扰动监测与评价发展迅速，带来了难得的机遇。但与国外对比还存在很多问题，主要表现在：矿区生态扰动监测综合能力尚需加强，生态扰动监测的内容、广度、频度、信息发布需进一步完善，数据共享难，尚难完整准确地对跨区域生态环境进行大尺度的宏观综合监测与分析；由于各种监测数据的特点各异，解译技术方法的研究尚不系统、完善，如发达国家更着重于环境因素的深入定量分析遥感反演，我国在信息获取和综合质量评价应用研究较多；所用装备及软件，不少为国外进口，特别是监测装备研究很少，传感器等监测设备严重依赖进口；围绕生态修复目标的监测分析研究仍不足，指导治理工程效果仍有待加强，多源信息重视不够，数据集成和深度分析能力不足；矿区生态环境评价因素考虑不够周全，跨学科的综合研究、社会参与不够，等等。

3.3.2　发展趋势

近年来，我国提出要加快推进资源节约型和环境友好型的社会建设，并把生态文明建设放在了突出地位，矿区土地复垦与生态修复得到前所未有的重视；与此同时，国务院印发《关于生态扰动监测网络建设方案的通知》提出，建立生态环境监测数据集成共享机制，构建生态环境监测大数据平台，统一发布生态环境监测信息，积极培育生态环境监测市场；到 2020 年，全国生态环境监测网络基本实现环境质量、重点污染源、生态状况监测全覆盖，各级各类监测数据系统互联共享，监测预报预警、信息化能力和保障水平明显提升，监测与监管协同联动，初步建成陆海统筹、天地一体、上下协同、信息共享的生态环境监测网络，使生态环境监测能力与生态文明建设要求相适应。特别重要的是，卫星通信技术、空间定位技术、遥感技术、物联网、大数据及云计算技术飞速发展，所有这些将给矿区生态扰动监测与评价带来新机遇、新要求、新挑战，将呈现出从单一数据源到多源数据的协同观测、从常规观测到应急响应、从静态分析到动态监测、从目视解译到信息提取的自动化与智能化的发展趋势和发展方向，无人机、激光雷达、视频卫星等新型对地观测技术及物联网、大数据、云计算技术将得到更多的研究和应用，生态扰动监测、评价将与矿区土地复垦、生态修复要求更加紧密，目标导向、问题导向的特点更加凸现。其近期目标是研究卫星遥感、无人机监测、地面固定及移动观测、特定观测点相组合的全景、立体式矿区生态扰动协同获取理论与方法；运用物联网、云计算、大数据等技术，解决从矿区生态扰动监测与评价野外数据采集到传输、存储、管理、加工处理、共享、分析过程中存在的一系列问题，建立多源多尺度、异构异质矿区生态扰动监测与评价大数据融合处理与知识挖掘理论体系，提出从背景、状态、格局、过程、异常等不同角度揭示矿区生态灾害的形成演化、临灾预报预警及控制的理论与方法，构建最优对地观测传感网，将空-天-地一体化对地观测传感网和矿山物联网相结合，研究以高性能传感器为代表的空-天-地协同监测及智能感知体系（何国金 等，2017；汪云甲，2017；李恒凯 等，2014）。需要在下述方面进行攻关。

（1）矿区特殊地物类型遥感特征变化的采动影响机理，主要包括：矿区典型地物类型多/高光谱特征库的构建方法，矿区地下水、土壤湿度演变遥感模型与方法，采动影响下矿区特殊地物类型的遥感特征变化规律，大气污染气体多源遥感反演及评估方法，矿区生态环境退化的规模效应与时间效应等。

（2）矿区生态扰动监测及智能感知体系构建，主要包括矿区地表非线性变形多源探测方法，矿区不同生态扰动监测及预警技术，矿区生态扰动协同无线观测传感网的构建方法、矿山时空监测基准、矿山地面生态扰动监测地学传感网数据整合、监测空间数据聚类分析、监测功能分区、区域动态形变场理论和地学传感网地理信息系统模型理论，事件智能感知及多平台系统耦合技术等。

（3）空-天-地多源数据信息协同处理理论，主要包括：矿区生态环境要素空-天-地协同观测模式，多源观测数据配准与融合方法，空-天-地异质数据在时间、空间、光谱维度的特征描述方法，多源遥感数据的一体化融合及同化模型等，集成空-天-地连续观测的多源多尺度信息，借助云计算、人工智能及模型模拟等大数据分析技术，实现生态环境大数据的集成分析、信息挖掘，提出符合矿区土地复垦及生态修复要求的生态环境要素及综合评价方法。

参 考 文 献

陈云浩, 李京, 杨波, 等, 2005. 基于遥感和 GIS 的煤田火灾监测研究: 以宁夏汝箕沟煤田为例. 中国矿业大学学报, 34(2): 226-230.

杜培军, 郑辉, 张海荣, 2008. 欧共体 MINEO 项目对我国采矿环境影响综合监测的启示. 煤炭学报, 33(1): 71-75.

范洪冬, 2016. 矿区地表沉降监测的 DInSAR 信息提取方法. 徐州: 中国矿业大学出版社.

龚惠红, 2007. 城市公园遗留地重金属污染及园林植物耐受性研究. 上海: 华东师范大学.

韩宝平, 2008. 矿区环境污染与防治. 徐州: 中国矿业大学出版社.

何国金, 张兆明, 程博, 等, 2017. 矿产资源开发区生态系统遥感动态监测与评估. 北京: 科学出版社.

何国清, 杨伦, 凌赓娣, 1991. 矿山开采沉陷学. 徐州: 中国矿业大学出版社.

侯湖平, 张绍良, 2013. 基于遥感的煤矿区生态环境扰动的监测与评价. 徐州: 中国矿业大学出版社.

黄翌, 2014. 煤炭开采对植被-土壤物质量与碳汇的扰动与计量. 徐州: 中国矿业大学.

蒋卫国, 武建军, 顾磊, 等, 2010. 基于遥感技术的乌达煤田火区变化监测. 煤炭学报, 35(6): 964-968.

雷少刚, 2010. 荒漠矿区关键环境要素的监测与采动影响规律研究. 煤炭学报, 35(9): 1587-1588.

李恒凯, 吴立新, 刘小生, 2014. 稀土矿区地表环境变化多时相遥感监测研究: 以岭北稀土矿区为例. 中国矿业大学学报, 43(6): 1087-1094.

李诗朦, 包妮沙, 刘善军, 等, 2018. 草原露天煤矿区土壤粒径分布及热红外辐射特征研究. 地理与地理信息科学, 34(2): 27-33.

李永峰, 2007. 煤炭资源开发对矿区资源环境影响的测度研究. 徐州: 中国矿业大学.

连达军, 汪云甲, 2011. 开采沉陷对矿区土地资源的采动效应研究. 矿业研究与开发, 31(5): 103-108.

林丽新, 2016. 开采塌陷地土壤养分高光谱估测研究. 徐州: 中国矿业大学.

刘善军, 吴立新, 毛亚纯, 等, 2020. 天-空-地协同的露天矿边坡智能监测技术及典型应用. 煤炭学报, 45(6) : 2265-2276.

钱鸣高, 许家林, 缪协兴, 等, 2003. 煤矿绿色开采技术. 中国矿业大学学报, 32(4): 343-348.

邵亚琴, 2019. 基于多源动态监测数据的草原区煤电基地生态扰动与修复评价研究. 徐州: 中国矿业大学.

盛耀彬, 汪云甲, 束立勇, 2008. 煤矸石山自燃深度测算方法研究与应用. 中国矿业大学学报, 41(4): 545-549.

孙跃跃, 2008. 矸石山自燃机理及自燃特性实验研究. 徐州: 中国矿业大学.

汪云甲, 2017. 矿区生态扰动监测研究进展与展望. 测绘学报(10): 1705-1716.

汪云甲, 张大超, 连达军, 等, 2010. 煤炭开采的资源环境累积效应. 科技导报, 28(10): 61-67.

汪云甲, 王行风, 麦方代, 等, 2018. 煤炭开发的资源环境累积效应及评价. 北京: 中国环境出版集团.

王森, 何群, 刘善军, 等, 2018. 基于地面三维激光扫描的露天矿采剥工程量计算方法. 金属矿山(12): 134-139.

王行风, 汪云甲, 李永峰, 2013. 基于 SD-CA-GIS 的环境累积效应时空分析模型及应用. 环境科学学报, 33(7): 2078-2086.

吴侃, 汪云甲, 王岁权, 2012. 矿山开采沉陷监测及预测新技术. 北京: 中国环境科学出版社.

吴立新, 毛文飞, 刘善军, 等, 2018. 岩石受力红外与微波辐射变化机理及地应力遥感关键问题. 遥感学报(A1): 146-161.

夏清, 胡振琪, 2016. 多光谱遥感影像煤火监测新方法. 光谱学与光谱分析, 8: 2712-2720.

姚远, 李效顺, 曲福田, 2010. 中国经济增长与耕地资源变化计量分析. 农业工程学报, 28(14): 209-215.

张大超, 2005. 矿区资源环境累积效应与资源环境安全问题研究. 徐州: 中国矿业大学.

张书建, 汪云甲, 范忻, 2012. 基于 Knothe 时间函数和 InSAR 的煤矿区动态沉陷预计研究. 煤炭工程, 4: 91-94.

赵慧, 2012. 融合多尺度分割与 CART 算法的矸石山提取. 计算机工程与应用, 48(22): 222-225.

朱建军, 杨泽发, 李志伟, 2019. InSAR 矿区地表三维形变监测与预计研究进展. 测绘学报, 48(2): 135-144.

朱青山, 蔡美峰, 叶鸿, 等, 2010. 生态矿区建设的系统分析及实践研究. 金属矿山, 12: 128-134.

ABRAMOWICZ A, CHYBIORZ R, 2019. Fire detection based on a series of thermal images and point measurements: The case study of coal-waste dumps. The International Archives of the Photogrammetry, Remote Sensing and Spatial Information Sciences, XLII-1/W2: 9-12.

CAO X G, REN X M, JIANG J, 2016. Temperature inspection system for open-air coal yard based on UAVs. 13th International Conference on Ubiquitous Robots and Ambient Intelligence(URAI). IEEE: 288-292.

CARNECM C, DELACOURT C, 2000. Three years of mining subsidence monitored by SAR interferometry, near Gardanne, France. Journal of Applied Geophysics, 43(1): 43-54.

DHILLON G S, GILLESPIE A, PEAK D, et al., 2017. Spectroscopic investigation of soil organic matter composition for shelterbelt agroforestry systems. Geoderma, 298: 1-13.

DU Y, XU Q, ZHANG Y, et al., 2017. On the accuracy of topographic residuals retrieved by MTInSAR. IEEE Transactions on Geoscience and Remote Sensing, 55(2): 1053-1065.

DÜZGÜN H S, DEMIREL N, 2011. Remote Sensing of the Mine Environment. Boca Raton: CRC Press.

FAN H, GAO X, YANG J, et al., 2015. Monitoring mining subsidence using a combination of phase-stacking and offset-tracking methods. Remote Sensing, 7(7): 9166-9183.

GANGOPADHYAY P K, VAN DER MEER F, VAN DIJK P M, et al., 2012. Use of satellite-derived emissivity to detect coalfire-related surface temperature anomalies in Jharia coalfield, India. International Journal of Remote Sensing, 33(21-22): 6942-6955.

GE L, CHANG H C, RIZOS C, 2007. Mine subsidence monitoring using multi-source satellite SAR images. Photogrammetric Engineering and Remote Sensing, 73(3): 259-266.

HU Z Q, XIA Q, 2017. An integrated methodology for monitoring spontaneous combustion of coal waste dumps based on surface temperature detection. Applied Thermal Engineering, 122: 27-38.

HU Z Q, XU X L, ZHAO Y L, 2012. Dynamic monitoring of land subsidence in mining area from multi-source remote-sensing data-a case study at Yanzhou, China. International Journal of Remote Sensing, 33(17-18): 5528-5545.

HUANG Y, TIAN F, WANG Y, et al., 2015. Effect of coal mining on vegetation disturbance and associated carbon loss. Environmental Earth Sciences, 73(5) : 1-14.

JIANG L, LIN H, MA J, et al., 2011a. Potential of small-baseline SAR interferometry for monitoring land subsidence related to underground coal fires: Wuda (Northern China) case study. Remote Sensing of Environment, 115(2): 257-268.

JIANG W, ZHU X, WU J, et al., 2011b. Retrieval and analysis of coal fire temperature in Wuda coalfield, Inner Mongolia, China. Chinese Geographical Science, 21(2): 159-166.

KETELAAR V B H, 2010. Satellite Radar Interferometry: Subsidence Monitoring Techniques. Dordrecht: Springer.

LI F, YANG W, LIU X, et al., 2018. Using high-resolution UAV-borne thermal infrared imagery to detect coal fires in Majiliang mine, Datong coalfield, Northern China. Remote Sensing Letters, 9(1-3): 71-80.

LIN L, WANG Y, TENG J, et al., 2016. Hyperspectral analysis of soil organic matter in coal mining regions using wavelets, correlations, and partial least squares regression. Environmental Monitoring & Assessment, 188(2): 97.

MISHRA R K, BAHUGUNA P P, SINGH V K, 2011. Detection of coal mine fire in Jharia Coal Field using Landsat-7 ETM+ data. International Journal of Coal Geology, 86(1): 73-78.

MOLLES M C J, 2006. Ecology: Concepts and Applications. New York: McGraw-Hill.

SLEESER M, 1990. Enhancement of carrying capacity option ECCO. Edinburgh: The Resource Use Institute.

STRACHER G B, TAYLOR T P, 2004. Coal fires burning out of control around the world: Thermodynamic recipe for environmental catastrophe. International Journal of Coal Geology, 59(1-2): 7-17.

TAN K, YE Y Y, DU P J, 2014. Estimation of heavy-metals concentration in reclaimed mining soils using reflectance spectroscopy. Spectroscopy and Spectral Analysis, 34(12): 3317-3322.

TIAN F, WANG Y, RASMUS F, et al., 2013. Mapping and evaluation of NDVI trends from synthetic time series obtained by blending landsat and MODIS data around a coalfield on the Loess Plateau. Remote Sensing, 5(9): 4255-4279.

WANG Y, TIAN F, HUANG Y, et al., 2014. Monitoring coal fires in Datong Coalfield using multi-source remote sensing data. Transactions of Nonferrous Metals Society of China, 25(10): 3421-3428.

YANG Z, LI Z, ZHU J, et al., 2017. An extension of the InSAR-based probability integral method and its application for predicting 3-D mining-induced displacements under different extraction conditions. IEEE Transactions on Geoscience & Remote Sensing(99): 1-11.

第4章 中国矿区生态修复的基础理论与原理

4.1 矿区生态修复面临的问题

我国已跻身于世界矿业大国行列，现有各类矿山约 15 万个，矿业城市 300 多个（张陆军，2009）。2017 年《中国地质环境公报》显示：全国矿山开采规模已经超过 100 亿 t，采矿破坏土地累计超过 4 万 km²，且多为农业用地。矿山开采对生态环境造成严重破坏，开采区的山体崩塌、滑坡、泥石流、地面塌陷等地质灾害发生概率远远高于普通区域（李明轩 等，2018）。此外，我国当前矿产资源平均利用率只有 8.3%，矿渣大量堆积对生态环境构成重大威胁（黄玉莹，2017）。据不完全统计，我国现有金属矿山堆存的尾矿量已超过 50 亿 t，而且在以每年 5 亿 t 的产出速度增加（党志 等，2014），尾矿的大量堆积极易对周边生态环境构成严重威胁，如产生的酸性矿山废水将提高重金属等污染物质的释放和迁移能力，从而污染周边水体、农田系统。目前，世界范围内有 19 300 km² 的河流、720 km² 的湖泊及水库遭到酸性矿山废水的严重污染（Adra et al.，2013；周永章 等，2008），酸性矿山废水所含的重金属等污染物经污灌进入矿山周边农田，将对农产品安全构成潜在的威胁。2014 年环境保护部和国土资源部联合公布的《全国土壤污染状况调查公报》显示，在调查的 70 个矿区的 1 672 个土壤点位中，超标点位占 33.4%，主要污染物为镉、铅、砷和多环芳烃。其中，有色金属矿区周边土壤镉、砷、铅等污染较为严重。此外，在调查的 55 个污水灌溉区中，有 39 个存在土壤污染。而在 1 378 个土壤点位中，超标点位占 26.4%，主要污染物为镉、砷和多环芳烃。就目前我国矿区生态污染现状和发展趋势而言，矿区生态环境修复正面临前所未有的挑战。

4.1.1 矿区生态修复任务

生态修复（ecological remediation）是在生态学原理指导下，以生物修复为基础，结合各种物理修复、化学修复及工程技术措施，通过优化组合，使之达到最佳效果和最低耗费的一种综合的修复污染环境的方法（周启星 等，2006）。而矿区生态环境修复是指对因各种采矿造成生态破坏和环境污染的区域因地制宜地采取治理措施，使其恢复到期望状态的活动或过程（胡振琪 等，2005）。

在我国不同地区生活水平有不同程度提高的背景下，民众对自身生存环境的关注度和要求空前提高。既要矿业资源带来效益和经济发展，又不要山清水秀的自然环境遭到破坏和消失。我们正在经历矿山经济快速发展与矿山环境恶化这一矛盾挑战的重要阶段。可持续发展的矿业经济，必须直面这一矛盾的挑战。虽然国家对矿山土地复垦和矿山地质环境保护与修复治理出台了相关的法规和政策，但是历史遗留的矿山环境问题依然很多，矿山环境保护与生态修复的形势依旧很严峻。因此，如何利用生态学的方法对矿区进行修复成为整个矿区环境保护与治理的重点和难点。

我国矿区生态修复的主要任务是通过科学、系统的生态修复工程和长期的生态抚育措施，使被破坏的、受损的矿山环境功能逐步恢复，使生态系统自身可持续良性发展，逐步形成可自我维持的繁衍生态平衡体系。矿区的主要生态修复对象包括：露天采矿场地、地下开采的采矿活动影响区、排土场、选矿尾矿库、堆浸场、输送管线填埋区、道路、各工业场地等。

4.1.2　矿区生态修复现状

近年来，国家在矿山整治工程中投入了较多资金，并积极完善各项制度和立法，促进矿山生态环境恢复。矿山环境保护和土地复垦履约保证金制度是恢复矿山生态环境的有效制度。政府通过建立示范基地的手段，解决废弃矿山和老矿山生态恢复问题，并且鼓励社会各界投入资金。在生产矿山和新建矿山中，国家引入了两种不同的治理手段，生产矿山主要是通过建立环境治理投资机制来恢复生态；新建矿山主要是通过引入企业治理资金来提高治理效率。自 2010 年起，国家大力加强矿山环境保护的立法工作，深入开展环保管理工作的基础研究，并在江苏、浙江、湖南、山西、河北、内蒙古等省（自治区）建立示范基地，经过长时间的治理，示范基地取得了显著的效果（李明轩 等，2018）。国家环境保护主管部门在破坏土地复垦方面也加大了治理力度，提高了历史遗留矿山的再次利用率。我国历史遗留矿山再次利用率从 2013 年的不足 30%不断增加到 2017 年的超过 50%，越来越多的历史遗留矿山不再被荒废，而是得到合理有效的利用。鉴于矿区严峻的污染现状，生态修复工作仍任重道远，亟须针对影响矿区生态环境修复的关键性问题采取切实可行的应对措施。

4.1.3　矿区生态修复的关键性问题

矿区生态环境问题复杂，涉及矿山开发的各个阶段、矿山环境的各种介质及矿山修复的各个学科等方面的内容。在开展生态修复时需综合考虑以下几方面关键问题。

1. 科学的指导思想

矿区生态环境修复是一个涉及多学科的交叉性系统工程，要求各学科的专家通力合作，在矿山开发及修复的全过程中对矿山生态环境给予超前的、动态的保护和修复。由于在矿产资源的开采中，矿区的生态环境破坏大多是可以预见的，生态环境的修复应开展于矿区资源开发的各个阶段，实行"采复一体"的修复理念，从勘探、设计到生产直至报废，始终贯穿恢复环境的思想，超前采取各种治理措施，尽可能地减少对矿区环境的破坏。

在矿产开发前，应从矿区的产业结构、经济组成等方面进行综合的规划、评价和治理，使矿山的开发更加科学合理，从而降低环境修复的难度，使矿区的生态恢复工作高效而经济地进行。而在开采过程中，应及时对矿区生态系统的组成、结构、功能和破坏特征进行积极的调控，维持矿区生态系统的稳定和可持续发展。

2. 完善的政策法规

我国矿区污染地不仅数量多而且污染状况严峻，在大规模的矿区污染地修复治理实践工作中成效并不显著，除技术、设备、资金、管理制度的限制，加快完善矿区生态环境保护法规是保证修复工作顺利进行的关键前提。涉及矿区环境保护的相关法律法规较多，主要分散在《矿产资源法》《环境保护法》《土地复垦条例》《水污染防治法》和《土壤污染防治法》等法律法规条例中（表 4.1），但缺少针对性和系统性（夏云娇 等，2016）。而矿区污染土壤标准则主要参考《土壤环境质量　农用地土壤污染风险管控标准（试行）》（GB 15618—2018）。专门的矿区污染地修复标准和矿区生态环境保护上位法等仍缺失，无法体现矿区污染地修复标准的针对性和独立性，矿区污染地的地表水、地下水、土壤等环境质量评价技术标准还需完善（胡振琪 等，2005）。

表 4.1　矿区环境保护相关的法律法规

序号	法律法规名称	颁布/最新修订年份	公布机关
1	《环境噪声污染防治法》	2018	全国人大常委会
2	《土地管理法》	2019	全国人大常委会
3	《循环经济促进法》	2018	全国人大常委会
4	《矿产资源法》	2009	全国人大常委会
5	《水土保持法》	2010	全国人大常委会
6	《清洁生产促进法》	2012	全国人大常委会
7	《环境保护法》	2014	全国人大常委会
8	《大气污染防治法》	2018	全国人大常委会
9	《煤炭法》	2016	全国人大常委会
10	《固体废物污染环境防治法》	2020	全国人大常委会
11	《环境影响评价法》	2018	全国人大常委会
12	《水法》	2016	全国人大常委会
13	《节约能源法》	2018	全国人大常委会
14	《水污染防治法》	2017	全国人大常委会
15	《土壤污染防治法》	2018	全国人大常委会
16	《地质灾害防治条例》	2003	国务院
17	《土地复垦条例》	2011	国务院
18	《矿产资源开采登记管理办法》	2014	国务院
19	《建设项目环境保护管理条例》	2017	国务院

3. 资金投入不足

目前社会对矿山治理的投资力度依旧过小。虽然国家积极鼓励社会投资，但是多元化的投资格局依旧没有实现，投资主体依然是中央财政和各级地方财政，政府面对的资金压力很大。为了解决这些问题，国家要加大宣传力度，丰富矿山生态环境修复的资金来源。

4. 矿山大数据匮乏

我国目前掌握的各个矿山的资料十分有限。我国拥有的矿山种类很多，分布在不同地区，采矿企业也众多，采矿水平和采矿方式不同，因此对环境产生的影响不同，调查起来十分困难。如果仅仅依靠现有的矿山地质和环境问题资料来恢复治理，必然十分困难。国家应组织矿山开采企业和科研人员挖掘和整理矿山的各项资料，建立矿山大数据库，为科学开采和生态环境治理提供基础数据。

5. 修复技术与理论

矿区污染物的地球化学行为发生的环境介质主要为尾矿、废水和土壤。矿区污染的源头控制，应重点调控尾矿废渣中毒害元素的释放和迁移，且迁移过程中的废水污染控制技术和土壤重金属修复也是规避环境风险的关键环节。近年来，国内针对矿区尾矿生态环境修复、矿山废水污染控制及土壤污染修复的研究有大量报道，如开发尾矿钝化技术、矿山废水重金属吸附技术和矿区土壤的超富集植物、功能微生物修复技术等。部分实验室工作也已有实际的污染修复工程应用（党志 等，2015，2014）。针对矿区复杂的生态环境进行修复需考虑技术的安全性、经济性和稳定性，且实际矿区生态修复工作的开展往往需多项技术协同进行，目前矿区原位生态修复的工程技术仍存在一定局限性。因此，既需充分认识矿区生态环境修复的技术理论，还应遵循生态学原理（张雪萍，2011），包括：循环再生原理和共生共存、协调发展原理，以及生态平衡与生态阈限原理、生态位原理、生态系统服务的间接使用价值大于直接使用价值原理。①循环再生原理。自然生态系统的结构和功能是对称的，它具有完整的生产者、消费者、分解者结构，可以自我完成"生产—消费—分解—再生产"物质的循环和再生利用是基本的生态学原理。②共生共存、协调发展原理。从本质上讲，自然环境、资源、人口、经济与社会等要素之间存在普遍的共生关系，形成一个"社会—经济—自然"的人与自然相互依存、共生的复合生态系统。③生态平衡与生态阈限原理。生态平衡是指生态系统的动态平衡。在这种状态下，生态系统的结构与功能相互依存、相互作用，从而使之在一定时间、一定空间范围内，各组分别通过制约、转化、补偿、反馈等作用处于最优化的协调状态，表现为能量和物质输入和输出的动态平衡，信息传递畅通和控制自如。在外来干扰条件下，平衡的生态系统通过自我调节可以恢复到原来的稳定状态。生态系统虽然具有自我调节能力，但只能在一定范围内、一定条件下起作用，如果干扰过大，超出了生态系统本身的调节能力，生态平衡就会被破坏，这个临界限度称为生态阈限。④生态位原理。生态位就是生物在漫长的进化过程中形成的，在一定时间和空间拥有稳定的生存资源（食物、栖息地、温度、湿度、光照、气压、溶解氧、盐度等），进而获得最大或比较大生存优势的特定的生态定位，即受多种生态因子限制，而形成超体积、多维生态时空复合体。人类社会活动的诸多领域均存在生态位定位问题，只有正确定位，才能形成自身特色，发挥比较优势，减少内耗和浪费，提高社会发展的整体效率和效益。⑤生态系统服务的间接使用价值大于直接使用价值的原理。并在此基础上融入恢复生态学理论、景观生态学理论和生态系统健康理论等学科思想，结合矿区实际的生态环境污染状况，因地制宜地开展科学修复。真正意义上构建健康的矿区生态系统，实现矿区资源、经济社会和生态环境协调健康发展的矿区生态修复的目标。

4.2　矿区生态修复理论

矿区生态修复的核心理论来源于恢复生态学。长期的工业污染、大规模的森林砍伐及将大范围的自然景观转变成农业和工业景观，形成了以生物多样性低、功能下降为特征的各式各样的退化生态系统，并严重威胁人类社会的可持续发展。因此，如何保护现有的自然生态系统，综合整治与恢复已退化的生态系统，以及重建可持续的人工生态系统，已成为人类亟待解决的重要课题。此背景促成了恢复生态学（restoration ecology）在 20 世纪 80 年代的诞生，并迅速成为现代生态学的研究热点。美国生态学会 1996 年年会将恢复生态学作为应用生态学的五大研究领域之一。同年，中国生态学会和国家自然科学基金委员会也将恢复生态学研究作为我国近期生态学五大重点研究方向之首（任海 等，2001；章家恩 等，1998）。

4.2.1　恢复生态学的起源

恢复生态学作为一个独立学科，最早出现在 1990 年由 William R. Jordan、Michael E. Gilpin 和 John D. Aber 共同主编的论文集 *Restoration Ecology: A Synthetic Approach to Ecological Research*（《恢复生态学：生态学研究的一种合成（综合）方法》），这也标志着该学科的诞生（Jordan et al.，1990）。Ehrenfeld（2000）认为恢复生态学起源于 4 个方面：一是源于保护生物学，其物种和稀有或濒危的群落的保护部分依赖于生态恢复的手段；二是源于地理与景观生态学，在该领域一般以流域为研究单元，而目前该领域已逐步融入生态系统管理的范畴，而实现的生态系统的管理则是生态恢复的一个目标；三是源于湿地生态恢复研究，其目标是重点恢复生态系统的服务功能；四是源于矿业废弃地等极端退化土地的生态恢复，主要目标是建立功能性生态系统。

恢复生态学概念的提出，主要与以下三方面的思想融合密切相关。

（1）威斯康星大学麦迪逊分校植物园为集中展示美国威斯康星州和中西部地区的原生生态系统，自 1934 年起着手进行各种生态系统的组装重建工作。这是最早的、大尺度的、系统的生态系统的恢复工作，其目的是致力于建立几个典型的、具展示作用的典型生态系统，而这正是一项生态恢复工作。参与该项目的科学家发现了对高原草原恢复和维护的重要性，同时在立地的选择和植物群落的动态研究等方面也取得了可观的成果。以这种方式重建的群落对传统的生态学研究并无意义，但作为一个人为控制的系统组装、合成的过程，显然非常适用于以恢复生态学的思路去探讨基本理论问题。Jordan 正是从这一过程得到启发，这一过程成为他提出恢复生态学的初衷（Jordan et al.，1990；Jordan，1988）。

　　（2）英国、美国、澳大利亚和加拿大等国自 20 世纪 50 年代以后开展矿业废弃地的生态恢复的研究和实践，是恢复生态学思想的重要策源地，被誉为恢复生态学奠基人的Bradshaw 在英国矿业废弃地的实践中，高度重视生态学基本理论的介入。他不仅在废弃地生态恢复的物理过程（N、P、K 等养分的循环与积累）、生物过程（原生演替、物种选择）等领域做出了杰出贡献，还直接推动了污染与生物进化的理论研究。由他发现并倡导了重金属耐性植物作为污染状况下的一种植物进化模式，至今仍是进化生物学的核心问题与经典案例。他提出的生态恢复是检验生态学理论的决定性（最终）试验（acid test），则是恢复生态学的核心思想之一（Bradshaw，1983a，1983b；Kent et al.，1980）。

　　（3）Harper（1987）基于农业方面研究，认为生态学可以从农业活动中得到重要启示，农业作为一种建立和管理生态系统的实践，可以洞察和检验生态学理论，而这是经典的生态学手段——描述和分析方法所难以企及的。他提出农业活动可作为生态学研究的一个重要平台，农业活动也是一个通过单一因素的聚集，进而产生复杂的、现实生态系统的复合过程，这也与合成生态学思想是不谋而合的。

　　正是上述三方面思想的融合，奠定了 1984 年 10 月召开的恢复生态学研讨会的关于恢复生态学概念的理论基础。与此同时，Cairns（1987）也提出大西洋周边地区的生态恢复实践具有重要理论价值。在上述理论框架下，之前的各种退化生态系统的恢复理论和实践活动都可以归之于恢复生态学范畴。如 100 年前的山地、草原、森林和野生生物等自然能源管理研究。欧美等地的矿业废弃地的恢复，北美的水体和林地恢复，新西兰和澳大利亚的草原管理等。其中 20 世纪初的水土保持、森林砍伐后再植的理论等方面在恢复生态学中沿用至今。

4.2.2　恢复生态学的定义

　　恢复生态学是对一系列生态恢复实践的理论思考，作为一个学科，则是相当年轻的，且由于恢复生态学的研究内容极其广泛，涉及学科领域众多，学科提出者本身也没有给予明确的定义。因此，其基本概念和框架仍然没有定形，学科的内涵和外延是在不断地探讨中逐步明确的。*Restoration Ecology: A Synthetic Approach to Ecological Research* 一书从不同的侧面讨论了不同类型退化生态系统的生态恢复的原则与方法、过程与机理，但并没有对 restoration ecology 一词给予一个明确的学科定义，但明确指出，它是一门synthetic ecology（合成生态学）。同一文集中，Bradshaw（1987）则称恢复生态学为生态学的 acid test，该词在英文中的喻义为证明某事件的决定性试验。事实上，Jordan 等

（1990）和 Bradshaw（1987）对恢复生态学的理解和阐释是高度一致的。

Jordan 等（1990）对恢复生态学的定义可理解为：以生态学的基本理论为指导，在重建和恢复生态系统的过程中，通过简单到复杂、片面到全面的综合过程与理解、检验和发展生态学理论的一门科学。

余作岳等（1996）提出，恢复生态学是研究生态系统退化的原因、退化生态系统恢复与重建的技术与方法、生态学过程与机理的科学。

国际生态恢复学会[①]的定义：生态恢复（ecological restoration）是帮助退化、受损或毁坏生态系统恢复的过程。因而恢复生态学则是生态恢复这一实践活动的理论、模式、方法与工具，同时也是检验和发展生态学理论的平台。

同样的，恢复生态学的实践范围极其广泛，因此，与恢复生态学相关的名词众多，且定义多变，甚至无法使用确切的中文词汇与之对译。常见的各种与恢复生态学有关的名词包括：restoration，reconstruction，rehabilitation，reclamation，revegetation，replacement，renewal，ecological repair，enhancement，remedy，recolonization，mitigation 等。事实上，广为引用的一个图则清晰说明了一些主要名词的含义，见图 4.1（Dobson et al.，1997；Bradshow，1987，1983a，1983b）。根据图 4.1 及多个学者和组织对这些名词的解释（Whisenant，1999；Harris et al.，1996；Jackson et al.，1995；Brown et al.，1994；Aronson et al.，1993；Wali，1992；Bradshaw，1992；Allen，1988；NRC，1974），对这些概念的理解如下。

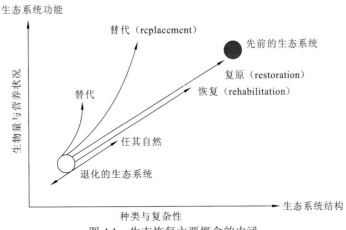

图 4.1　生态恢复主要概念的内涵

restoration 一词在中文中直译为恢复，SER[①]的最新定义是帮助退化、受损或毁坏生态系统恢复的过程。但该词蕴涵着复原的意思，即从结构和功能上忠实地恢复原有的生态系统。rehabilitation 与 restoration 有着共同的目标，即恢复历史的、原先的生态系统。但 rehabilitation 更注重其生态系统过程、生产力和服务功能的恢复。而 restoration 除此目标外，还包括恢复原先的生物整合性，诸如种类组成和群落结构等。也可将 rehabilitation 视为 restoration 的部分或阶段性的工作。ecological repair、enhancement、remedy、

① 引自：SER，2002. The SER primer on ecological restoration.1-9. www.ser.org.

recolonization、revegetation 均可视为 restoration 的一种手段或方式。mitigation 特指湿地的恢复。reclamation 一般含有复垦之意，是英国和北美矿业废弃地恢复的主要用词，它较 rehabilitation 意义更为广泛，它包括阶地稳定、改善景观，并使土地可利用。因此，reclamation 是一种典型的替代（replacement，renewal），即建立一种与先前生态系统完全无关的、全新的生态系统。目前，国内最常用的是生态修复（ecological remediation），其实包含了两重意思：一是生态系统的生态恢复，即 ecological restoration；二是实现对污染的修复，即 remediation。

恢复生态学和生态恢复是两个完全不同的概念。恢复生态学作为一个学科，其目标和宗旨有科学和技术两个层面，其科学目标是检验和发展生态学理论，作为一个新学科，目前还要致力于构建相对完整的理论体系。而其技术目标，则是指导各种退化生态系统的生态恢复。生态恢复可具体到某一种类型退化生态系统或是某一具体的工程。作为一个过程，其目标、原则、方法、时间、评价标准、监测等程序性内容可以是相当明确的，虽然这些程序性的内容可能要依附于较强的理论背景，但实质上还是技术性工作。因此，将生态恢复与恢复生态学混淆，必然会淡化、忽视对恢复生态学的本质的理解。

4.2.3　恢复生态学的理论框架

恢复生态学诞生时间还不长，它的学科理论和研究内容还不健全，整个理论框架还有待完善。生态学的基本理论无论是现在还是将来都是恢复生态学的主要理论基础（van Diggelen et al.，2001）。其中占有核心地位的则是演替（succession）理论（Young，2000；Dobson et al.，1997；Bradshaw，1987）和集合规则（assembly rule）理论（Weiher et al.，1999；Lockwood，1997）。恢复生态学的发展也形成了自我设计与人为设计理论（self-design versus design theory），生态系统退化的临界阈值理论或类似的系统转换恢复阈值（restoration threshold）理论等（Whisenant，1999；Hobbs et al.，1996）。

1. 自然演替理论

演替是一个群落代替另一个群落的过程，是朝着一个方向连续变化的过程。开始于原生裸地或原生荒原（完全没有植被并且也没有任何植物繁殖体存在）的群落演替称为原生演替。开始于次生裸地（如森林砍伐迹地、耕地）上的群落演替则称为次生演替。演替的顶级学说认为，演替就是在地表上同一地段顺序地出现各种不同的生物群落的时间过程，任何一类演替都经过迁移、定居、群聚、竞争、反应和稳定的阶段而达到与生境相适应的稳定群落的阶段，即顶级群落。这种顶级状态既可能是气候决定的，也可能是土壤、地形或其他生态因子决定的。演替理论对生态恢复的意义在于生态恢复实质上是一种人为模拟和加快其自然演替的过程，因为自然演替的速度极为缓慢。对于矿业废弃地这种极端的原生裸地来说，其生态恢复实际上就是一个人为的原生演替。其关键在于土壤（或基质）理化性质改善与群落的构建。针对某一具体的生态恢复目标，首要工作是了解支持目标生态系统的土壤条件作参照而对拟恢复的废弃地做相应的改良措施，如缓解其毒性，添加有机质及营养元素。在土壤理化性质得到改善后，另一工作则是群落的构建，需重点考虑的是构建一个稳定的、自维持的、具一定生产力和服务功能的群落种类引入（动物、植物甚至微生物）和种类配置（考虑竞争和群聚效应）等。事实上，在此一系列过程中，生物与环境，尤其是与土壤环境的关系均可得以应用、检验和量化。

2. 集合规则理论

集合规则是指群落集合特征（结构与格局）及其影响因素的一个定量描述。集合规则不只是对群落结构和格局的一种观察性描述，而且要说明群落集合特征的形成过程与关键影响因素，可作为建立新群落——生态恢复的理论框架和技术指南（Keddy，1999）。集合规则强调从种内和种间关系、动物与植物的关系及功能团（functional group）等水平和层次定量分析群落结构的异同，重点阐述其成因与过程。由此可见，集合规则实质上是生态系统各部件的组装或合成过程，正是恢复生态学的实质所在，也是生态恢复的技术基础（Lockwood，1997）。从现有的生态恢复的实践来看，对生态系统结构的恢复的难度要远高于对生态系统功能的恢复，研究和发展群落的集合规则，将是恢复生态学的一个重要理论任务。

3. 自我设计理论

自我设计理论认为，只要有足够的时间，随着时间的推进，退化生态系统将根据环境条件合理地组织并会最终改变组分。而人为设计理论认为，通过工程方法和植被重建可直接恢复退化生态系统，但恢复的类型可能是多样的。这一理论把物种的生活史作为植被恢复的重要因子，并认为通过调整物种生活史的方法就可以加快植被的恢复。这两种理论的不同点在于：自我设计理论把恢复放在生态系统层次考虑，未考虑到缺乏种子库的情况，其恢复的只能是环境决定的群落；而人为设计理论把恢复放在个体或种群层次考虑，恢复的可能是多种结果（任海 等，2001；Middleton，1999；van der Valk et al.，1999）。

4. 恢复阈值

Hobbs 等（1996）提出，大多数生态系统都具有若干不同的状态，并可能存在恢复阈值。在没有人为干预的情况下，退化生态系统很难越过该阈值而恢复先前的轻度退化状态。如图 4.2（Hobbs et al.，1996）所示，假设生态系统有 4 种状态：状态 1 是未退化的，状态 2 和状态 3 是轻度（或部分）退化的，状态 4 是高度退化的。在不同胁迫或同种胁迫的不同强度压力下，生态系统可从状态 1 退化到状态 2；当去除胁迫时，生态系统已可以从状态 2 和状态 3 恢复到状态 1。但从状态 4 已越过恢复阈值，必须有大量的投入才可能恢复到状态 2 或状态 3。Whisenant（1999）进一步指出可能有两种类型的恢复阈值，即由生物作用所形成的生物恢复阈值，以及由非生物因素引起的非生物恢复阈值［图 4.3（Whisenant，1999）］。如果生态系统的退化主要是由生物因素引起的，诸如放牧引起的植被成分的改变，则需要通过生物措施去恢复，如转移放牧的动物或引入消失的植物种类。如果退化是由水土流失、污染等非生物因素引起的，则首先需

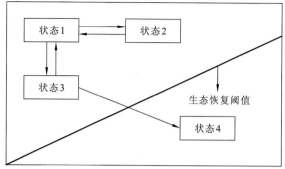

图 4.2　生态系统的状态与生态恢复阈值

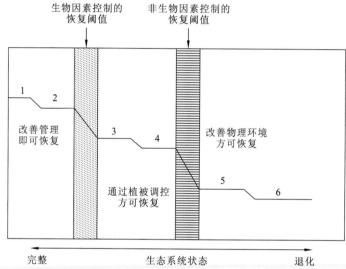

图 4.3　生态恢复中的两种类型恢复阈值：生物恢复阈值与非生物恢复阈值

要控制退化因子，同时改良土壤的理化性质。现在提倡的自然修复，则一定要考虑恢复阈值问题。

4.2.4　多学科的交叉融合

近现代科学中的重大发现，常常依赖于多个学科的知识交流和相互渗透。据统计，1901～2008 年颁发的自然科学类诺贝尔奖（物理学、化学、生理学或医学奖三项）中学科交叉的研究成果占获奖总数的 52%，在各个被统计的时间段中学科交叉研究成果占获奖总数的比例一直呈上升趋势，最近 10 年这一比例已达到 66.7%。由此可见，当代科学研究已经进入一个学科交叉与融合的新的发展时期，跨学科已经成为重要的研究范式，即以重大现实发展问题为导向，借助不同学科的理论、视野与方法，深入探究问题本质，推动问题的实质性解决。矿区生态系统严重退化是人类可持续发展面临的重大问题之一，具有高度的复杂性和综合性。因此，矿区生态修复理论的发展与完善离不开多学科的交叉融合。虽然，如前面所述，恢复生态学是支撑矿区生态修复实践的核心理论，但是越来越多的证据表明，土壤学、环境科学、地理学、地貌学、植物学、采矿学、微生物学、基因组学、生物信息学、分子生物学等学科也促进了矿区生态修复理论的发展与完善。例如，矿业废弃物酸化是矿区生态修复需要解决的主要难题之一，而学界对矿业废弃物酸化机制认识的不断深入就得益于多学科的交叉融合。20 世纪 60 年代以前，空气和水被广泛认为是矿业废弃物酸化的主要驱动者。在 20 世纪最后的 30 年，大量基于微生物培养的研究发现细菌驱动了矿业废弃物酸化。而在最近的 20 年，伴随分子生物学、基因组学和生物信息学的快速发展，古菌在矿业废弃物酸化中的关键作用才逐渐被发现。尽管如此，目前学界对土壤真核生物和病毒在矿区生态修复中的潜在作用与机制还知之甚少，亟待通过增强多学科的交叉融合在相关的研究领域取得更多的突破，进一步推动矿区生态恢复理论研究。

除恢复生态学理论，景观生态学的发展也给生态学带来了新的思想和研究方法。该学科是研究在一个相当大的区域内，由许多不同生态系统所组成的整体（即景观）的空间结构、相互作用、协调功能及动态变化的一门生态学新分支。该词汇最早是由德国地理学家特洛尔于 1939 年提出的。其理论基础可归纳为 7 个方面：①生态进化与生态演替理论；②空间分异性与生物多样性理论；③景观异质性与异质共生理论；④岛屿生物地理与空间镶嵌理论；⑤尺度效应与自然等级组织理论；⑥生物地球化学与景观地球化学理论；⑦生态建设与生态区位理论。

此外，生态系统健康也是一门新兴学科，是 20 世纪 80 年代末在可持续发展思想推动下，在传统的自然科学、社会科学和健康科学相互交叉的基础上发展起来的。其定义可描述为具有稳定的、可持续的、对胁迫因子能保持一定的恢复弹力或自我修复能力，生态系统的功能阈值没有被突破，一旦突破则危及生态系统的维持，会表现出生态系统失调综合征（沈佐锐，2002）。生态系统健康的主要特点是强调从生态学角度出发的生态系统结构合理、功能高效与完整，而且更突出生态系统能维持对人类的服务功能，保障人类健康及社会经济健康安全。生态系统健康评价的标准包括活力、恢复力及组织结构和功能，其中活力表征生态系统功能，由新陈代谢或初级生产力等来衡量；恢复力又称为抵抗力，根据胁迫出现时维持系统结构和功能的能力来评价，当系统变化超过它的恢复力时，系统立即"跳跃"到另一个状态；组织结构和功能根据系统组分间相互作用的多样性及数量来评价。生态系统健康评价方法主要分为三类：①生态系统失调综合征的诊断；②抵抗力与恢复力的评估；③生态风险分析。而对于生态系统健康的评价指标描述一般从两个方面进行，即从生态系统分类的角度和影响生态系统健康的因素分析。但生态系统健康评价时度量难度较大，缺少一套完整的区别健康和病态生态系统的严格条件。

生态修复的对象是生态系统，因此，在实际修复工作中需要了解生态系统的一些基本属性，如生态系统的结构与功能、物理化学环境、生态系统中动植物群落的演替规律，需要了解生态系统的优势物种或旗舰物种，还需要认识生态稳定性、生态可塑性及生态系统的稳态转化等。总而言之，只有将各学科进行深度融合，才能确定生态修复的目标，进而制订有效的生态修复措施与技术组合。

4.2.5 整体观和系统观

生态系统的各组分之间相互联系、密不可分，需要用整体观和系统观去完善矿区生态修复理论。按照生态系统的整体性、系统性及其内在规律，统筹考虑各自然要素、山上山下、地上地下、空间尺度和时间尺度等，形成能指导"矿区整体保护、系统修复与综合治理"的理论体系。比如，许多生态过程的因果关系需要足够的时间或空间尺度研究才能被揭示。然而，到目前为止，矿区生态修复实践的相关工作往往分散在多个部门开展，未充分考虑修复对象的整体性和系统性，地上与地下修复脱节，单个修复措施、局地修复措施与区域生态修复之间缺乏有机的联系,常常导致生态修复碎片化现象突出，对改善区域生态系统功能与服务的效果不明显，甚至造成边修复边破坏的后果。另一方面，很多已有的生态修复工程都存在重土建工程、轻生态系统恢复分析评价的倾向，未能科学合理、因地制宜地安排"保护"和"辅助恢复"的措施。正如人们所知，理论能指导实践，而实践也会反过来促进理论的发展。未来的矿区生态修复实践应该实现从政区分界向区域协同转变，从流域分割向流域统筹转变，构建行政区划间联防联治、流域上中下游协同保障等制度，为提升区域可持续发展提供有力支撑，同时也为形成完善的矿区生态修复理论奠定基础。

4.3 矿区生态修复技术

矿区生态修复主要以生物修复为主,辅以物理修复和化学修复及一些工程措施进行矿区环境污染治理。矿区污染物类型多以重金属为主，少部分矿区存在多环芳烃有机污染物和放射性污染物等，而污染物存在的主要环境介质包括尾矿、水体和土壤。因此，目前的矿区生态修复技术的研究对象主要集中在尾矿生态修复、废水生态修复及土壤生态修复三个方面。

近年来，针对矿区各环境介质的生态修复技术理论研究已有大量报道，其中部分技术已经被应用于工程实践，如客土/换土法、改良剂法和植物修复技术等。矿区生态修复技术在遵循生态学原理的基础上，将传统的固体废物污染控制理论、水污染控制理论和土壤污染控制理论应用于各环境介质的技术研究中，为科学高效地开展矿区生态修复提供了强力的理论支撑。

4.3.1 矿区土壤修复技术

矿区土壤污染多以重金属污染为主，而污染土壤的修复方式主要取决于污染物的特性，修复技术一般可分为物理修复、化学修复和生物修复。

1. 物理修复技术

物理修复技术主要有改土法、热处理技术、电动修复技术和玻璃化技术等。

改土法主要包括客土法、换土法、深翻法等。①客土法，即在污染的土壤中加入大量无污染的土壤，然后通过翻耕使之混合，降低土壤中污染物浓度；②换土法，即利用无污染的土壤置换重金属污染土壤，再将污染土壤进行固化/稳定化处理，然后进行填埋或送往水泥窑进行资源化利用，从而消除土壤污染；③深翻法，即将表层污染土壤原位翻耕至底层土壤，使原来深层的无污染土壤成为新的表层土壤，从而减少污染物与植物根系的接触，减轻重金属污染的危害。改土法在 20 世纪 90 年代前应用较广，但目前已逐渐被新型和复合修复技术所取代。

热处理技术主要是通过加热将一些具有挥发性的重金属如汞等从土壤中解吸出来，或者通过加热，将可交换态重金属转化为残渣态，降低重金属的迁移性和生物可利用性（Wang et al.，2018）。该技术工艺简单，但能耗大，操作费用高，只适用于易挥发污染物的治理。

玻璃化技术的原理是先在土壤中埋入金属或石墨等导电材料，再利用电极加热将土壤及其中的重金属污染物熔化，待其冷却后形成较稳定的玻璃态物质；另一种方法是把污染的土壤和废玻璃或 SiO_2、Na_2CO_3、CaO 等玻璃组分一起在高温下熔融，同样等待冷却后形成玻璃态物质。这项技术能将土壤中的重金属固定在较稳定物质中，以此消除其污染。

电动修复技术的原理是在污染土壤上施加直流电压，使土壤中的污染物质在电场作用下进行电迁移、电渗流、电泳等行为的一种方法（Ortiz-Soto et al.，2019）。通过电场并在电极附近由溶液导出并进行适当的物理或化学处理，实现污染土壤的无害化处理。其修复效果受土壤 pH 值、离子强度、土壤组分及污染金属种类的影响。该技术属于一种原位修复技术，其优点在于不搅动土层，并可以节省修复时间，但适用范围不广，成本高，外加电压可能会扰乱土壤中的有机质、微生物和各种酶。矿区污染土壤物理修复技术的比较详见表 4.2。

表 4.2　矿区土壤物理修复技术对比

修复方法		适用性	优点	局限性
改土法	客土法	面积小、污染轻的土壤	修复效果稳定彻底；不受土壤条件限制	工程量大、投资高；破坏土壤结构，降低肥力；污染物扩散和转移填埋可能造成二次污染
	深翻法			
	换土法			
电动修复技术		黏土、细砂土等高水分、高饱和度、低反应活性的土壤	效果稳定、成本低；药剂投加量少；土层破坏少	受限于污染物的溶解度和脱附能力；污染物迁移速率受迁移路径长或污染物间的滞留区影响，导致治理不彻底
热处理技术		含汞和硒等挥发性污染物的土壤	挥发性污染物的修复效率高	耗能高；易破坏土壤有机质和影响土壤含水率
玻璃化技术		抢救性修复受污染较为严重的土壤	修复效果明显；稳定性高	污染物仍留存于土壤中；熔化过程工程量大、成本高

2. 化学修复技术

化学修复是通过向土壤中投加化学试剂，洗脱或固定土壤中的重金属，以降低土壤重金属含量或其迁移性和生物可利用性，从而实现污染土壤有效治理或修复的方法（刘云国 等，2005）。目前应用广泛的是淋洗法和改良剂修复法。

淋洗法：指在重力或外力作用下，向污染土壤中加入化学溶剂，使重金属从固相溶解转移至液相，再把含重金属的溶液从土壤中抽提出来再处理的一种方法（Zhang et al.，2010）。该方法一般能将可交换态重金属脱离土壤，适用于均匀、质地粗糙、渗透性高的土壤。利用淋洗法，关键是选取合适的淋洗剂，常用的淋洗剂：无机酸有盐酸、硝酸、磷酸、硫酸等；有机酸有柠檬酸、酒石酸、没食子酸等；螯合试剂有乙二胺四乙酸（ethylene diamine tetraacetic acid，EDTA）、二乙三胺五乙酸（diethylene triamine pentaacetic acid，DTPA）和氨基三乙酸（nitrilotriacetic acid，NTA）等。淋洗剂能对重金属进行选择性洗脱，目前的研究难点是如何提高淋洗剂对多种重金属的同时洗脱效果及淋洗剂的成本与回收问题。

改良剂修复法：利用所添加的改良剂对重金属的吸附、离子交换、有机络合、氧化还原、拮抗或沉淀作用，改变其在土壤中的赋存形态，使其固化或钝化后降低向土壤深层和地下水迁移的能力，并降低其生物有效性。常用的无机改良剂有石灰、碳酸钙、磷酸盐、硅酸盐、海泡石等，有机改良剂有生物炭、腐殖质、绿肥、堆肥、动物粪便和泥炭等。此方法一般用于原位修复，其优点是成本低、易实施。由于该方法只改变了重金属赋存形态，一旦外界环境发生变化，重金属容易再活化，仍存在迁移风险，对植物存在一定危害。

3. 生物修复技术

生物修复技术是指利用某些特殊的植物、微生物和动物的生命代谢活动，吸收和降解土壤中的毒害物质，或者改变其化学形态以降低其毒性，达到净化土壤的目的（骆欣 等，2019）。生物修复技术包括植物修复、微生物修复、动物修复及协同修复。

植物修复法是利用植物将土壤中的重金属吸收、转移或聚集，然后再将植物回收处理，完成土壤污染治理与生态修复。根据植物修复的机理，修复技术可分为以下三类。

1）植物稳定技术

植物稳定（phytostabilization）：通过根吸收、根吸附、分泌物的络合/沉淀和根际还原等作用，植物将重金属固定于土壤中（Wang et al.，2017）。然而植物稳定并没有降低土壤中重金属的含量，只是降低了重金属的生物可利用性与迁移性。所选植物必须能够耐受高浓度的重金属并起到固定作用，且重金属在这种植物体内的运输能力差，从而减少处理植物地上部分所含重金属的必要性（Lai et al.，2016）。该方法采用的植物一般为高生物量植物，其生物量大，生长速率快，但对重金属的吸收能力不强。利用植物稳定技术首先需要筛选并培育出耐受重金属并适应当地环境条件的植物品种，同时可结合化学改良剂与微生物修复技术，增加植物根系的发育程度，以固定更多的重金属（Rajkumar et al.，2013）。

2）植物提取技术

植物提取（phytoextraction）：利用具有重金属强富集能力的植物（超累积植物）从土壤中吸收一种或多种重金属，并将其转移、储存到地上部分，随后收割地上部分并集中进行处理。通过连续种植这种植物，使土壤中重金属含量降低至相应的环境标准（石平，2010）。目前已经确定了 271 种超累积植物，这些植物能够耐受高浓度重金属，具有有效吸收土壤中特定金属离子，并将金属从根转移到芽，最后在叶片组织中解毒和吸附金属的能力。超累积植物一般生物量小，生长速率也慢（Wang et al.，2017），比如十字花科中的菥蓂属，其对镍具有超累积作用。无患子科、十字花科、石竹科、茜草科、禾本科、蓼科，则对铅和锌具有超富集能力。

3）植物挥发

利用植物吸收土壤中的重金属污染物，然后通过蒸腾作用使其转化为气态，然后从叶面蒸发到大气之中稀释，这类植物有大麦、紫苜蓿、印度芥菜等（杨晶媛 等，2014）。

植物修复技术存在修复过程较长，修复后富集重金属的植物难处置，特异吸收植物对其他重金属耐受力低，植物枝叶脱落可能造成二次污染等问题。植物修复技术目前还处于试验和示范阶段。考虑综合技术可一定程度上弥补单一技术的缺陷、达到更好的修复效果，所以当前土壤修复技术的研究方向是将植物修复技术与其他修复技术相结合形成综合修复技术。

微生物修复法是指利用具有某些功能的微生物对土壤中的重金属污染物进行吸收、沉淀和氧化还原，以此降低土壤中重金属的毒性（曹德菊 等，2016）。另外，微生物还可以改变植物根际周围的微环境，使植物对重金属的吸收、挥发和固定效率得到提高（王健林 等，1992）。近年来，微生物土壤修复的技术发展十分迅速，目前研究的热点是高效降解菌株的筛选、新型土壤修复反应器工艺技术的研发、微生物酶制剂及其他修复制剂的研发、微生物与植物修复、物理修复或化学修复技术相结合的综合修复技术等。微生物修复法同样存在修复过程较长，修复效果受场地及其他环境因素的影响较大，所用微生物无法完全降解所有污染物，甚至在降解过程中可能产生其他有毒物质等问题。

动物修复法是利用土壤中某些低等动物（如蚯蚓和昆虫）吸收、降解土壤中的重金属。如蚯蚓能改善土壤结构、增强土壤的通气性和透水性、提高土壤肥力，有助于污染土壤生态系统的恢复。目前，动物修复法的研究主要是关于动物与微生物、动物与植物及三者相结合的联合修复技术。

植物-微生物及动物的协同修复技术。在实际受污染的土壤中，往往存在多种重金属的复合污染，特定植株对重金属的富集具有选择性，仅靠植物的作用去除所有重金属，其修复效率低且周期长。因此，联合植物-微生物及动物的生物修复技术，既有植物修复绿色经济的优势，也弥补了动物、微生物可能造成二次污染的缺点，提高了生物修复技术的修复效果（刘晓青 等，2018）。

植物、微生物与动物之间存在互利互惠的关系，微生物可通过分泌有机酸等物质活化或固定土壤中的重金属，改变重金属的赋存形态或价态，使其毒性降低、生物有效性增加，促进植物对重金属的吸收及转移；根际微生物可将土壤中的有机质等转化成植物可吸收利用的小分子物质,促进植物生长(Rajkumar et al.,2012)。植物体为微生物提供生长代谢所需的蛋白质、糖类等,提高了微生物的活性,同时植物对重金属的吸收去除,降低了重金属对微生物的毒性作用(Kuffner et al.,2008)。动物与微生物的联合修复,如蚯蚓和微生物联合,蚯蚓体内携带多种微生物,能提高土壤中活性微生物量,有利于重金属污染物的降解(张宝贵,1997)。动物与植物的联合修复,如植物根系的发育能够为蚯蚓创造一个良好的生长环境,并能促进蚯蚓对土壤重金属的吸收,另外,蚯蚓通过蠕动能改善土壤结构、肥力等性质,从而促进植物根系生长。

植物微生物联合修复的生物技术,通过对植物修复和微生物修复技术取长补短,能很大程度上降低重金属的危害性,提高重金属的去除率,极具发展前景。

4.3.2　矿区废水处理技术

矿山废水来自矿井天然溶滤水、矿渣渗滤液,以及开采点、选矿厂、尾矿坝、堆渣场和生活区等地排出的废水,常含有大量的有毒有害化学物质,主要以重金属和有机污染物为主。矿山废水的物质组成及含量主要与矿山的具体地理位置、矿山资源种类和开发方法紧密相关。矿山废水具有三个明显特点:①污染范围大、影响区域广;②废水排放量大,点多面广,持续时间长;③矿山废水成分复杂,浓度极不稳定。目前,矿山废水修复技术主要有预处理技术、酸碱中和技术、重金属和有机污染物等处理技术。

1. 预处理技术

矿山废水产生过程中会同时携带大量的漂浮物、大颗粒物甚至可能覆盖大面积的油膜,这些物质的存在将影响后续废水处理的效果,还会对废水处理设施和设备造成堵塞、破坏。因此,矿山废水应先进行预处理,即利用过滤、浮流、辐流、絮凝等方式对矿山废水进行初步处理,而后方可开展后续的废水处理流程。

2. 酸碱中和技术

矿山废水的 pH 值一般并非呈中性,由于大量酸性污染物、重金属污染物、有机污染物的存在,使矿山废水呈酸性的概率较大。酸碱度对后续开展的化学和生物处理技术有一定影响,通常需要进行酸碱中和处理,使矿山废水保持在中性状态,让后续废水处理效果更佳。一般而言,酸性矿山废水可通过利用 $NaOH$ 和 $Ca(OH)_2$ 混合的石灰剂来进行中和处理,而碱性矿山废水则可以采用盐酸或硫酸中和法进行处理(代枝兴,2019),但通常不推荐使用矿物质酸进行碱性废水处理,因为这会使废水中产生高浓度氯化钠或硫酸盐,而自然水体容纳有限且该中和产物还会影响后续处理设备的正常运行。

3. 有机污染物处理技术

矿山有机污染物的处理方法一般包括人工湿地处理法和生物膜法(代枝兴,2019)。其中人工湿地是一种生物处理技术,在废水处理过程中充分利用基质、水生植物和微生物之间的共同作用，通过湿地特有的过滤、沉淀、吸附、分解等一系列作用来实现对矿山废水中有机污染物的高效降解，使矿山废水实现净化；生物膜法是一种利用特殊的半透膜进行净化的技术，由生物附着于生物转盘等设备之上，形成稳定、半透性的生物膜，生物膜以分子运动压力为驱动力，使废水缓慢流经生物膜，生物膜对其中的污染物进行截留、分离。

4. 重金属处理技术

矿山废水重金属处理技术主要可归纳为：①化学沉淀法，即通过适当的化学反应，将水体溶解态的重金属转变成难溶于水或不溶于水的重金属化合物，然后通过过滤将这些化合物从水体中去除；②离子交换法，即利用离子交换剂上的交换基团，与水体重金属离子进行交换反应，将重金属离子置换到交换剂上，实现水体重金属离子的有效去除；③混凝或絮凝法，即在水体中加入合适的混凝剂或絮凝剂，使得水体胶粒物质在化学、物理作用下絮凝，形成大颗粒絮体而加速沉淀，强化固液分离；④浮选法，即先使污水中的金属离子形成氢氧化物或硫化物沉淀，然后用鼓气上浮法去除；⑤膜分离技术，即利用一种特殊的半透膜，在外界给予的压力作用和不改变溶液中溶质化学形态的前提下，在膜的两侧将溶剂和溶质进行分离或浓缩的方法；⑥电化学法，即利用电解的基本原理，使废水中的重金属离子通过电解在阴阳两极上分别发生氧化还原反应，形成富集效应，然后进行处理；⑦氧化还原法，即加入氧化剂或者还原剂将废水中的有毒物质氧化还原为低毒或者无毒的物质；⑧生物法，包括生物絮凝法、生物化学法和植物修复法；⑨吸附法，即利用各类吸附剂的物理、化学作用使重金属离子吸附在吸附剂表面，是目前酸性矿山废水处理研究的热点（党志 等，2015）。

在重金属吸附技术的研究方面，吸附剂的选择至关重要。目前已存在的低成本吸附剂，可以归纳为 5 类，分别为：①沸石类吸附剂；②黏土矿物类吸附剂；③生物类吸附剂；④甲壳素类吸附剂；⑤工业固体废弃物类吸附剂。为提高吸附剂的吸附性能，响应"以废治废"的绿色修复理念，实现经济高效的酸性矿山废水处理，基于农业废弃物吸附剂改性的研究及应用已成为近年来研究的热点。

农业废弃物主要包括秸秆、稻壳、食用菌基质、边角料、薪柴、树皮、花生壳、枝桠柴、卷皮、刨花等。这些农业废弃物的资源化利用率较低，而产量却在不断增加。目前，针对农业废弃物改性的方法包括物理改性（研磨、气爆和溶剂润胀）、化学改性（酸、碱、衍生化、接枝共聚）和生物改性（酶改性和纤维素材料用作微生物固定化载体）。而近年来，针对玉米秸秆、稻草秸秆和花生壳等吸附剂的改性研究较多。

1）改性玉米秸秆吸附剂

针对玉米秸秆吸附剂改性的技术主要有醚化改性和接枝改性。其中醚化改性是利用丙烯腈为醚化剂，先用氢氧化钠处理玉米秸秆促使醚化反应程度提高。醚化改性后的吸附机理：较大比表面积和孔隙层状结构提供了丰富的吸附位点；改性后的吸附剂上含氰基官能团，其可提供孤对电子，有利于金属离子的配位络合；此外，醚化改性后吸附剂表面带负电，可与金属阳离子之间产生静电吸附作用。而接枝改性则经历了高锰酸钾引发阶段、链增长阶段和终止阶段，得到的接枝改性吸附剂与醚化改性具有类似的重金属吸附机理，但其结构中的氰基官能团（—CN）数量要比醚化改性的高出很多，而且结构稳定性更高（党志 等，2015）。

2）改性稻草秸秆吸附剂

稻草秸秆可通过季铵化改性制备成一种成本低、性能良好的新型阴离子吸附材料，用于去除酸性矿山废水中 SO_4^{2-} 和 Cr(VI)等离子污染物。稻草秸秆的季铵化改性是分别以氢氧化钠、环氧氯丙烷（epichlorohydrin，ECH）和三甲胺（trimethylamine）作为预处理剂、醚化交联剂和季铵化反应剂，制备流程见图 4.4。季铵化改性稻草吸附剂可显著提高对 Cr(VI)的吸附量，其机理是稻草秸秆通过化学改性制成表面有季氨基的氯型吸附剂，CrO_4^{2-} 与改性稻草上的 Cl⁻ 交换从而得以去除（黄色燕 等，2013）。

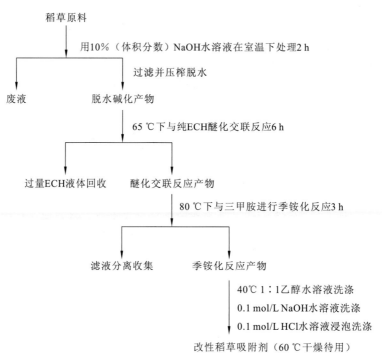

图 4.4　稻草秸秆的季铵化改性流程

3）改性花生壳吸附剂

花生是我国主要油料作物和主要经济作物之一，种植面积超过 8 000 万亩[①]。花生年总产量达 1 500 万 t，占世界花生总产量的 40%，居世界首位。花生在加工过程中产生的副产品——花生壳，作为农业废弃物，大部分被用作燃料或废渣丢弃，造成资源的极大浪费。花生壳本身具有较高孔隙度和比表面积，可通过改性制备成去除重金属离子的吸附剂。

利用高锰酸钾制得改性花生壳吸附剂，可有效提高其对水体中 Pb 和 Cd 的吸附量，

---

① 1 亩≈666.67 m²

其中 Cd^{2+} 通过外层络合、离子交换和内层络合的联合作用被吸附；Pb^{2+} 主要是与改性花生壳上的 O、N 等活性基团发生内层络合；此外，改性花生壳表面生成的 MnO_2 也对 Cd^{2+} 和 Pb^{2+} 具有吸附作用（雷娟 等，2014）。

生物改性花生壳吸附剂主要利用白腐真菌作为改性微生物，因其分泌的漆酶对花生壳中的木质素和纤维素具有较好的降解作用，可有效解决两者含量偏高的问题，从而使更多活性基团暴露，提高重金属的吸附效果。研究表明漆酶直接改性的吸附效果要比白腐真菌改性好，这是由于单一酶类在对底物作用时更为充分，而白腐真菌在改性过程中会受到生长范围不均匀等影响，且只能对粉碎后暴露出的纤维素部分进行作用，相对较难进入花生壳颗粒内部进行降解（赵雅兰 等，2014）。

4.3.3　矿区尾矿生态修复技术

矿山环境是一种重要的原生与次生环境的复合体，特别是金属矿山，它既是资源的集中地，又是天然的生态环境污染源。在我国，全国现有大大小小的尾矿库 400 多个，全部金属矿山堆存的尾矿量则达 50 亿 t 以上，且以每年 5 亿 t 的速度不断增加。目前我国铁矿山年排出尾矿量约 1.3 亿 t，有色矿山年排出尾矿量约 1.4 亿 t，金矿每年排出的尾矿量达 2 450 万 t（党志 等，2014）。此外，目前可利用的金属矿品位较低，为了满足矿产资源日益增长的需求，选矿规模越来越大，随之产生的尾矿数量也将大量增加。而大量堆存的尾矿，对自然环境构成了潜在的危害。

金属矿山尾矿的环境影响主要体现在堆存占地危害、重金属污染和酸性矿山废水危害等，其中重金属污染和酸性矿山废水尤为典型。尾矿的堆存不仅占用大量的土地资源，修建、维护和维修尾矿库的成本也相当高。此外，尾矿大量堆存存在潜在安全隐患，易引发山体滑坡、泥石流及坝体坍塌等地质灾害和环境问题。例如，2008 年 9 月山西省临汾市襄汾县新塔矿业有限公司尾矿库发生特别重大溃坝事故，泄流量约万吨，过泥面积达 30.2 万 m^2，波及下游新塔矿业有限公司矿区办公楼及一个集贸市场、部分民宅，造成建筑物毁坏和大量人员伤亡。尾矿重金属污染及其危害同样十分严重，对周围的生态环境系统会产生严重影响，威胁人类的生存和健康。日本富山县神通川河流上游的神冈矿山的开发，导致下游污染严重，当地居民因长期食用被镉污染的食物和水，患上了痛苦不堪的痛痛病，引起神经痛、骨痛，甚至导致骨骼软化、脊柱变形、骨质疏松、骨折等症状。酸性矿山废水的 pH 值非常低，且含有大量重金属离子（Zn^{2+}、Pb^{2+}、Cd^{2+}、Cu^{2+}）和高浓度硫酸盐（>1 000 mg/L），对矿区及周边地表水、地下水和土壤造成了严重的危害。因此，开展切实可行的金属矿山源头污染控制工作势在必行。目前主要的尾矿生态修复技术包括尾矿钝化技术、微生物修复和植物修复等。

1. 尾矿钝化技术

尾矿钝化技术是指在金属硫化物矿山尾矿、废石或暴露的硫化物矿石表面形成一层不溶的、惰性的膜，抑制矿物与氧化剂、酸性溶液、碱性溶液等的反应，从而降低矿物氧化及溶蚀速度，减少酸性矿山废水的产生。通过人工调控可实现从污染源头控制毒害元素的释放。目前，研究最多的表面钝化法有磷酸盐钝化法、硅酸盐钝化法、羟基铁钝化法等。

1）磷酸盐钝化法

近年来，有些研究者受金属表面磷酸盐处理技术的启发（Kargbo et al.，2004；Evangelou，2001），将该技术应用到抑制黄铁矿氧化从而控制酸性矿山废水中，实验研究已获得了令人满意的结果。此项技术是用 H_2O_2 和 KH_2PO_4 混合液淋洗黄铁矿，H_2O_2 作为氧化剂快速氧化部分黄铁矿，产生的 Fe^{3+} 与 PO_4^{3-} 于黄铁矿表面形成保护膜，其成膜示意图如图 4.5（a）所示。该项技术能有效抑制尾矿的化学氧化过程，但对生物氧化过程效果较差，而且磷酸盐的大量使用有可能带来磷的二次污染问题。

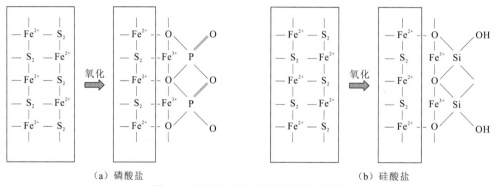

（a）磷酸盐　　　　　　　　　　　　　　　　（b）硅酸盐

图 4.5　磷酸盐和硅酸盐钝化膜示意图

2）硅酸盐钝化法

硅酸盐钝化法和磷酸盐钝化法相似，同样是先利用氧化剂 H_2O_2 快速将黄铁矿表面 Fe^{2+} 氧化成 Fe^{3+}，而产生的 Fe^{3+} 在一定 pH 条件下发生水解，从而在黄铁矿表面形成羟基铁沉淀（Evangelou，2001）。然后，钝化剂硅酸再与羟基铁中的羟基发生聚合反应生成聚硅酸铁的保护膜，主要钝化过程如图 4.5（b）所示。由于硅酸盐钝化黄铁矿使矿物表面形成了两层保护膜——羟基铁层和硅氧层，这种钝化膜具有很强的抵抗外界氧化物的能力，而且钝化效果的稳定性方面也比磷酸盐更好。

3）羟基铁钝化法

在近中性的 $NaHCO_3$ 溶液条件下，黄铁矿自发形成的 $FeO(OH)$ 膜能对硫铁矿起保护作用。随着反应进行，保护膜会增厚变密，可以有效地阻止氧化剂和硫矿物的接触，从而抑制酸性矿山废水的形成（Huminicki et al.，2009）。$FeO(OH)$ 膜的形成不需要施加过量的钝化剂，能大大降低成本，实验证明它可以长期有效地保护包裹的硫矿物，不需要持续不断地对其进行再修复工作。它的缺点在于需要在近中性的条件下才能形成保护膜，这是限制其实际应用的主要因素。

4) 油酸钠钝化法

利用油酸钠分子[CH₃(CH₂)₇CHCH(CH₂)₇COONa]可在黄铁矿的表面形成一层疏水性的保护膜以阻隔黄铁矿与外界氧化剂的接触，从而保护黄铁矿免受氧化。引起黄铁矿氧化的关键步骤为 $FeS_2(s) + H_2O + h^+ \longrightarrow S_2Fe—OH + H^+$，其中，$h^+$ 为电子受体，即环境当中的氧化剂（如 O_2、Fe^{3+} 等），在初始阶段羟基直接连接在黄铁矿的 Fe 原子上，而随着氧化的进行羟基可以转移到 S 表面而将其氧化为硫酸根（Jiang et al., 2000）。在油酸钠存在的条件下，上述反应会受到极大的抑制，因为油酸钠分子会占据黄铁矿表面的活性位点，生成 S_2FeA。这样就使上述反应中的 $S_2Fe—OH$ 难以生成，从而抑制酸性矿山废水的生成。

5) 新型钝化剂

一种良好的钝化剂应符合 5 种特性：①较好的自身稳定性和耐候性；②通过配位或其他化学反应在矿物表面形成的钝化膜能阻隔具有高能量密度的氧化剂、酸性溶液、碱性溶液与矿物的接触；③在矿物表面形成的钝化膜能牢固附着其上；④方便使用；⑤不会产生二次污染或产生的二次污染较小。

新型钝化剂三乙烯四胺（Triethylenetramine，TETA）钝化尾矿沉积物的作用机理：钝化剂先包覆在尾矿沉积物表面上形成钝化膜。过氧化氢氧化时，利用其氨基基团的还原性和自身的碱性，与过氧化氢进行氧化还原和酸碱中和反应来消耗氧化剂以减少其对风化尾矿的氧化；另外，利用其碱性中和尾矿沉积物被氧化出来和解离下来的原来附着在表面上的 H^+，同时沉淀前期被过氧化氢氧化出来的重金属离了，使其覆盖在尾矿表面形成二次膜来保护尾矿，避免其被继续氧化（Liu et al., 2013）。随后，有研究制备出三乙烯四胺二硫代氨基甲酸盐，该类改性钝化剂含有 N、S 等配位原子，可以与很多重金属形成稳定螯合物的螯合剂，其主要是以多胺或者聚乙烯亚胺为原料在碱性条件下与 CS_2 反应生成的。因为其制备相对简单，原料来源广泛，所以多用于重金属废水的处理中。尤其是以聚乙烯亚胺原料制备的高分子二硫代氨基甲酸盐在废水处理中还可以用作高分子絮凝剂。其优点在于，可以与多种重金属形成络合物且钝化膜在中低 pH 下可以较稳定存在，除此之外，它可以有效避免引入芳香基团等难降解基团而对环境造成二次污染。聚硅氧烷是一类以重复的 Si—O 键为主链，硅原子上直接连接有机基团的聚合物，其通式为[$R_nSiO_{4-n/2}$]ₘ。聚硅氧烷因主链为 Si—O 结构，具有无机物 SiO_2 的安全可靠、无毒、无污染、耐氧化、耐老化及使用寿命长等性能；又因侧链中含有机基团而具有高分子材料的柔韧性及易加工的特点。它以 Si—O—Si 为骨架，支链由极性的 Si—H 和非极性的—CH₃ 组成。在一定条件下，活性的 Si—H 将和黄铁矿表面的氧化物或羟基发生交联，使得聚硅氧烷通过 Si—O 化学键与黄铁矿表面相连，而甲基则在黄铁矿表面定向排列形成疏水层，如图 4.6 所示。此外，聚硅氧烷中 Si—O 具有高结合能和不轻易断裂的特性，因此在黄铁矿表面形成的聚硅氧烷膜是比较牢固的。

此外，以巯丙基三甲氧基硅烷（PropS—SH）为主体钝化剂，通过添加填充剂（如天然黏土海泡石）可制备出一类高效的复合钝化剂。其对黄铁矿的主要钝化机理为：

PropS—SH 先与水分子发生水解反应，形成硅醇溶液。由于硅醇表面硅羟基在酸性条件下的不稳定性，硅羟基之间容易发生脱水缩合反应，生成 Si—O—Si 键，促使硅烷分子之间相互反应形成偶联网状结构。此外，海泡石表面富含丰富的硅羟基，亦可与硅烷发生脱水缩合，并以氧桥键连接方式填充在 PropS—SH 偶联网状结构内，形成复合涂层后可与黄铁矿以 Fe—O—Si 键的方式包裹在表面形成致密的钝化膜（Gong et al.，2020）。这种复合钝化剂的钝化效果与单一的 PropS—SH 相比更优，可实现从源头抑制黄铁矿的氧化。

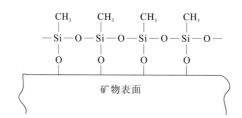

图 4.6　聚硅氧烷通过 Si—O 键与矿物表面相连

2. 微生物修复

微生物修复是利用天然微生物本身的吸附和转化等特性来降低污染物的毒性。微生物通常可通过与土壤中的重金属离子以吸收、离子交换、共价转化等方式来改变重金属的化学形态。常见的如硫酸盐还原菌，其可抑制黄铁矿中硫的氧化，从而避免尾矿中重金属的释放，同时该菌还能将尾矿废水中的硫酸盐还原再与重金属形成沉淀达到钝化重金属的目的（刘维维 等，2017）。此外，在尾矿基质中添加微生物，对尾矿环境也具有较好的改良效果。在尾矿环境中接种菌剂，可以使基质中的微生物群落多样性增加，群落结构更稳定，使根际周围的微生态环境得以改善，从而有利于植物的成活及生长。

3. 植物修复

"植物修复"一词最早在 1983 年被 Chaney 首先提出来，是指利用绿色植物和相关微生物将环境中潜在污染物的毒性作用降到最低。根据植物修复的过程、特点和机理，可分为植物提取、植物稳定、植物挥发、植物降解、根际降解和根系过滤（Ali et al.，2013）。其基本原则是在不破坏表层土壤的情况下处理受污染的尾矿，从而保持或提高尾矿的利用率和肥力。尾矿植物修复的原理是通过筛选具有较强抗性和耐性的尾矿植物，利用根系累积重金属或改变重金属形态，降低重金属向周围环境及植物地上部的转移，有效减少尾矿重金属毒性，减少对周边环境的污染程度。但因尾矿的物理、化学和生物特性限制了该技术的实际应用，如尾矿中重金属种类多，植物修复效果单一；重金属污染严重区域植物生长受限；尾矿中养分少，植物生物量低导致修复周期长；植物根系生长难以对 3 英尺①以上的深层土达到良好修复效果等。因此，尾矿植物修复技术通常需联合其他技术手段，如添加改良基质、化学诱导、基因工程及接种根际微生物等方式来强化植物修复技术的场地应用。

---

① 1 英尺≈0.3048 m

4.3.4　矿区重金属污染源头控制示范工程案例

江西省定南县东江源区的产业结构以畜牧业、果业和矿业为主，而过去的粗放式经济发展方式，造成了矿山的过度开采。简单的开采方式导致大量尾矿堆积，而尾矿中仍残留大量毒害重金属。经过长期雨水的冲刷，尾矿中的重金属会释放进入矿区的地表水体，并最终汇入东江，造成水体的重金属污染。为了保护东江源头区水质，迫切需要开发矿区污染综合控制的相关技术，从源头控制矿区尾矿库的重金属污染。因此，以保护东江源头区自然环境、满足高标准水质要求为总体目标，针对东江源区典型钨矿造成的污染问题，研究矿区重金属污染的源头控制技术，形成了东江源矿区污染综合控制的技术体系。该技术体系包括生物质吸附剂去除重金属的技术。

虽然对尾矿进行了有效的钝化处理，但是仍无法完全避免重金属元素溶出进入水体环境。因此，必须先建立一个在尾矿渗出水汇入河流之前的拦截工程，使得尾矿释放的溶解态重金属被限制在固定区域，避免其进一步扩散迁移。然后，鉴于吸附法在现有的水体重金属去除技术中具有二次污染小、处理效率高的优势，所以选定吸附法作为去除技术。同时，矿区及周边地区具有丰富的农业废弃物，如板栗壳、花生壳、玉米秸秆和杉树枝叶等，其成本低廉、生物量大、取材容易，且可以被制备成吸附能力良好的吸附剂，为示范工程的顺利进行提供原料保障。调查研究发现，花生壳产量最为可观，更容易收集处理，故选其为改性吸附剂。

结合东江源区定南县尾矿库的实际运行情况，在定南县岿美山镇某大型钨矿尾矿库出水处建立东江源矿区污染综合控制技术示范工程。示范工程运行现场如图 4.7 所示。

（a）枯水期工程运行现场　　　　　　　　　（b）丰水期工程运行现场

图 4.7　示范工程运行现场

工程设计方面，结合定南县岿美山钨矿尾矿库的运行现状及渗出水水质现状，该示范工程点需要对尾矿库进行重金属污染控制及水土流失防治，保证渗出水中典型重金属镉的去除率维持在 30%以上。由于尾矿库渗出液水量波动大，污染物浓度差异明显，丰水期河水浑浊度高，悬浮物含量高。为此，选择"过滤—吸附"的工艺流程来进行设计，其中拦截装置采用了水体重金属吸附去除技术。连续 6 个月的第三方监测数据显示：吸附拦截装置对尾矿库渗出水中重金属的去除效果较好，对镉的去除效果较稳定，去除率均在 30%以上。由于水量波动大，且受尾矿库工程建设等人为因素影响，处理效果存在一定的波动，示范工程还有许多需要完善的空间。

该示范工程采用的水体重金属去除技术，是在考虑污染治理成本的前提下，利用废弃生物质材料制备出廉价的改性生物质吸附材料，并研究了吸附动力学和热力学，探讨了可能的吸附机理。该技术的核心是利用化学方法对农业废弃物进行改性，提高其对重金属离子的吸附能力，达到低成本去除尾矿库渗出水中重金属污染的目的。基于该技术进行水体重金属的吸附去除，工艺简单、操作方便、效果稳定、易于回收及后处理，可广泛应用于尾矿库小水量高负荷渗出水的处理。同时，该技术研制的吸附材料还可用于水体重金属污染的应急处理。

4.4　边开采边修复概念与原理

4.4.1　边开采边修复理念与概念的产生

Reclamation 可以翻译为"复垦"也可以翻译为"修复"，复垦与修复内涵具有一致性（胡振琪 等，2004）。因此，本节"边开采边复垦"就是"边开采边修复"，简称"边采边复"（concurrent mining and reclamation，CMR）（胡振琪 等，2020a，2020b）。

修复与采矿同步进行，修复是采矿的一部分，这种理念早于 20 世纪 70 年代，由美国学者提出并应用于露天矿的开采过程中。1973 年，在美国内务部便组织编写了露天矿的采复一体化（边采边复）技术培训手册 *Integrated surface mining and reclamation techniques*，就露天矿开采过程中的表土剥离—采矿—回填—复垦一体化技术进行了总结，对露天矿开采设计、表土剥离尺寸、表土剥离工艺、表土剥离与回填时间及选用设备等进行了详细的介绍与规范。我国学者对露天煤矿采复一体化研究较晚，如胡振琪（1992）介绍了美国露天矿内排采矿复垦一体化的工艺及复垦效果，才庆祥等（2002a，2002b）探讨了我国露天矿剥离与土地复垦一体化技术。露天矿的复垦与采矿一体化已经得到广泛共识。

露天开采的复垦往往使用开采过程中的机械设备进行土壤剥离、回填等工作，开采过程很容易与复垦工艺衔接。但井工开采就不同，由于复垦和开采分别在两个时空位置作业，很难采复一体。井工开采导致的地表沉陷，往往是动态的、有的还多次重复沉陷，为避免复垦土地再次损毁，造成复垦资金的浪费，以往的复垦实践和研究大都是针对稳沉后的土地进行复垦治理，如 21 世纪初国家投资土地复垦项目审批时，就明确规定要在稳沉后的土地上进行复垦治理。这种土地复垦与生态修复的理念，实际是末端治理。对于高潜水位和多煤层开采区域，末端治理导致恢复耕地率低、复垦周期长、损毁土地长期荒芜、生态环境恶化，为此，国内一些矿山开始了超前、动态预复垦的实践：1992 年平顶山矿务局在东高皇乡辛北村进行了"超前复垦"，即对将要沉陷的土地开挖水渠、降低潜水位，使土地沉陷后不积水而达到复垦的目的。皖北煤电集团与中国矿业大学（北京）针对两层煤开采沉陷两次的特点，提出了"原地复垦、一次复高到位、以复代征"模式（荣获 2002 年度安徽省科技进步奖三等奖），这些都是井工矿山边采边复的雏形。李太启等（1999）通过分析皖北矿务局刘桥采动土地损毁特征，提出了适合该矿特点的动态沉陷区预复垦治理方法，得出预复垦最佳时间为 6 煤跳采后中央隔离工作面回采之前。周锦华（1999）以兖州矿区为例，探讨在综采放顶煤条件下，土地沉陷预复垦的可行性及复垦方法，提出了三种预复垦治理方法。董祥林等（2002）通过对朱仙庄矿七采区地表沉陷现状的反复研究和充分论证，提出对矿区沉陷地实施梯次动态复垦，在采场布置上采取"中间开花，上下同步"，先行治理中段沉陷区，后从深部沉陷区块段取土回填浅部沉陷块段，实行滚动治理。张友明等（2004）认为动态沉陷复垦就是在地表沉陷过程中，地面积水之前，通过地表沉陷预计和土地复垦规划设计，对即将形成的沉陷地进行一步到位的复垦治理，在分析永城集团陈集镇刘大庄沉陷区现状的基础上，提出了包括回填标高确定、取土深度确定、沟渠水系设计和动态复垦时间选择在内的沉陷区综合治理实施方案及预挖深垫浅复垦、煤矸石充填预复垦和新排矸石直接造地三种预复垦模式。韩奎峰等（2008）运用开采沉陷预计和空间数据处理技术生成描述沉陷区的一系列数字高程模型（digital elevation model，DEM），然后运用 DEM 的空间分析技术提取沉陷区在不同时间段的土地破坏类型、范围和位置数据，并根据这些数据进行动态土地复垦方案的辅助设计。汪瑞侠（2009）介绍了任楼矿采用的"原地超前复垦，一次性复高到位"的复垦模式，即在地表已经下沉，后期仍有煤层将要开采而未稳沉的条件下，先通过开采沉陷预计获得后期沉陷量，设计复垦标高，然后采用工程复垦技术，一次性复高到位，恢复到可利用状态。

在工程实践的同时，在概念及理念方面也有许多研究：赵艳玲（2005）以非稳定沉陷地为研究对象，澄清了"动态预复垦"的内涵，提出了动态预复垦的一般技术模式和技术分类体系，并就典型动态预复垦技术的工艺流程、适用条件和实施要点进行了研究，探讨了单一工作面的复垦时间选择。胡振琪等（2013a，2013b）提出了边开采边复垦（简称边采边复）的概念，探讨了边采边复的内涵与关键技术，基于实例阐述了边采边复技术的优越性，同时还分析了该技术的适用范围和推广应用前景。李树志（2009）也提出了平原矿区厚煤层开采塌陷地动态预复垦方法的操作基本流程。肖武等（2013a，2012）对边采边复的最佳复垦时机进行了研究，同时对地表动态沉陷模拟、边采边复的施工敏感区域确定、表土剥离时机计算模型构建方面也进行了初步探讨。张瑞娅（2017）研究了多煤层开采条件下边采边复技术。中国矿业大学（北京）与皖北煤电集团基于多年的动态预复垦的实践和理论探讨，荣获 2009 年度国土资源部科技进步奖二等奖——"高潜水位采煤塌陷地动态预复垦技术研究"。2009～2012 年中国矿业大学（北京）等单位承担了国土资源部公益性行业科技专项"高潜水位煤-粮复合主产区采煤塌陷地边采边复技术与示范"（200911015-03），并于 2016 年通过了中国煤炭工业协会组织的专家鉴定，认为边采边复成果达到国际先进水平。

4.4.2 边开采边修复概念

边采边复是在采矿活动进行的同时采取修复措施，是采矿与修复同步进行的思想和生产工艺，是对以往采煤后再修复的"末端治理"理念与技术的重要革新。可以说边开采边修复技术能对采矿过程中的各方面因素进行统筹规划，预先对可能出现的问题进行预防，使土地及环境受到采矿影响的程度降到最低。边开采边修复是将修复作为采矿的一部分，修复过程与采矿过程有机结合的活动。其基本特征是以"采矿与修复的充分有效结合，也即采矿修复一体化"为核心，以"边采矿，边修复"为特点，以"减轻生态损伤、提高土地恢复率、缩短修复周期、增加修复效益"为表征，并以"实现矿区土地资源的可持续利用及矿区可持续发展"为终极目标。为此，胡振琪教授 2020 年提出了"边采边复"的概念：针对煤矿开采过程中导致的生态环境损伤问题，与采矿过程紧密结合，同步采取多种措施，使生态环境损伤减轻和同步治理，即边开采边修复，使其达到可供利用并与当地生态系统协调的状态。"边采边复"概念中的"复"既包含狭隘的"复垦（复耕）"，也包含 ecological restoration 中的"修复"的概念，其核心目的是及时恢复治理损伤的生态环境，缓解煤炭资源开发利用与环境保护之间的矛盾，确保矿业活动朝着可持续、循环与绿色的方向发展。因此，"边开采边复垦（广义的复垦）""边开采边修复""边开采边治理"都是一个意思，都可简称为"边采边复"或"边采边治"。对露天矿的边采边复就是剥离—采矿—回填—修复一体化，也可称之为"采复一体化"；对井工煤矿的边采边复就是充分考虑地下开采与地面修复措施的耦合，通过合理减轻土地损毁的开采措施和沉陷前或沉陷过程中的修复时机与方案的优选，实现采矿与修复同步进行的一种矿区修复思想。

4.4.3 边开采边修复的技术原理

1. 边开采边修复基本原理

边采边复的基本原理就是采矿与修复耦合原理，是采矿过程与修复过程在时空和工艺的合理耦合。对露天矿，就是采矿过程中的剥离—采矿与修复过程的回填—植被恢复形成一体化的工艺（图 4.8）。对井工矿山需要基于地上地下的耦合关系，确定地下和地面措施的时空耦合（图 4.9）。井工矿采复耦合：一方面，基于既定的采矿计划，在土地沉陷发生之前或已发生但未稳定之前,通过选择适宜的复垦时机和科学的复垦工程技术，实现恢复土地率高、复垦成本低和复垦后经济效益、生态效益最大化；另一方面，通过优选采矿位置、采区和工作面的布设方式、开采工艺和地面复垦措施，实现土地恢复率高和地表损伤及复垦成本的最小化。

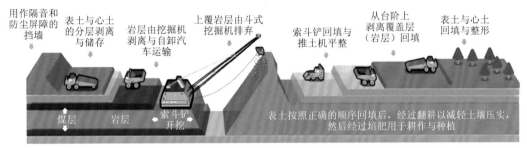

图 4.8 露天矿边开采边修复原理

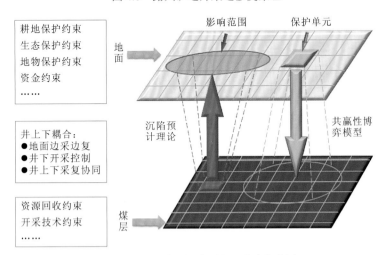

图 4.9 地下采矿与地面复垦的有机耦合

2. 露天矿边开采边修复技术原理

露天矿边采边复在实施中需要"分层剥离、交错回填",实现采复一体化工艺,其技术原理见图 4.10,可以用数学模型表述:设上覆岩土层分为 m 层,自上而下的岩土层为 L_1,L_2,$\cdots$,L_m,开采条带或块段数为 n,那么,在开切阶段,开采区域的外部将形成 m 个土堆,分别用 L'_1,L'_2,$\cdots$,L'_m 表示。其中:

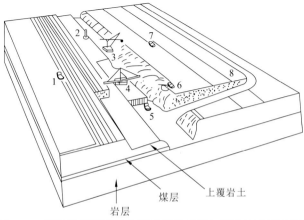

图 4.10 横跨采场倒堆工艺露天煤矿开采与复垦的工艺示意图

L'_1 为由第 1，2，…，m 条带的 L_1 土层混合而成的土堆；

L'_2 为由第 1，2，…，$m-1$ 条带的 L_2 土层混合而成的土堆；

$\vdots$

L'_{m-1} 为由第 1，2 条带的 L_{m-1} 土层混合而成的土堆；

L'_m 为由第 1 条带的 L_m 土层混合而成的土堆。

通过边采边复工艺新构造的土壤结构为

$$第 i 条带新土壤 = \sum_{j=1}^{m} (i+m-j+1) \text{条带的} L_j \text{岩土层};$$

$$第 n-(m-k) 条带新土壤 = \sum_{j=1}^{k} L'_j + \sum_{j=k+1}^{m} [n-(m-j)] \text{条带的} L_{[m-(j-(k+1))]};$$

$$第 n 条带新土壤 = \sum_{j=1}^{m} L_j$$

其中：$i=1, 2, \cdots, n-m$；$k=1, 2, \cdots, m-1$。

具体边采边复工艺如下。

（1）剥离表土：在开采第 i 条带前，用推土机超前剥离表土并推存于开采掘进的通道上；一般剥离厚度为 20～30 cm，同时也应超前剥离 2～3 个条带，即 $i+1$，$i+2$，$i+3$ 条带。

（2）在第 i 条带的下部较坚硬岩石上打眼放炮。

（3）用巨大的剥离铲剥离经步骤（2）疏松的第 i 条带的下部较坚硬岩石，并堆放在内侧的采空区上（即 $i-1$ 条带上）。

（4）用可与剥离铲在矿坑内交叉移动的大斗轮挖掘机，挖掘 $i+1$ 条带上部较松软的土层，并覆盖在 $i-1$ 条带内经步骤（3）操作而形成的新下部岩层——较硬岩层的剥离物。

（5）在剥离铲剥离上覆岩层后，i 条带的煤层被暴露出来，用采煤机械进行采煤和运煤。

（6）用推土机平整内排土场第 $i+1$ 条带的土壤与剥离物，就构成了以 $i+1$ 条带上部较疏松土层的剥离物为心土层、以 i 条带下部较硬岩层的剥离物为新下部土层的复垦土壤。

（7）用铲运机回填表土并覆盖在复垦的心土上。

（8）在复垦后的土地上种上植被（一般首先播种禾本科和豆科混合的草种）并喷洒秸秆覆盖层以利于水土保持和植被生长。

3. 井工矿边开采边修复技术原理

煤矿区生态环境"边采边复"是基于"源头和过程控制"的理念，而不是传统的"末端治理"理念。通过开采计划、修复措施与特殊地物保护需求的协同，实现矿山采-复同步进行或一体化。基本内涵为地下采矿过程与地面修复过程的有机耦合，即以精准的采矿损毁预测为基础，以复垦目标为导向，以复垦情景模拟为手段，将采矿与修复进行过程耦合、时间耦合、空间耦合和技术耦合，对边采边复的时机选择、标高设计、复垦布局进行对比分析和决策，优选出最佳的复垦方案。

井工矿边开采边修复实际上是一种基于采前分析—采矿动态沉陷预测—修复虚拟模拟的多阶段多参数驱动的修复方案优选技术，即通过开采计划、修复措施与特殊地物保护需求的协同，实现井工矿山采-复一体化，由于井下开采与地面复垦都可视为单元形式的开采和修复，提出了井下开采单元与地面复垦单元的理论，基于格网单元的井上下耦合分析原理，两者结合建立了井下开采单元与地面影响单元的时空响应机制，可解决井上下精准时空响应的难题。

依据边采边复的采复耦合原理，构建了三种情景的边采边复的技术原理：①基于地下既定开采计划的地面边开采边修复，其原理是提前"抢救"出更多的土方，以提高复垦率；②考虑地面保护的地下开采控制，其原理为通过各种地下开采的沉陷减损措施，实现保护或减轻地面损伤的目的；③井上井下耦合的采复协同修复原理，其原理为在多要素和多目标约束下的地面修复与地下开采的多维耦合，优选出最佳的采矿-修复方案。

1）基于地下开采计划的地面边开采边修复技术原理

在地下开采计划已经确定的情况下，只能通过对地面修复方式的优选来进行边开采边修复。即根据已有的矿山开采资料及地质条件，经过沉陷预计获得未来可能的沉陷情况，根据各个阶段的土地损毁情况，进行地面边开采边修复规划设计，优选最佳的地面修复时机及修复范围和标高。其实现的基础为在现有地下开采计划的前提下，精准预计地表未来下沉情况，以合适的复垦时机抢救更多的表土资源。其原理如下。

通过传统稳沉后非充填复垦和边开采边修复所恢复土地率的对比分析阐述边开采边修复的基本原理。图 4.11 为地表稳沉后采用非充填复垦时土地恢复示意图，在不考虑外来土源的情况下采用挖深垫浅等措施，可在沉陷盆地的边缘区域复垦出部分土地，即 A 区与 B 区。

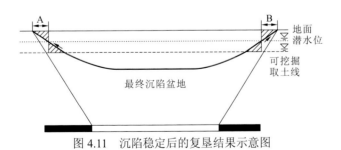

图 4.11　沉陷稳定后的复垦结果示意图

图 4.12 为边开采边修复的土地恢复示意图，其中图 4.12（a）为边开采边修复的动态过程，在土地即将沉入水中或部分沉入水中（仍存在抢救表土的可能性）时预先分层剥离部分表土与心土，交错回填至将要沉陷的区域，即图中的取土区与充填区。图 4.12（b）为边开采边修复的最终状态，通过边开采边修复可形成最终的复垦土地区 A 区、B 区、

C区。可见，边开采边修复较沉陷稳定后的复垦，可多复垦出区域 C，土地恢复率有较大提升。假设最终沉陷土地面积为 S，沉陷稳定后恢复土地面积为 S_1，采用边开采边修复恢复土地面积为 S_2，则恢复土地率用 R_1 与 R_2 表示，即

$$R_1 = S_1 / S \tag{4.1}$$

$$R_2 = S_2 / S \tag{4.2}$$

式中：$S_1 = S_A + S_B$，$S_2 = S_A + S_B + S_C$。

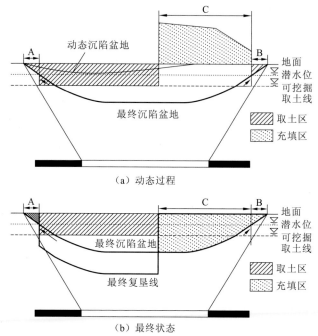

图 4.12 边开采边修复的动态过程和最终状态

2）考虑地面保护的开采控制技术原理

为保护地面建构筑物，最大限度地减少地下开采对地面的损毁，减轻地面修复工程，对地下工作面的开采进行适当的调整，以达到地面保护的效果。其实现的基础为，根据地面建（构）筑物或地表环境的临界破坏条件，将地下开采措施与岩层控制技术相结合，包括协调开采、充填开采、条带开采、离层注浆等技术，最终达到对建（构）筑物的保护和地表环境损伤的减轻（图 4.13）。例如，采用双对拉工作面开采技术，可有效保护地面建（构）筑物。通过研究单一采区不同开采顺序下地表的损毁情况及对应的修复方式，发现当采用"顺序跳采—顺序全采""顺序跳采—两端逼近全采"和"两端逼近式开采"这三种方式时，在开采前对地面进行提前统一的表土剥离及修复，可以在一定程度上延长地面土地的使用时间，最大化利用土地，降低修复施工难度和提高修复效率；通过条带开采、全部或部分井下充填开采，可以使地表不下沉或下沉较小。

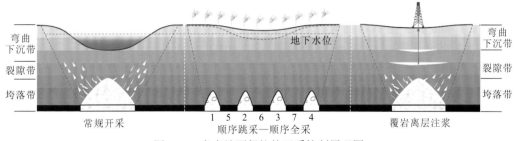

图 4.13　考虑地面保护的开采控制原理图

3）井上井下耦合的采复协同修复技术原理

建立井上井下两者之间的相互响应、相互反馈的机制，既考虑地面保护来调整地下开采，又根据地下开采计划，优选修复方案，以达到采矿—修复协同控制的目的。其实现的基础为根据地上与井下措施技术的经济核算、博弈分析进行综合决策优选最佳的修复方案（图 4.14）。

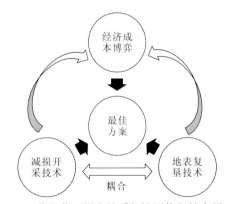

图 4.14　井上井下耦合的采复协同修复技术原理图

边采边复实际上是一种基于采前分析—采矿动态沉陷预测—复垦虚拟模拟的多阶段多参数驱动的复垦方案优选技术，其操作步骤如下。

（1）边采边复阶段的划分。根据开采计划，合理选择采矿单元及开采的时点作为沉陷预测与复垦模拟的阶段。划分的阶段可以工作面为单位，也可根据需要将工作面再细分为数个开采单元。

（2）动态沉陷预计及土地损伤诊断。根据划分的边采边复的复垦阶段，分别进行动态沉陷预测，并依据采前地形和各个阶段地表沉陷形态特征，进行土地损伤的评价与诊断，掌握土地损伤在各个阶段的基本情况，为复垦措施的选择奠定基础。

（3）各复垦阶段的复垦模拟。根据各复垦阶段的动态预测及土地损伤诊断，分别进行复垦方案的情景模拟，获得各阶段的恢复土地率、复垦成本等参数。

（4）复垦目标的确定。根据当地社会、经济、地质、采矿情况，确定土地复垦目标，既可以是恢复土地率最高的单一目标，也可以是恢复土地率、复垦成本等多个目标，需要依据当地的土地功能和利用需求进行确定。

（5）基于复垦目标与复垦模拟的边采边复方案决策. 以复垦目标为导向, 以复垦模拟为基础, 对边采边复的时机选择、标高设计、复垦布局进行对比分析和决策, 确定边采边复的具体方案.

参 考 文 献

才庆祥, 高更君, 尚涛, 2002a. 露天矿剥离与土地复垦一体化作业优化研究. 煤炭学报(3): 276-280.

才庆祥, 马从安, 韩可琦, 等, 2002b. 露天煤矿生产与生态重建一体化系统模型. 中国矿业大学学报(2): 55-58.

曹德菊, 杨训, 张千, 等, 2016. 重金属污染环境的微生物修复原理研究进展. 安全与环境学报, 16(6): 315-321.

曹心德, 魏晓欣, 代革联, 等, 2011. 土壤重金属复合污染及其化学钝化修复技术研究进展. 环境工程学报, 5(7): 1441-1453.

陈景平, 胡振琪, 刘东文, 等, 2018. 单一工作面不同煤厚开采下边采边复模拟研究. 煤炭工程, 50(8): 145-149.

程国霞, 2009. 鞍钢弓长岭铁矿土地破坏与生态恢复适宜性评价. 沈阳: 东北大学.

初征, 2018. 东鞍山铁矿生态恢复效果研究. 有色金属(矿山部分), 70(4): 58-61.

代枝兴, 2019. 关于矿山废水处理的深入研究. 环境与发展, 31(1): 36-37.

党志, 刘云, 卢桂宁, 等, 2014. 金属矿山尾矿钝化技术与原理. 北京: 科学出版社.

党志, 郑刘春, 卢桂宁, 等, 2015. 矿区污染源头控制: 矿山废水中重金属的吸附去除. 北京: 科学出版社.

邓湘伟, 戴雪灵, 黄满湘, 2008. 柏坊铜矿成矿规律及成矿模式探讨. 华南地质与矿产(4): 22-25.

邓小芳, 2015. 中国典型矿区生态修复研究综述. 林业经济(7): 14-19.

董立忠, 2017. 金属矿山尾矿资源综合利用的探讨. 城市地理(3X): 73.

董祥林, 陈银, 鲁筱莉, 等, 2002. 朱仙庄煤矿主井塔楼变形监测成果浅析. 矿山测量(2): 40-43.

杜善周, 2010. 神东矿区大规模开采的地表移动及环境修复技术研究. 北京: 中国矿业大学(北京).

杜真, 2019. 浅谈绿色矿山建设. 生态环境与保护, 2(4): 60-61.

冯幼贵, 2010. 基于GIS的矿山开采地表移动与变形预计. 济南: 山东科技大学.

高怀军, 2015. 矿业城市采矿废弃地和谐生态修复及再利用研究. 天津: 天津大学.

工业和信息化部, 2016. 有色金属工业发展规划(2016—2020年). 有色冶金节能(6): 1-10.

顾伟, 2013. 厚松散层下开采覆岩及地表移动规律研究. 徐州: 中国矿业大学.

关晓锋, 徐云富, 王朝辉, 等, 2018. 水厂铁矿绿色矿山建设实践及绿色发展规划. 现代矿业(12): 52-55.

郭伟, 2005. 地下开采对地表建筑物的动态影响研究. 阜新: 辽宁工程技术大学.

韩奎峰, 康建荣, 2008. 基于DEM空间分析的矿区塌陷地动态复垦辅助设计. 金属矿山(9): 126-129.

郝美英, 李亮, 赵冠楠, 2018. 我国黄金行业绿色矿山建设规范解读. 中国矿业, 27(8): 80-84, 87.

胡达骤, 2003. 中国黑色金属矿产资源可持续发展战略研究//中国金属协会. 2003中国钢铁年会论文集. 北京: 冶金工业出版社: 247-251.

胡红青, 黄益宗, 黄巧云, 等, 2017. 农田土壤重金属污染化学钝化修复研究进展. 植物营养与肥料学报, 23(6): 1676-1685.

胡振琪, 1992. 露天煤矿复垦土壤物理特性的空间变异. 中国矿业大学学报(4): 34-40.

胡振琪, 1996. 论露天煤矿复垦的有关问题. 煤矿环境保护(5): 11-14.

胡振琪, 1997a. 露天矿复垦土壤的研究现状. 农业环境保护(2): 90-92.

胡振琪, 1997b. 煤矿山复垦土壤剖面重构的基本原理与方法. 煤炭学报(6): 59-64.

胡振琪, 2008. 土地复垦与生态重建. 徐州: 中国矿业大学出版社.

胡振琪, 2011. 煤炭绿色开采中的土地复垦与生态修复战略与技术研究//第二届中国工程院/国家能源局 能源论坛论文集. 北京: 煤炭工业出版社: 98-103

胡振琪, 2014. 不同地形条件地下开采引起地表移动与变形的对比分析. 太原: 太原理工大学.

胡振琪, 2019. 我国土地复垦与生态修复 30 年: 回顾、反思与展望. 煤炭科学技术, 47(1): 25-35.

胡振琪, 魏忠义, 2003. 煤矿区采动与复垦土壤存在的问题与对策. 能源环境保护(3): 3-7, 10.

胡振琪, 肖武, 2013b. 矿山土地复垦的新理念与新技术: 边采边复. 煤炭科学技术, 41(9): 178-181.

胡振琪, 陈超, 2016. 风沙区井工煤炭开采对土地生态的影响及修复. 矿业科学学报, 1(2): 120-130.

胡振琪, 肖武, 2020a. 关于煤炭工业绿色发展战略的若干思考: 基于生态修复视角. 煤炭科学技术, 48(4): 35-42.

胡振琪, 赵艳玲, 程玲玲, 2004. 中国土地复垦目标与内涵扩展. 中国土地科学, 3: 3-8.

胡振琪, 肖武, 赵艳玲, 2020b. 再论煤矿区生态环境 "边采边复". 煤炭学报, 45(1): 351-359.

胡振琪, 肖武, 王培俊, 等, 2013a. 试论井工煤矿边开采边复垦技术. 煤炭学报, 38(2): 301-307.

胡振琪, 王霖琳, 许献磊, 2013c. 基于多数据源的矿区土地生态损伤信息获取方法: CN103049655A. 2013-04-17.

胡振琪, 杨秀红, 鲍艳, 等, 2005. 论矿区生态环境修复. 科技导报(1): 38-41.

黄芳芳, 2008. 广西桂平锰矿露采矿区的生态环境与治理修复研究. 南宁: 广西师范大学.

黄玉莹, 2017. 我国矿区生态环境修复法律问题的研究. 法制与经济, 9: 16-17.

黄远东, 刘泽宇, 许璇, 2015. 中国有色金属行业的环境污染及其处理技术. 中国钨业, 30(3): 67-72.

黄占斌, 李昉泽, 2017. 土壤重金属固化稳定化的环境材料研究进展. 中国材料进展, 36(11): 840-851.

黄色燕, 刘云凤, 曹威, 等, 2013. 改性稻草对 Cr(Ⅵ)的吸附动力学. 环境化学, 32(2): 240-248.

贾瑞生, 2010. 矿山开采沉陷三维建模与可视化方法研究. 青岛: 山东科技大学.

卡拉什尼科夫, 西姆金, 帕皮切夫, 1993. 露天铁矿的生态环境问题. 国外金属矿山(4): 71-76.

雷国建, 陈志良, 刘千钧, 等, 2013. 生物表面活性剂及其在重金属污染土壤淋洗中的应用. 土壤通报, 6: 1508-1511.

雷娟, 易筱筠, 杨琛, 等, 2014. 改性花生壳对 Cd(Ⅱ)和 Pb(Ⅱ)的吸附机理. 环境工程学报, 8(5): 1775-1783.

李根福, 1985. 搞好环境保护和土地资源再利用的途经: 关于湘潭锰矿土地复垦问题的建议. 环境保护 (1): 45.

李根福, 1988. 必须认真做好土地复垦工作. 技术经济(5): 5-8.

李江锋, 2007. 北京首钢铁矿生态恢复及效果评价. 北京: 北京林业大学.

李明轩, 张威, 2018. 矿山生态环境恢复治理现状和对策分析. 世界有色金属, 5: 272-274.

李培现, 2012. 深部开采地表沉陷规律及预测方法研究. 徐州: 中国矿业大学.

李树志, 周锦华, 高均海, 等, 2009. 平原矿区厚煤层开采塌陷地动态预复垦方法. CN101422094, 2009-05-06.

李太启, 戚家忠, 周锦华, 1999. 刘桥二矿动态塌陷区预复垦治理方法. 矿山测量(2): 57-58.

李威, 2014. 山区地形对开采沉陷规律的影响研究. 太原: 太原理工大学.

林杉, 位蓓蕾, 胡振琪, 等, 2013. 紫花苜蓿苗期对腐殖酸改良露天矿表土替代材料的响应. 河南农业科学, 42(8): 48-52.

刘昌华, 胡振琪, 谢宏全, 等, 2004. 扎赉诺尔露天煤矿排土场复垦与中草药基地建设初探. 中国煤炭 (7): 47-48.

刘胜军, 2018. 研山铁矿尾矿库的生态环境建设. 北方环境, 30(11): 200-201.

刘维维, 陈华君, 欧根能, 等, 2017. 微生物法处理重金属尾矿的修复机制研究. 绿色科技(24): 21-22.

刘晓青, 曹卫红, 周卫红, 等, 2018. 农田土壤重金属污染的生物修复技术研究现状、问题及展望. 天津农业科学(2): 80-85.

刘玉强, 龚羽飞, 2004. 我国主要矿产资源及矿产品供需形势分析与对策建议. 矿产与地质, 18(3): 294-296.

刘云国, 黄宝荣, 练湘津, 等, 2005. 重金属污染土壤化学萃取修复技术影响因素分析. 湖南大学学报 (自然科学版)(1): 95-98.

骆欣, 杨怡心, 敖燕环, 2019. 矿区土壤重金属污染修复技术研究进展. 华北科技学院学报, 16(1): 49-54, 62.

骆永明, 2009. 中国土壤环境污染态势及预防、控制和修复策略. 环境污染与防治, 31(12): 27-31.

苗旭锋, 2010. 典型矿冶区重金属污染土壤芦竹: 化学联合修复研究. 长沙: 中南大学.

彭秀丽, 2011. 湖南矿产开发与矿区生态环境协调发展研究. 长沙: 中南大学.

任海, 彭少麟, 2001. 恢复生态学导论. 北京: 科学出版社

任宪友, 2008. 生态恢复理论探讨. 林业调查规划(2): 118-121.

荣明明, 2015. 基于 GIS 的矿区地表变形规律与预测研究. 南昌: 江西理工大学.

荣颖, 胡振琪, 付艳华, 等, 2017. 中美草原区露天煤矿土地复垦技术对比案例研究. 中国矿业, 26(1): 55-59.

邵广凯, 2014. 东风铁矿开采对矿山水环境和生态环境的影响研究. 长春: 吉林大学.

沈佐锐, 沈文君, 王小艺, 等, 2002. 生态系统健康的理论和技术研究进展//中国生态学学会. 生态安全与生态建设: 中国科协 2002 年学术年会论文集.

石平, 2010. 辽宁省典型有色金属矿区土壤重金属污染评价及植物修复研究. 沈阳: 东北大学.

孙海运, 李新举, 胡振琪, 等, 2008. 马家塔露天矿区复垦土壤质量变化. 农业工程学报, 24(12): 205-209.

田美娟, 2006. 深海重金属抗性菌的分离、鉴定以及菌株 *Brevibacterium sanguinis* NCD-5 铬(Ⅵ)还原机制的初探. 厦门: 厦门大学.

汪瑞侠, 2009. 任楼煤矿利用煤矸石综合治理塌陷区的效益. 煤炭加工与综合利用(2): 43-44.

王建林, 刘芷宇, 1992. 水稻根际中铁的形态转化. 土壤学报, 29(4): 358-363.

王立群, 罗磊, 马义兵, 等, 2009. 重金属污染土壤原位钝化修复研究进展. 应用生态学报, 20(5): 1214-1222.

王琪, 郑军, 张立烨, 2017. 矿区水污染防治探讨. 世界有色金属(17): 292.

王新, 贾永锋, 2006. 土壤砷污染及修复技术. 环境科学与技术(2): 107-110, 121.

王运敏, 许文飞, 章林, 等, 2012 . 矿山排土场安全整治及生态修复、重建技术: CN102392455A. 2012-03-28.

王祝堂, 熊慧, 2014. 中国铝土矿资源及分布. 轻合金加工技术(8): 44.

韦朝阳, 陈同斌, 2006. 重金属污染植物修复技术的研究与应用现状. 地球科学进展(6): 833-839.

魏莉华, 宋歌, 2018. 那些值得记忆的自然资源法治事件. 中国自然资源报, 2018-09-19.

吴荣高, 刘海林, 孙国权, 等, 2017. 直排尾矿固化回填梅山铁矿地表塌陷坑试验研究. 金属矿山(10): 179-182.

夏云娇, 汪颖颖, 杨欢, 2016. 我国矿区污染地修复标准存在的问题与对策. 安全与环境工程, 23(4): 39-43.

肖淑云, 刘芳, 王利霞, 2018. 浅议铁矿矿山生态环境恢复综合治理. 科技风(3): 131.

肖武, 2012. 井工煤矿区边采边复的复垦时机优选研究. 北京: 中国矿业大学(北京).

肖武, 胡振琪, 高杨, 等, 2013a. 井工煤矿山边采边复过程中表土剥离时机计算模型构建及应用. 矿山测量(5): 84-89.

肖武, 胡振琪, 杨耀淇, 等, 2013b. 井工煤矿边采边复施工敏感区域的确定方法. 中国煤炭, 39(9): 107-111.

肖武, 邵芳, 李立平, 等, 2015. 单一采区工作面不同开采顺序地表沉陷模拟与复垦对策分析. 中国矿业, 24(4): 53-57.

肖武, 王培俊, 王新静, 等, 2014. 基于 GIS 的高潜水位煤矿区边采边复表土剥离策略. 中国矿业, 23(4): 97-100.

谢刚, 杨妮, 田林, 2018. 2017 年云南冶金年评. 云南冶金, 47(2): 39-50, 55.

徐慧婷, 张炜文, 沈旭阳, 等, 2019. 重金属污染土壤原位化学固定修复研究进展. 湖北农业科学, 58(1): 10-14.

薛生国, 吴雪娥, 黄玲, 等, 2015. 赤泥土壤化处置技术研究进展. 矿山工程, 3(2): 13-18.

杨晶媛, 和丽萍, 2014. 土壤重金属污染的修复技术研究及进展. 环境科学导刊, 33(2): 87-91.

杨勇, 2016. 我国污染场地修复技术应用现状及需求. 2016 国际棕地治理大会暨首届中国棕地污染与环境治理大会论文摘要集: 28, 115.

叶文玲, 樊霆, 鲁洪娟, 等, 2004. 蜈蚣草的植物修复作用对土壤中砷总量及形态分布的影响研究. 土壤通报, 45(4): 1003-1007.

英树威, 2011. 铁矿矿山生态环境恢复治理方案研究. 科技资讯(13): 156.

余作岳, 彭少麟. 1996. 热带亚热带退化生态系统植被恢复生态学研究. 广州: 广东科技出版社

袁冬竹, 胡振琪, 胡家梁, 等, 2018. 山东龙堌矿某单一工作面边采边复时机优选. 金属矿山(1): 187-192.

张宝贵, 1997. 蚯蚓与微生物的相互作用. 生态学报, 17(5): 556-560.

张桂琴, 2011. 浅论矿区环境"三废"污染的治理. 现代工业经济和信息化(18): 74-75.

张陆军, 2009. 我国矿区生态环境恢复的现状及对策. 科技创新导报(27): 109.

张庆, 2010. 尾矿综合利用产业技术创新战略联盟成立. 中国金属通报(12): 7.

张瑞娅, 2017. 多煤层开采条件下边采边复技术研究. 北京: 中国矿业大学(北京).

张瑞娅, 肖武, 胡振琪, 2017. 边采边复耕地区动态施工标高模型构建与实例分析. 煤炭学报, 42(8): 2125-2133.

张瑞娅, 胡振琪, 肖武, 等, 2019. 基于两端逼近算法的边采边复基塘布局确定方法. 煤炭科学技术(5): 206-213.

张小丹, 2017. 有色金属矿山资源勘查可持续发展对策. 城市地理(6): 106.

张雪萍, 2011. 生态学原理. 北京: 科学出版社

张友明, 代晓东, 2004. 动态沉陷复垦在高潜水位采煤塌陷区中的应用. 矿山测量(3): 49-51.

张玉成, 2013. 矿山建设工程设计的新理念及新思维. 低碳世界(7X): 112-113.

张越男, 2013. 大宝山尾矿库区地下水重金属污染特征及健康风险评价研究. 长沙: 湖南大学.

章家恩, 徐琪, 1999. 恢复生态学研究的一些基本问题探讨. 应用生态学报, 10(1): 109-112.

章林, 2016. 我国金属矿山露天采矿技术进展及发展趋势. 金属矿山(7): 20-25.

赵晋, 王健, 2007. 金属矿山固体废物处置与利用途径分析. 有色冶金设计与研究, 28(2): 55-57.

赵凯, 黄银燕, 王倩, 等, 2011. 三价砷氧化细菌 Acidovorax sp. GW2 中 As(III)氧化酶基因和调控序列的克隆鉴定. 华中农业大学学报, 30(1): 23-29.

赵腊平, 刘艾瑛, 2017. 现代绿色矿山亟待破解采矿用地政策难点: 神华准能集团积极探索采矿用地途径新模式. 中国矿业报, 2017-09-26.

赵雅兰, 易筱筠, 雷娟, 等, 2014. 基于镉吸附的花生壳酶改性研究. 矿物岩石地球化学通报, 33(2): 208-213.

赵艳玲, 2005. 采煤沉陷地动态预复垦研究. 北京: 中国矿业大学(北京).

赵艳玲, 胡振琪, 2008. 未稳沉采煤沉陷地超前复垦时机的计算模型. 煤炭学报, 33(2): 157-161.

周建民, 党志, 司徒粤, 等, 2004. 大宝山矿区周围土壤重金属污染分布特征研究. 农业环境科学学报, 23(6): 1172-1176.

周锦华, 1999. 综采放顶煤开采条件下预复垦技术研究//第 6 次全国土地复垦学术会议论文集: 61-63.

周启星, 魏树和, 张倩茹, 2006. 生态修复. 北京: 中国环境科学出版社.

周永章, 付善明, 张澄博, 等, 2008. 华南地区含硫化物金属矿山生态环境中的重金属元素地球化学迁移模型: 重点对粤北大宝山铁铜多金属矿山的观察. 地学前缘, 15(5): 248-255.

朱明非, 2017. 基于 GIS 的开采沉陷损害分析系统研究. 淮南: 安徽理工大学.

ADRA A, MORIN G, ONA-NGUEMA G, et al., 2013. Arsenic scavenging by aluminum-substituted ferrihydrites in acircumneutral pH river impacted by acid mine drainage. Environmental Science & Technology, 47(22): 12784-12792.

ALI H, KHAN E, SAJAD M A, 2013. Phytoremediation of heavy metals: Concepts and applications. Chemosphere, 91(7): 869-881.

ALLEN E B, 1988. The Reconstruction of Disturbed Arid Lands, an Ecological Approach. Colorado: Westview Press.

ARONSON J, FLORET C, LE FLOC'H E, et al., 1993. Restoration and rehabilitation of degraded ecosystems in arid and semi-arid lands, I. a view from the south. Restor. Ecol., 1: 8-17.

BRADSHAW A D, CHADWICK M J, 1980. The Restoration of Land, the Ecology and Reclamation of Derelic and Degraded Land. Berkeley: University of California Press.

BRADSHAW A D, 1983a. Reconstruction of ecosystems. Economics of Nature & the Environment, 20(1): 188-193.

BRADSHAW A D, 1983b. The reconstruction of ecosystems. J. Appl. Ecol., 20: 1-17.

BRADSHAW A D, 1987. Restoration: An acid test for ecology// JORDAN W R, GILPIN M E, ABER J D. Restoration Ecology: A Synthetic Approach to Ecological Research. Cambridge: Cambridge University Press: 23-29.

BRADSHAW A D, 1992. The biology of land restoration// JAIN S K, BOTSFORD L W. Applied Population Biology. Dordrecht: Kluwer Academic Publish: 25-44.

BROWN S, LUGO A E, 1994. Rehabilitation of tropical lands: A key to sustaining development. Restor. Ecol., 2: 97-111.

CAIRNS J JR., 1987. Disturbed ecosystems as opportunities for research in restoration ecology. JORDAN W R, GILPIN M E, ABER J D. Restoration ecology: A synthetic approach to ecological research. Cambridge: Cambridge University Press: 307-320.

CAMARGO F A O, OKEKE B C, BENT O, 2003. In vitro reduction of hexavalent chromium by a cell-free extract of *Bacillus* sp. Es 29 stimulated by Cu^{2+}. Applied Microbiology & Biotechnology, 62(5-6): 569-573.

CHAI L Y, HUANG S H, YANG Z H, et al., 2009. Hexavalent chromium reduction by *Pannonibacter phragmitetus* BB isolated from soils under chromium-containing slag heap. Journal of Environmental Science and Health Part A, 44 (6): 615-622.

CHANEY R L, 1983. Plant uptake of inorganic waste constituents. New York: Noyes Data: 50-76.

CHUGH Y P, 2018. Concurrent mining and reclamation for underground coal mining subsidence impacts in China. International Journal of Coal Science & Technology, 5(1): 18-35.

DOBSON A P, BRADSHAW A D, BAKER A J M, 1997. Hopes for the future: Restoration ecology and conservation biology. Science, 277: 515-522.

EHRENFELD J G, 2000. Defining the limits of restoration: The need for realistic goals. Restoration Ecology, 8(1): 2-9.

EVANGELOU V P, 2001. Pyrite microencapsulation technologies: Principles and potential field application. Ecological Engineering, 17(2-3): 165-178.

FRAYCISCO R, ALPOIM M C, MORALS P V, 2002. Diversity of chromium-resistant and-reducing bacteria in a chromium-contaminated activated sludge. Journal of Applied Microbiology, 92(5): 837-843.

GONG B, LI D, NIU Z, et al., 2020. Inhibition of pyrite oxidation using Props-SH/sepiolite composite coatings for the source control of acid mine drainage. Environmental Science and Pollution Research: 1-16.

HARPER J L, 1987. The heuristic value of ecological restoration//JORDAN W R, GILPIN M E, ABER J D. Restoration Ecology: A Synthetic Approach to Ecological Research. Cambridge: Cambridge University Press: 35-45.

HARRIS J A, BIRCH P, CRAWFORD D L, 1996. Bioremediation: Principles and Applications. Cambridge: Cambridge University Press.

HOBBS R J, NORTON D A. 1996. Towards a conceptual framework for restoration ecology. Restoration Ecology, 4(2): 93-110.

HU Z Q, XIAO W, 2014. Optimization of concurrent mining and reclamation plans for single coal seam: A case study in Northern Anhui, China. Environmental Earth Sciences, 68(5): 1247-1254.

HU Z Q, XIAO W, FU Y H, 2014. Introduction to concurrent mining and reclamation for coal mines in China. Mine Planning and Equipment Selection: 781-789.

HUMINICKI D M C, RIMSTIDT J D, 2009. Iron oxyhydroxide coating of pyrite for acid mine drainage control. Applied Geochemistry, 24(9): 1626-1634.

JACKSON L J, LOPOUKHINE N, HILLYARD D, 1995. Ecological restoration: A definition and comments. Restor. Ecol., 3: 71-75.

JIANG C L, WANG X H, PAREKH B K, 2000. Effect of sodium oleate on inhibiting pyrite oxidation. International Journal of Mineral Processing, 58(1-4): 305-318.

JORDAN W R, GILPIN M E, ABER J D, 1990. Restoration Ecology: A Synthetic Approach to Ecological Research. Cambridge: Cambridge University Press.

JORDAN W R, 1988. Restoration ecology: A synthetic approach to ecological research//CAIRN J JR, Rehabilitating Damaged Ecosystems. Boca Raton: CRC Press: 13-22.

JOSHI S, BHARUCHA C, DESAI A J, 2008. Production of biosurfactant and antifungal compound by fermented food isolate Bacillus subtilis 20B. Bioresource Technology, 99(11): 4603-4608.

KARGBO D M, ATALLAH G, CHATTERJEE S, 2004. Inhibition of pyrite oxidation by a phospholipid in the presence of silicate. Environmental Science & Technology, 38(12): 3432-3441.

KEDDY W P A, 1999. Relative abundance and evenness patterns along diversity and biomass gradients. Oikos, 87(2): 355-361.

KENT M, BRADSHAW A D, CHADWICK M J, 1980. The restoration of the land: The ecology and reclamation of derelict and degraded land. Environmental Pollution, 2(3): 322-322.

KEVIN F, PORNSAWAN V, WEERAPHAN S, et al., 2002. Arsenic species in an arsenic hyperaccumulating fern, *Pityrogrammacalomelanos*: A potential phytoremediater of arsenic contaminated soils. The Science of the Total Environment, 284: 27-35.

KRUGMAN P R, 1991. Increasing returns and economic geography. Journal of Political Economy, 99(3): 483-499.

KUFFNER M, PUSCHENREITER M, WIESHAMMER G, et al., 2008. Rhizosphere bacteria affect growth and metal uptake of heavy metal accumulating willows. Plant & Soil, 304(1/2): 35-44.

LAI T, CAPPAI G, CARUCCI A, 2016. Phytoremediation of mining areas: An overview of application in lead- and zinc-contaminated soils//Phytoremediation. New York: Springer.

LIU Y, DANG Z, YIN X, et al., 2013. Pyrite passivation by triethylenetetramine: An electrochemical study. Journal of Analytical Methods in Chemistry(5): 387124.

LOCKWOOD J L. 1997. An alternative to succession: Assembly rules offer guide to restoration efforts. Restor. Manage. Not., 15: 45-50.

MA Z M, ZHU W J, LONG H Z, et al., 2007. Chromate reduction by resting cells of *Achromobacter* sp. Ch-1 under aerobic conditions. Process Biochemistry(42): 1028-1032.

MCLEAN J S, BEVERIDGE T J, PHIPPS D, 2000. Isolation and characterization of a chromium -reducing bacterium from a chromated copper arsenate-contaminated site. Environmental Microbiology, 2(6): 611-619.

MIDDLETON B A, 1999. Wetland Restoration, Flood Pulsing, and Disturbance Dynamics. New York: John Wiley & Son.

MULLIGAN C N, YONG R N, GIBBS B F, 2001. Heavy metal removal from sediments by biosurfactants. Journal of Hazardous Materials, 85(1-2): 111-125.

NRC, 1974. Rehabilitation potential of western coal lands//U. S. National Research Council. Cambridge: Ballinger Publishing Company.

ORTIZ-SOTO R, LEAL D, GUTIERREZ C, et al., 2019. Electrokinetic remediation of manganese and zinc in copper mine tailings. Journal of Hazardous Materials, 365: 905-911.

PERFUMO A, BANAT I M, CANGANELLA F, et al., 2006. Rhamnolipid production by a novel thermophilic hydrocarbon-degrading Pseudomonas aeruginosa AP02-1. Applied Microbiology & Biotechnology, 72(1): 132-138.

PHUNG L T, TRIMBLE W L, MEYER F, et al., 2012. Draft genome sequence of *Alcaligenes faecalissub* sp. faecalis NCIB 8687 (CCUG 2071). Journal of Bacteriology, 194(18): 5153.

RAJKUMAR M, PRASAD M N V, SWAMINATHAN S, et al., 2013. Climate change driven plant-metal-microbe interactions. Environment International, 53: 74-86.

RAJKUMAR M, SANDHYA S, PRASAD M N V, et al., 2012. Perspectives of plant-associated microbes in heavy metal phytoremediation. Biotechnology Advances, 30(6): 1562-1574.

REDDY K R, CHINTHAMREDDY S, 1999. Electrokinetic remediation of heavy metal-contaminated soils under reducing environments. Waste Management, 19(4): 269-282.

SHI Y, CHAI L Y, YANG Z H, et al., 2012. Identification and hexavalent chromium reduction characteristics of *Pannonibacter phragmitetus*. Bioprocess and Biosystems Engineering, 35(5): 843-850.

VAN DER VALK A G, BREMHOLM T L, GORDON E, 1999. The restoration of sedge meadows: Seed viability, seed germination requirements, and seedling growth of Carex species. Wetlands, 19: 756-764.

VAN DIGGELEN R, GROOTJANS A P, HARRIS J A, 2001. Ecological restoration: State of the art of state of the science. Restor. Ecol., 9: 115-118.

VITI C, PACE A, GIOVANNETTI L, 2003. Characterization of Cr(VI)-resistant bacteria isolated from chromium-contaminated soil by tannery activity. Current Microbiology, 46: 1-5.

WALI M K, 1992. Ecosystem Rehabilitation, I: Policy Issues. The Netherlands: SPB Academic Publishers.

WANG P, HU X, HE Q, et al., 2018. Using calcination remediation to stabilize heavy metals and simultaneously remove polycyclic aromatic hydrocarbons in soil. International Journal of Environmental Research and Public Health, 15(8): 1731.

WANG L, JI B, HU Y, et al., 2017. A review on in situ phytoremediation of mine tailings. Chemosphere, 184: 594-600.

WEIHER E, KEDDY P, 1999. Ecological Assembly Rules: Perspectives, Advances, Retreats. Cambridge: Cambridge University Press.

WHISENANT S G, 1999. Repairing damaged wildlands, a process-orientated, landscape-scale approach. Cambridge: Cambridge University Press.

XIAO W, HU Z Q, 2014. GIS-based pre-mining land damage assessment for underground coal mines in high groundwater area. International Journal of Mining and Mineral Engineering, 5(3): 245-255.

XIAO W, HU Z Q, YOGINDER P C, et al., 2014. Dynamic subsidence simulation and topsoil removal strategy in high groundwater table and underground coal mining area: A case study in Shandong Province. International Journal of Mining, Reclamation and Environment, 28(4): 256-263.

YANG Z H, SHI W, LIANG L F, et al., 2018. Combination of bioleaching by gross bacterial biosurfactants and flocculation: A potential remediation for heavy metal contaminated soils. Chemosphere, 206: 83-91.

YANG Z H, ZHANG Z, CHAI L Y, et al., 2016. Bioleaching remediation of heavy metal-contaminated soils using *Burkholderia* sp. Z-90. Journal of Hazardous Materials, 301: 145-152.

YOUNG T P, 2000. Restoration ecology and conservation biology. Biological Conservation, 92(1): 73-83.

ZHANG S J, YANG Z H, WU B L, et al., 2014. Removal of Cd and Pb in calcareous soils by using Na_2EDTA recycling washing. CLEAN-Soil Air Water, 42(5): 641-647.

ZHANG W, TONG L, YUAN Y, et al., 2010. Influence of soil washing with a chelator on subsequent chemical immobilization of heavy metals in a contaminated soil. Journal of Hazardous Materials, 178(1): 578-587.

ZHU W J, CHAI L Y, MA Z M, et al., 2008. Anaerobic reduction of hexavalent chromium by bacterial cells of *Achromobacter* sp. Strain Ch1. Microbiological Research, 163(6): 616-623.

第5章 中国金属矿冶区生态环境修复的现状与未来

5.1 有色金属矿山生态环境修复的现状与未来

5.1.1 问题的提出

有色金属矿产资源是国民经济建设和社会发展的重要物质基础。矿产资源的大规模开发利用，一方面为国民经济建设提供了资源保障，另一方面又大大改变了矿区生态系统的物质循环和能量循环，产生了严重的生态破坏和环境污染。矿产资源是有限的，绝大多数开采后不能再生，为了合理开发矿产资源，保护生态环境，在矿山开发过程中及服务期满后应进行生态修复，将有助于保护矿山生态环境和推动矿山可持续发展。

全国有色金属储量分布既广泛又相对集中。如铝土矿主要集中于山西、贵州、河南、广西等省（自治区），占全国铝土矿储量的 91%；铜矿主要分布在江西、西藏、云南、甘肃、安徽 5 省（自治区），合计占全国铜储量的 58%；铅锌矿几乎遍及全国，但大中型矿产分布较集中，铅矿主要集中于云南、广东、内蒙古、江西、湖南、甘肃等 9 省（自治区），合计占全国铅储量的 60%，锌矿主要分布在云南、广东、内蒙古、广西、湖南、甘肃、四川、山东等省（自治区），合计占全国锌储量的 80%。矿产分布的不均匀性，导致形成整个矿产资源组合分布的区域性特征，矿产资源的开发也呈现明显的区域特征，生态环境破坏也呈现区域不同性。从矿产资源品位角度来看，我国铜矿平均品位仅为 0.87%，品位高于 1% 的铜矿储量约占铜资源的 36%，在大型铜矿中，品位高于 1% 的储量仅占铜总储量的 13.2%。铅锌矿的铅锌平均品位为 3.7%，品位高于 12% 的矿床为数不多，仅有 10 余个大型铅锌矿的铅锌品位达到 12% 以上。由于品位低，要取得 1 t 金属，将产生大量固体废物，这些废物堆存或处置将对生态环境造成一定影响。从矿产资源规模角度来看，全国有 900 多处铜矿矿产，铜储量高于 50 万 t 的大型矿床仅有 30 余个。铅锌矿有 700 多处矿床，大型矿床（铅、锌各高于 50 万 t）也只有 30 多个。铝土矿有 300 多个矿床，其中达到大型矿床规模的（高于 2 000 万 t）有 31 个，达到 1 亿 t 的矿床很少。金矿已发现矿床有 7 000 多处，经勘探达到大型金矿的（岩金高于 20 t，砂金高于 8 t）仅有 20 多个，岩金储量高于 50 t 的矿床只有 10 个，绝大多数是中小型矿床。因此，我国贫矿多富矿少、中小型矿床多、大型超大型矿床少，矿产资源开发利用处于高强度状态，由于矿山规模小，服务年限短，生态重建困难致使开采对生态环境破坏较严重，"采—选—冶"全过程为生态环境带来巨大压力（《矿产保护与利用》，2018；张小丹，2017；王祝堂 等，2014）。

总体来说，我国冶金矿产资源供给不足、环境污染严重、粗放型经济增长的模式没有发生根本转变。矿山生态修复是一项艰巨、长远的工程，由于我国起步较晚，相应的法律法规还很不健全，随着矿产资源开发利用过程中相伴的环境问题日益突出，加快制定矿山生态修复相关法律，落实生态修复工程实施已迫在眉睫。

5.1.2 有色金属矿山生态环境修复的发展历史

1. 生态修复理论研究的发展

与一般的矿山废弃地相比，有色金属矿山有一个非常明显的特征，就是重金属污染问题突出。有色金属矿山的生态修复的历史也与重金属污染息息相关，并大致可划分为4 个主要阶段。

1）第一阶段：以耐性植物修复为主的初期探索

从 20 世纪初期到中期，英国开始重金属耐性植物与有色金属矿山废弃地的生态修复探索研究。矿山生态修复起源于欧洲，一个重要的原因是英国工业革命之后，留下了大量的矿山废弃地，重金属污染问题严重。以 Bradshaw 为代表的英国学者，关注废弃地的自然演替过程，希望通过筛选重金属耐性植物来实现矿山的生态修复。有色金属矿山废弃地最典型的特征包括重金属毒性、极端酸碱性、盐害、干旱和贫瘠等。对重金属毒性较高的废弃地的生态修复，筛选和种植重金属耐性品种或生态型是一个重要手段。重金属耐性植物的主要来源就是使用业已证明、且商业化的重金属耐性植物。英国在 20世纪 50 年代就已开始，现已筛选出诸如紫羊矛（*Festuca rubra*）和细弱剪股颖（*Agrostis capillaris*）等一批 Pb、Zn 和 Cu 的耐性植物（生态型）用于矿业废弃地的植被恢复。重金属耐性植物作为一种特殊的生态型存在于正常的种群中，是在强大的选择压力下可以表现出来，因而通过广泛的重金属异常区（矿化带、矿业废弃地、其他重金属污染地）调查及一些试验工作可以找到并选育出的耐金属植物。值得一提的是，从重金属异常区选育出的耐金属生态型往往对其生长基质的其他条件如干旱、贫瘠等也具有耐性，因而耐金属植物具有广阔的应用前景。与这个技术相关的重要理念是：遵循自然演替的规律，加速自然演替的过程。这个方法的局限性也很明显：一是对于强烈酸化的废弃地无能为力；二是对生态系统功能的修复能力有限；三是修复周期较长。

2）第二阶段：结合覆土技术的生态修复理论与实践

20 世纪中期到 20 世纪末，以美国和澳大利亚为代表的发达国家进行了大量覆土植被技术的研究。极大地推进了覆土技术的全面发展。美国的矿山生态修复（或者说是矿山土地复垦）主要理念是"使之能够恢复为破坏之前的状态，要求使农田和森林恢复原状，要求控制水蚀和有毒物的沉积；保证地表不变和地下水位维持原有水平；保持表土仍在原位置；注重有害和酸性物的预防和治理；防止堆积物产生滑坡等灾害"。在这种思想的指导下，加之大量资金的投入，在 1971 年，美国的矿山土地复垦率就高达 79.5%。

澳大利亚作为矿产资源大国，相关的理论研究和工程实践也基本是跟随美国的步伐。在这一时期，表土复原技术、覆土植被技术、隔离覆土技术等生态修复技术得到了充分发展和广泛应用。这些技术对我国的矿山生态修复工作产生了重大影响，并一直持续至今。在这些工作的基础上，中国学者结合我国国情在矿区地貌重塑与土壤重构等核心技术研发方面做出了重要贡献。当然，各类覆土技术的局限性也是明显的，主要有两点：费用高、对于地形的要求高。

3）第三阶段：强调多样性的系统生态修复理论

从 20 世纪末延续至今，以微生物调控为核心的直接植被技术得到发展。直接植被技术的理念，在 20 世纪初就已经被提出了。但是，在有色金属矿山的极端酸性和重金属污染的双重胁迫下，基本上无法实现直接种植植被，所以直接植被技术在有色金属矿山废弃地上没有得到广泛应用。近 20 年，有色金属矿山的直接植被技术才得到长足发展。其中包含了多个学科理论与技术的进步：①生物多样性与生态系统功能的关系被深刻认识，生物多样性在生态修复中的作用得以广泛认同；②矿山废弃物酸化与重金属释放的生物地球化学机制得到进一步阐述，调控微生物群落以实现控制酸化和重金属污染得以实现；③生态系统的地上与地下部分的功能与相互作用机制得到进一步的明确，从土壤和植被两个层面同时考虑生态修复技术成为共识。总之，正是因为从生态系统的各层面与过程综合考虑矿山生态修复，终于可以通过微生物调控与直接植被的方式，在有色金属矿山废弃地建立自维持的生态系统，并控制酸化的发生和重金属的释放。本领域内，中国在国际上做了引领性的工作。

4）第四阶段："边开采边修复"与"地形重塑"的高标准理念

近几年，我国对矿区开采与生态修复提出了更高标准的要求。为进一步完善矿区生态环境保护工作，提出了"边开采边修复"的理念，即金属矿区露天剥离—采矿—回填—复垦修复一体化的发展理念。与此同时，金属露天矿的开采对地表自然景观的破坏也受到广泛关注，我国相关行业研究也将目光对准了"地形重塑"的高标准目标，但我国对"地表重塑"的理念研究较晚，初期主要针对采矿习惯性形成的排土场台阶型地貌进行研究，并侧重于水土保持的研究，近几年来引入了较完善的"地形重塑"系统构建理论，强调技术完整性与应用推广价值，并在部分矿区建成小型矿山公园、观景台等示范案例。

2. 生态修复技术的发展

生态修复技术的研究与发展是一个漫长的过程，我国金属矿区生态修复技术的研发工作起步较晚，萌芽于 20 世纪 50 年代，70 年代逐步转向侧重土壤修复技术的自发探索阶段，到 80 年代，随着国家法律法规的完善与重视，相关技术研究逐渐系统化。2001年我国开始实施国家投资土地开发整理项目，标志着国家开始投资土地复垦。2016 年《土壤污染防治行动计划》发布后，我国进一步加大金属矿区生态修复技术研发投入，相关技术研发取得重大突破，金属矿区生态修复技术研发驶入快车道。

1）第一阶段：自发探索与萌芽阶段

我国矿区生态修复的科研与实践萌芽于 20 世纪 50 年代，主要是个别矿山自发进行的一些小规模修复治理工作；20 世纪 60 年代，我国开始了矿山复垦实践，大多是在废石场或闭库的尾矿库进行简单的平整和覆土绿化，由于矿山废弃地受其生境恶劣、基质有毒、缺乏土壤等因素限制，其复垦率还停留在较低的水平。在此阶段，矿山生态修复技术以简单的物理修复为主，多数研究围绕客土修复技术，对于生态修复植物的种类也没有太多系统研究，多数取当地适宜的物种，对其抗性的研究也较少，主要通过填埋、刮土、覆土等措施将退化土地改造成可耕种土地，这是一种以实现矿区土地可进行农业耕种为目标的土壤修复工作。70 年代处于自发探索阶段，人们开始关注矿区土地资源的稳定利用及相关的基本环境工程的配套问题，使得土地修复更加系统化，此阶段主要研究矿业发展造成土壤退化的问题。前期的主要研究内容是土壤退化或土壤退化类型划分，同时开展了优势植被选取与种植的初步探索，开展了大量修复实践探索工作，在此期间，辽宁桓仁铜锌矿、河北唐山马各庄铁矿、广东凡口铅锌矿、江西盘古山钨矿、山西中条山铜矿等矿山都相继开展了一些废弃地植被恢复工作，并取得了一些宝贵经验。

2）第二阶段：有组织研究阶段

到了 80 年代，逐渐转变为有组织的修复治理阶段，生态恢复研究的理论与管理制度逐渐发展和形成；1986 年《中华人民共和国土地管理法》、1988 年《土地复垦规定》和 1989 年《中华人民共和国环境保护法》的颁布使矿区生态环境修复走上了法治化轨道；1989~1991 年国家土地管理部门先后在河北、山东、山西、湖北、广东、辽宁等地开展矿区土地复垦试点，到 1992 年底已复垦土地 3.3 万 hm^2。

然而，这一阶段矿区生态修复的核心技术依旧为客土覆盖、表土保护利用结合植物种植等基础修复技术，植物筛选与施肥改良技术、先锋植物根的生长模式及根系分布结构、重金属的迁移模式研究取得了一些进展。在工程应用上，针对露天采场、堆浸场、排土场、尾矿库等复垦场地的表土，通过采取表土剥离、运输、存放和利用，实现有效保持表层土壤养分和原位土壤再利用。一般情况下，采矿前先将表土移除（约 0~30 cm或 30~60 cm），堆存起来，采矿结束后回填，再结合本地特点，播种植物进行生态恢复，保证植物能够得到与周边生境相差不多的生长环境，包括水分、养分、微生物群落等。在这一阶段，也有学者研究发现，当回填表土厚度保持在 10 cm 时，生态恢复后植被盖度大约为 50%；当回填 30 cm 表土时，植物盖度可达 70%。

1994 年我国又在江苏铜山、安徽淮北、河北唐山创建了三个矿区生态修复综合示范区。各地矿山在当地土地管理部门的带领下也取得了较丰富的复垦经验并及时推广土地复垦技术，建立了许多复垦示范基地。在河北马兰庄铁矿土地复垦率已达 85%，广西平果铝矿达 73%，江西永平铜矿达 55%，陕西安康金矿达 69%，取得了较好的复垦效果。总体来说，在 20 世纪 80 年代，我国矿区土地复垦率在 2%左右，90 年代初，复垦率为 6.67%左右，到 1994 年，复垦率达 13.33%。在这一阶段，虽矿区土地复垦与生态修复技术发展较缓慢，但我国矿区生态修复工作取得很大进展，为后续的技术发展与修复治理工作奠定了坚实基础。

3）第三阶段：快速过渡阶段

2001 年开始实施国家投资土地开发整理项目，标志着国家开始投资矿区土地复垦与生态修复。21 世纪以后，随着矿山测量技术、3S 技术的发展，矿山废弃地生态恢复从一个矿山的治理研究拓宽到矿区整体生态景观格局变化研究，更强调生态恢复学理论的应用，工作重点转向以生态系统健康与环境安全为目标的生态修复。

2006 年是矿区土地复垦与生态修复事业的一个里程碑，国土资源部等部委颁发《关于加强生产建设项目土地复垦管理工作的通知》（国土资发〔2006〕225 号），标志着复垦进入开采许可、用地审批程序中，即开采和建设用地的许可审批都要编制土地复垦方案。2008～2009 年，《土地复垦条例》正式进入论证和审批程序。随着国家对耕地保护的要求越来越严格，尤其是确保 1.2 亿 hm^2 耕地的要求，矿区土地复垦与生态修复事业越来越受到国家的重视，正呈现出欣欣向荣的喜人景象。与此同时，一批新兴技术得到了更多验证机会，条带剥离-条带复垦、重金属超积累植物系统筛选与生态修复、化学改良技术、生物改良（动物-植物-微生物）技术、联合协同修复等取得重大研究进展，以矿区生态系统健康与环境安全为恢复重建目标的污染土地生态修复技术在我国逐渐受到重视。

（1）生态环境监测与诊断技术。矿山开采对生态环境的监测与诊断是对生态环境修复的前提条件和基本要求。虽然矿区生态环境的监测对象、指标复杂多样，具有综合性、动态性和隐显性共存等特征，但近几年我国在技术研究上仍取得了进展。首先出现的传统的生态环境监测手段，依赖大地水准测量、近景摄影测量及动态 GPS 测量等手段，成本较高而且工作量较大。随着我国航空航天遥感技术的快速发展，形成了矿区生态修复一体化监测体系，例如基于多数据源的矿区土地生态损伤信息获取方法等。传统矿区与生态环境的监测主要关注积水面积、露天开采挖损和压占面积等显性损毁信息，随着矿区生态环境修复综合治理的需要，对植被变化、土壤变化、河流系统变化等信息及受损边界等隐性信息的监测提出了更高的要求，例如连续归一化差分植被状态变化的方法等技术的研发；最后是对矿区生态环境的受损监测到治理一体化全程监测，例如基于 3S 技术和地统计学，整合不同阶段的多源数据，提出了测点布置、指标最小数据集确立及监测手段选择面向生态环境的跟踪监测方法，利用探地雷达等手段对生态环境质量进行无损监测。

（2）条带剥离-条带复垦技术。"剥离—采矿—复垦"一体化技术于 21 世纪初得到广泛应用与验证，山西孝义铝土矿的矿区生态修复治理就是一个典型案例。首先，采用大型铲运机"剥皮式"剥离岩石及表土，自行运输到排土场进行"铺洒式"卸载。条带参数主要由年采矿量、复垦的要求和生产剥采比等因素决定，一般条带工作面长 200 m、宽 50 m 较适宜。其次，在采矿环节，采用"松土机—前装机—汽车"采矿工艺，大型松土机沿矿体倾向平行松碎矿石并集堆，由前装机装入汽车运往配矿堆场，在此步骤中，采矿条带宽取 50～100 m 较为适宜。最后，采用条带复垦的方式进行生态修复。排土条带达到设计标高后，用大型松土机整平，进行条带复垦。其特点是竖向排土，占地面积小，复垦快；条带排土和剥离相配套，有利于将开采条带岩土按顺序合理排放在排土条带中，以保持覆盖的耕作层水分。表面覆土可选取混合表土层构建，既保留了红土保水、保肥的性能，又利用黄土的通透性，改善了土壤的板结状况。

（3）重金属超积累植物筛选与化学改良技术。把植物叶片或地上部分中含 Cd 达到 100 mg/kg，含 Co、Cu、Ni、Pb 达到 1 000 mg/kg，含 Mn、Zn 达到 10 000 mg/kg 以上的植物称为重金属超富集植物，也称超富集体或超积累植物。进入 21 世纪后，我国重金属超积累植物筛选技术发展迅速，同时，施用螯合剂、活性炭等材料促进植物富集重金属的研究也受到重视。全叶马兰、蒲公英、鬼针草、欧亚旋覆花、狼杷草、龙葵、溪口花籽油菜、朱苍花籽油菜、宝山堇菜、小白菜、蜈蚣草、山野豌豆、草木樨、披碱草、酸模、紫苜蓿、羽叶鬼针草、加杨、晚花杨、旱柳、辽杨等植物对不同种类、单一或复合污染重金属的富集作用均有详细报道，这一阶段，领域内获取了草本、木本超富集植物种类的初步筛选名单，大约筛选出 400 余种重金属超富集植物。EDTA、生物炭、矿物材料等作为改良剂对植物富集重金属的促进作用也有一些报道，植物修复技术研究的关注点从较受限、单一的植物存活、生态恢复转向改良剂强化植物富集技术，为后续联合修复技术的研发奠定初步基础。

（4）生物改良技术。生物改良技术包括动物改良、植物改良、微生物改良及联合改良。动物改良技术的应用最常见的是对蚯蚓的研究，向土壤中释放蚯蚓可以降低玉米、向日葵叶片中 Cd 的毒性和浓度，提高植物耐受性，提高植物生物量等；在植物改良方面，除上述超积累植物的筛选与应用技术研发，这一阶段国内也开展了诱导超量积累植物、植物钝化、植物挥发等技术的研发；微生物改良方面，对抗污染微生物、营养性微生物的研究进行了初步探索，包括丛枝菌根（arbuscular mycorrhizal，AM）真菌、根瘤菌、铁氧化菌等，它们具有可抗特定重金属污染、转化重金属形态、降低重金属毒性、提高污染土壤营养物质含量、促进植物生长等作用。例如，AM 真菌可以改善土壤物理性质、活化土壤中矿质养分，促进植物根系对营养元素尤其是移动性较差的 P、Cu、Zn 等矿质元素的吸收，同时可以增强宿主植物的抗病性、抗逆性（抗旱、耐盐、抗酸等），对重金属、有机污染土壤的修复均具有较大的应用潜力。

在此阶段，无土复垦模式下的微生物-植物修复技术取得诸多成果。例如，在铜陵某尾矿库对于营养物质贫瘠、产酸的尾矿库，采取接种根瘤菌促进耐性植物存活的方式进行无土复垦（图 5.1）。研究豆科牧草白三叶种子丸衣化接种根瘤菌在纯尾沙上的生长，种子丸衣化接种是用黏着剂把根瘤菌黏附在白三叶种子上，然后再包上一层磷矿粉丸衣材料，丸衣不仅对根瘤菌有良好的保护作用，有利于提高结瘤率，而且丸衣中的肥料能及时给幼苗提供营养，促进幼苗生长。由于尾沙中存在选矿化学药剂，使土壤微生物极度缺乏，试验中没有接种的白三叶出苗率几乎为零，而接种后的白三叶出苗率达到 80%左右，并且长势良好。与草本科植物混播后，增加了美观效果，改良了尾沙营养成分，是尾矿库无土复垦的有效方法。在实际应用中，结合尾矿库的道路规划和排水条件，种植的树木有红花木锦、大叶黄杨、紫荆、大叶女贞、柳树、广玉兰等近 1 500 棵，在整个赤裸的尾沙上混合种植了黑麦草、狗牙根、高羊茅、结缕草和白三叶，并对豆科植物白三叶进行了菌种接种种植，整个尾矿库植被覆盖率达到 95%以上（周连碧 等，2003）。

（a）某尾矿库1生态修复前

（b）某尾矿库1生态修复后

（c）尾矿库2生态修复前

（d）尾矿库2生态修复后

图 5.1　尾矿库生态修复的前后对比

4）第四阶段：成熟发展阶段

2010 年，国土资源部发布了《国土资源部关于贯彻落实全国矿产资源规划发展绿色矿业建设绿色矿山工作的指导意见》，随文附带了《国家级绿色矿山基本条件》，这是第一次以官方文件的形式提出建设"绿色矿山"的明确要求，也是后来绿色矿山发展的指导性文件；2013 年，环境保护部颁发了《矿山生态环境保护与恢复治理技术规范（试行）》（HJ 651—2013），规范了矿产资源开发过程中的生态环境保护与恢复治理工作，促进矿区生态环境保护，规定了矿区生态环境保护与恢复治理的指导性技术要求。在上述国家政策和法规导向下，有力推进了矿产资源开发过程中的生态环境保护与恢复治理科研、设计及工程化方向的发展。

截至 2016 年底，我国已累计投入修复资金近千亿元，累计修复土地上百公顷，资助研发、推广了近 200 项先进治理技术，生态修复工作取得显著进步（杨华明 等，2017），同时，金属矿山废弃地生态修复的技术研究有了突飞猛进的发展，主要代表研究机构有以环境污染的控制和自然生态系统修复为主要目的矿冶科技集团有限公司（原北京矿冶研究总院）、中山大学和香港浸会大学等。无土复垦和原位基质改良生态恢复等技术的研究和成功运用，为金属矿山废弃地生态恢复提供了经济、有效的解决方案，对今后金属矿山废弃地生态恢复具有一定的借鉴意义（曾宪坤 等，2018；束文圣 等，2003）。在这一阶段，技术研发不仅限于"末端治理"，机理研究、源头控制、过程阻隔取得重大进展，金属矿区废石堆场、酸性污染固废堆场、尾矿库、高陡边坡采场等具有针对性的技术逐渐成熟。

（1）有色金属矿废弃物产酸原理研究。我国在有色金属矿业废弃物酸化预测与调控技术研发方面取得了重要的进展。①矿业废弃物除现有的酸性外（可以用 pH 指标衡量），还因内部含有的大量可氧化的低价硫化物使得其具有潜在产酸的能力。此前的常规基质改良方式是只根据 pH 也就是现有酸性计算改良材料的添加量，忽略了潜在产酸，最终导致改良效果欠佳。我国学者首次确定了废弃物酸化的净产酸量(NAG)-pH 阈值（NAG-pH≥5，不产酸；NAG-pH≤2.5，中度或高度产酸；2.5<NAG-pH<5，低产酸），并发明了重金属矿业废弃物酸化的快速精准预测技术。②相比正常的化学氧化产酸过程，矿业废弃地在微生物驱动下速度快了近百万倍，这类产酸微生物主要是铁、硫氧化微生物，在矿业废弃地土壤中比例（丰度）一般都非常高（最高可达 90% 左右），因此降低产酸微生物在矿业废弃地中的比例是控制酸化和稳定重金属的根源解决方式。我国学者研究了调控产酸微生物比例相关的理化参数，并自主分离多种嗜酸硫酸盐还原菌（抑制氧化产酸过程），建立了对应的功能菌种库，通过调控关键理化参数和添加针对性的菌剂，将微生物群落应用到新的基质改良中，发明了基于微生物调控的酸化控制与重金属稳定技术。

（2）基于生物多样性的植物配置技术。植物配置技术也是有色金属矿业废弃地生态修复的核心技术问题之一。过往国内外采用覆土、隔离植被的方法沿用园林绿化、常规边坡植物配置方法，植物配置单一，采用园林苗木甚至外来速生植物品种，构建的植被系统脆弱且容易退化。近年来，基于生物多样性与废弃地原生演替的三种生态对策等原理创新，我国学者发明了基于生物多样性的植物配置技术。遵循原生演替规律，分层分阶段进行植物配置，提高生物多样性。第一阶段植物配置，模拟原生裸地开始的原生演替，构建耐性植物群落：①先锋草种、先锋固氮豆科植物先行，人工引入微生物，形成以先锋物种与苔藓等生物结皮的原生演替群落；②乡土物种与耐性植物为主的低等植物与高等植物、慢生与速生植物，循序渐进，分期配置；③高中低型植物、乔灌草植物、常绿与落叶植物，深根系与浅根系植物，满足多层次空间的生态位进行混合配置。第二阶段植物配置，通过生物多样性的补偿效应，从稳定的群落过渡到自然演替，构建不依赖于耐性植物的自然植物种群。

（3）植物-微生物联合修复技术。植物-微生物联合修复技术是一种强化植物修复技术，其借助土壤中微生物来协助植物根系对土壤中重金属进行吸收、稳定和络合螯合反应，提高植物修复土壤重金属污染的效率，包括根际真菌、根际细菌的研究。研究表明，微生物-植物的抗性机制协同作用可减缓重金属的毒害作用，微生物可直接促进植物生长、增强重金属胁迫条件下植物生物量，提高植物对重金属的富集能力，还可间接诱导植物的抗性系统降低重金属的迁移能力及毒性。例如：链霉菌与鸢尾、龙葵联合修复镉污染土壤，使鸢尾、龙葵对土壤中重金属镉的去除率明显提升；拟青霉菌、嗜麦芽窄食单胞菌可促进铅污染土壤中黑麦草、黑心菊的生长，提升其生物量和对铅的富集量，同时增加土壤中可交换态、碳酸盐结合态与铁锰氧化态 Pb 和降低残渣态的 Pb 含量；铜矿区海州香薷和鸭跖草根部促生菌使两种植物的地上部分铜积累量上升了 63%～125%，提高了植物对重金属污染土壤的修复效率。植物-微生物联合修复技术，通过强化根际微生物的功能提高植物修复的效率，不仅具有重要的理论意义，还具有广阔的应用前景。随着研究的不断深入，越来越多的高效菌种被发现，更多可协同修复的新细菌、真菌组合也不断被发掘。

（4）酸性废石堆场污染控制与生态修复技术。针对一些矿区无污染土壤取土难、成本高的问题，以矿冶科技集团有限公司等单位为代表的机构经多年探索、反复试验，研发了较成熟的无土复垦模式下的酸性废石堆场污染控制与生态修复技术。该技术通过尾矿中重金属的环境特性和基质改良研究，确定尾砂等材料可作为堆场的覆盖层材料，从而实现尾矿的资源化利用，体现"以废治废"的环保理念；基于国外成熟的多层覆盖模型理论，结合国内堆场现状，设计包括低渗透层、导水层和基质层不同结构层次的人工复合隔离层材料；通过对植物种类的调查和筛选，选取污染耐性强、抗旱性优的植物物种，并建立最佳的配置和用量，提出形成废物堆场生态修复植被构建技术；最后，在研究基础上，通过技术集成与示范，于某废石堆场建立了金属矿山堆场酸性污染综合治理示范区，取得良好的示范效果（周连碧 等，2010）（图 5.2）。

（a）某废石堆场1生态修复前

（b）某废石堆场1生态修复后

（c）某废石堆场2生态修复前

（d）某废石堆场2生态修复后

图 5.2　废石堆场生态修复的前后对比

（5）金属矿区废石堆场集成化生态修复技术。随着"边开采边修复""地形重塑""源头治理"等高标准理念的提出，具有完整性、集成性的金属矿区集成化生态修复技术研究取得重大进展。例如，有研究针对钒矿废石堆场的立地条件，确定了适合钒矿废石堆场植被生长的基材配比，结合形态特征、生物学特征、分布范围、应用领域及形态图谱，建立钒矿废石堆场生态修复工程的耐性植物物种信息名录并筛选确定了 10 种优势植物，基于物种多样性，筛选出最佳的植物配置模式，并针对重金属污染特征开发出人工复合隔离材料，结合基质配置、植物配置，形成"钒矿废石堆场植生基材防侵蚀-耐性植物修复-生态防渗关键技术"三位一体耦合的集成技术，减少雨水或其他地表径流下渗总量，以此降低淋溶导致的重金属污染物的对外迁移，该技术于湖北某钒矿废石堆场成功应用，可实现废石堆场 Pb、V、Cd、Cr、As、Hg 重金属污染排放负荷削减 80%以上，如图 5.3 所示。目前该技术已取得发明专利"一种钒矿废石堆场的生态恢复基质及其制备方法和应用（ZL201610363600.3）"，并可推广应用于类似矿区重金属污染防治的生态修复，具有良好应用前景（周连碧 等，2021）。

（a）某钒矿废石堆场生态修复前 　　　　（b）某钒矿废石堆场生态修复后

图 5.3　钒矿废石堆场修复工程

（6）金属矿区露采场高陡边坡生态修复技术。露采场污染主要通过地表径流和渗滤液向下游及周边扩散污染下游水体和土壤，且随距离的加大重金属的含量逐渐降低。依据露采场污染形成的原理，采取的技术思路为：一是通过隔离、封存等物理方法和碱性化等化学方法使其稳定和固定；二是通过减少雨水或其他地表径流下渗总量，以此降低淋溶导致的重金属污染物的对外迁移。为此，将通过密闭覆盖最大限度隔绝废石与 H_2O 接触，以及结合生态治理辅助工程，是治理污染的根本途径。阻止 H_2O 与含硫废石的接触，可以有效阻止露采场淋溶液的溶出，将"源头控制"和"末端治理"两者实现有效结合，从治本的角度解决露采场对环境的污染。基于目前已实施的生态修复工程经验，考虑气候条件、土源和后期管护等因素，本技术采用的系列专有材料，包括适用于边坡的轻型纤维材料、坡面柔性加糙材料、有机交联增黏剂、微生物菌剂、植物材料等，采用原位控酸-无土混合纤维-微生物联合生态修复技术工艺，在坡面构建土壤基材层和土壤活化与抗侵蚀层，为植物正常生长提供介质条件，同时为后期管护提供支撑（图 5.4）。

（a）某露采场高陡边坡生态修复前 　　　　　（b）某露采场高陡边坡生态修复后

图 5.4 　露采场高陡边坡生态修复

3. 矿产资源开发利用新理念

1）清洁生产

清洁生产是指不断采取改进设计、使用清洁的能源和原料、采用先进的工艺技术与设备、改善管理、综合利用等措施，从源头消减污染，提高资源利用效率，减少或者避免生产服务和产品使用过程中污染物的产生和排放，以减轻或者消除对人类健康和环境的危害。其在不同的发展阶段或者不同的国家有不同的叫法，如"废物减量化""无废工艺""污染预防"等。但其基本内涵是一致的，即对产品和产品的生产过程、产品及服务采取预防污染的策略来减少污染物的产生。

清洁生产的定义包含两个全过程控制：生产全过程和产品整个生命周期全过程。对生产过程而言，清洁生产包括节约原材料与能源，尽可能不用有毒原材料并在生产过程中减少它们的数量和毒性；对产品而言，则是从原材料获取到产品最终处置过程中，尽可能将对环境的影响减少到最低。

矿山清洁生产水平的高低主要从生产工艺与装备水平、资源能源利用水平、污染物产生及利用指标和清洁生产管理要求四方面进行考虑。

2）绿色矿山

绿色矿山是指矿产资源开发全过程，既要严格实施科学有序的开采，又要对矿区及周边环境的扰动控制在环境可控制的范围内，建立矿产资源开发利用与经济社会环境相和谐的矿山。建设绿色矿山是新形势下保证矿业可持续健康发展的必由之路，是实现科学发展、社会和谐的必然选择，是实现矿产资源利用集约化、开采方式科学化、生产工艺环保化、企业管理规范化、闭坑矿区生态化的有效途径。绿色矿山的提出，是对社会主义市场经济条件下矿业经济发展规律在认识上的重要升华，是矿产资源管理理念的一个飞跃。

我国绿色矿山建设开展以来，取得了可喜成绩。2011～2014 年，国土资源部按照"规划统筹、政府引导、企业主体、协会促进、政策配套、试点先行、整体推进"的思路，积极推进绿色矿山试点工作，分四批遴选出国家级绿色矿山试点单位共 661 家，树立了一批绿色矿山建设的典范，起到了示范引领作用。绿色开发利用、绿色和谐发展成为矿业行业的共识。先期开展试点的矿山企业积累的成功经验，不仅对其他矿山具有很好的示范和借鉴意义，也为制度的供给和标准的形成奠定了基础、做出了探索。

（1）绿色矿山的重要意义。绿色矿山是贯彻落实科学发展观，推动经济发展方式转变的必然选择：发展绿色矿业、建设绿色矿山，既是立足国内提高能源资源保障能力的现实选择，也是转变发展方式、建设"两型"社会的必然要求，对我国经济社会发展全局具有十分重要的现实意义和深远的战略意义；绿色矿山是加快转变矿业发展方式的现实途径：发展绿色矿业、建设绿色矿山，为转变单纯以消耗资源、破坏生态为代价的开发利用方式提供了现实途径；绿色矿山是落实企业责任加强行业自律，保证矿业健康发展的重要手段：建设绿色矿山，是矿山企业经营管理方式的一次变革，对于完善矿产资源管理共同责任机制，全面规范矿产资源开发秩序，加快构建保障和促进科学发展新机制具有重要意义（杜真，2019）。

（2）绿色矿山的要求。2018 年 7 月自然资源部发布《有色金属行业绿色矿山建设规范》（DZ/T 0320—2018）、《冶金行业绿色矿山建设规范》（DZ/T 0319—2018）、《黄金行业绿色矿山建设规范》（DZ/T 0314—2018）等 9 项行业标准，自 2018 年 10 月 1 日起实施。这是目前全球发布的第一个国家级绿色矿山建设行业标准，标志着我国的绿色矿山建设进入了"有法可依"的新阶段，将对我国矿业行业的绿色发展起到有力的支撑和保障作用。绿色矿山建设规范主要从矿区环境、资源开发方式、资源综合利用、节能减排、科技创新与数字化矿山、企业管理与企业形象六方面，根据各个行业的特点做出相应要求（郝美英 等，2018）。

3）矿山循环经济

（1）我国矿业循环经济发展的重要性。我国在加速工业化、城镇化、市场化、国际化发展过程当中，资源约束趋紧，矿产资源供需矛盾日益突出，大宗、战略性矿产资源铁、锰、铬、钒、铜、铅、锌、铝、钾、镉等严重短缺，对外依存度很高。我国资源禀赋先天不足，石油、天然气、铁矿石、煤炭等战略性资源人均占有量只有世界平均水平的 7%、17%、28%、67%。其中，金属矿产资源禀赋复杂，埋藏深、品位低，开发利用难度大。

矿产资源的开发导致的环境污染严重，生态系统退化。大量固体废物排放与堆存占用了大量宝贵的土地资源，并对空气、地表水和地下水产生二次污染，矿业固体废物污染生活用水的事件已屡见不鲜。因此，以循环经济为理念，最大限度地提高资源利用效率，推进矿业在生产、流通、消费各环节循环经济发展，是解决资源紧缺、能源紧张、污染加剧等问题的重要手段，也是实现矿业可持续发展的必然选择。

（2）循环经济原则。循环经济模式是以可持续循环发展理论为基础，由传统的"开环式线性模式"转变为"资源—产品—废弃物—资源再生"的反馈式、闭环式循环过程，循环经济主要有三大原则，即"减量化、再利用、资源化"原则，每一原则对循环经济的成功实施都是必不可少的。

减量化（reduce）原则，要求用较少的原料和能源投入来达到既定的生产目的或消费目的，进而从经济活动的源头注意节约资源和减少污染。再利用（reuse）原则，要求制造产品和包装容器能够以初始的形式被反复使用。再循环（recycle）原则，要求生产出来的物品在完成其使用功能后能重新变成可以利用的资源，而不是不可恢复的垃圾。

（3）矿山循环经济模式。我国各类矿山在开发过程中应建立矿山内部循环、选矿内部循环和矿山与选矿循环，最大限度地利用矿业开发中产生的废石、地热、尾矿、伴生资源、水资源等，降低生产能耗，提高采矿、选矿和资源回收率，使矿业企业内部资源利用最大化、环境污染最小化，推进矿业可持续发展（张玉成，2013；刘玉强 等，2004）。

5.1.3　有色金属矿山生态环境修复的研究进展

1. 重金属矿业废弃物酸化与重金属环境行为的生物地球化学模型

20 世纪 90 年代中期以前，矿山酸性环境微生物多样性的研究主要依赖于传统的培养方法。由于较容易从这些酸性环境中分离，氧化亚铁嗜酸硫杆菌（*Acidithiobacillus ferrooxidans*）成为研究微生物催化硫化物矿物氧化和酸性矿山废水生成过程的主要模式生物，并由此建立了关于其能量获得特性及其对黄铁矿溶解过程的贡献等多种重要模型。然而，后来利用 16S rRNA 方法的研究陆续发现，已培养的嗜酸微生物，包括一直被认为对酸性矿山废水产生具有重要贡献的氧化亚铁嗜酸硫杆菌和氧化亚铁钩端螺旋菌（*Leptospirillum ferrooxidans*），并不一定在原地的硫化物矿物氧化/酸化过程中扮演主要角色；相反，各种极端酸性环境中存在众多新的微生物类群，当中的一些优势种群极有可能对金属硫化物氧化溶解和酸性矿山废水生成起重要作用。

为深入了解催化矿业废弃物氧化/酸化的关键微生物类群及其生态，系统研究了广东凡口铅锌矿的极端酸性尾矿微生物种群的季节变化（冬季、春季、夏季）及其在平面和剖面酸化梯度（pH=2、pH=5、pH=7）上的空间分布，结合同类型的连平铅锌尾矿，深入揭示了尾矿酸化微生物的群落结构及其动态。16S rRNA 基因 T-RFLP（terminal-restriction fragment length polymorphism，末端限制性片段长度多态性）和克隆文库分析发现，酸化尾矿微生物群落组成与酸性矿山废水显著不同，酸性矿山废水群落以细菌域占绝对优势（相对丰度约为 81%，其中绝大部分是氧化亚铁嗜酸硫杆菌），而酸化尾矿群落则由古菌域成员主导（相对丰度在夏季、冬季和春季分别是 51%、64% 和 53%），并且绝大部分属于铁原体属（*Ferroplasma*）。尾矿酸化系列（平面和剖面酸化梯度）的比较分析发现，古菌相对丰度与 pH 值呈负相关：未酸化尾矿中几乎没有古菌，中间酸化梯度含有少量古菌（约占 3%），已酸化尾矿中古菌占优势（51%）。值得注意的是，古菌在氧化中的相对丰度高达 43%，与其高重金属含量（远高于酸化层）显著相关。总的来说，酸化尾矿环境中的微生物主要来自古菌，氧化亚铁嗜酸硫杆菌和钩端螺旋菌属三个类群（三者相对丰度之和超过 70%），而在未酸化尾矿环境中则含有多种不同类群的微生物（特别是各种变形细菌），而上述三个类群总共只占 3% 左右。总之，基于凡口铅锌尾矿时空系列的深入研究，揭示了尾矿微生物和酸性矿山废水在群落结构上有着极大不同，且酸化早期和晚期阶段的优势微生物类群分别属于细菌与古菌，嗜酸铁原体属古菌可能是尾矿酸化后期阶段起主导作用的关键催化微生物，这是对酸性矿山废水形成机制的一个新认识。

　　为了进一步了解尾矿酸化过程中微生物群落的结构与功能演变，在凡口铅锌矿系统采集了 6 个不同系列的尾矿样品，分别是未酸化尾矿（T1）、轻度酸性尾矿（T2）、极端酸性尾矿（T3～T5）及已氧化尾矿（T6）。地球化学参数分析显示这 6 个系列的样品（从 T1 到 T6）基本上代表着整个尾矿酸化过程的渐进阶段。16S rRNA 高通量测序揭示这些尾矿系列之间显著不同的群落组成：T1～T3 以变形细菌占主导（相对丰度 56%～93%），而 T4～T6 则以铁原体属古菌序列占优势（相对丰度 28%～58%）。这些结果与之前基于 16S rRNA 基因 T-RFLP 和克隆文库方法的研究吻合。微生物群落的比较宏基因组分析显示，T2 群落中编码微生物 C、N 固定和硫氧化关键酶的基因分别主要来自 *Thiobacillus* 和 *Acidithiobacillus*，*Methylococcus capsulatus*，以及 *Thiobacillus denitrificans*；而在 T6 群落中这些基因则分别来自 *Acidithiobacillus* 和 *Leptospirillum*，*Acidithiobacillus* 和 *Leptospirillum*，以及 *Acidithiobacillus*。有意思的是，T2 和 T6 微生物群落分别拥有更多的与硫氧化/重金属去毒及低 pH 耐性相关的代谢潜能编码基因，暗示尾矿酸化早期和晚期不同的环境胁迫和群落适应机制。

　　野外堆存尾矿的酸化容易受到各种因素的干扰和影响，是一个非常复杂的过程。为验证以上系列野外调查研究获得的结果，建立以黄铁矿石为主要材料的室内模拟酸化系统，在自然状况下模拟黄铁矿氧化溶解的过程。对时间序列样品进行全面的理化参数、矿物学特征、重金属形态与分布及微生物群落动态分析发现，室内模拟系统的地球化学和微生物群落呈现阶段性的演替模式（分 pH 值>5.0，5.0>pH 值>3.0 和 pH 值<3.0 三个酸化阶段），这与之前开展的系列野外观测研究的结果非常吻合。在此基础上，建立一个完整的硫化物矿物自然氧化的生物地球化学模型（图 5.5）：整个生物地球化学过程通过中性 pH 值条件下 Fe^{2+} 的释放而启动，并很快被氧气氧化成 Fe^{3+}。接着，Fe^{3+} 通过与矿物表面直接反应从而氧化黄铁矿和其他硫化物矿物。铁氧化微生物通过不断再生 Fe^{3+} 从而极大地加快黄铁矿氧化的速率。值得注意的是，在 pH 值>3.5 的条件下，Fe^{3+} 在水中不可溶从而以氢氧化物的形式生成沉淀。这一过程释放 H^+ 并降低溶液 pH 值，从而通过提高液相中 Fe^{3+} 的浓度而重启硫化物矿物的氧化。另一方面，包括 *Acidiphilium cryptum*，*Ferribacterium* sp.和 *Bacillus* sp.等在内的一些微生物可以将 Fe^{3+} 还原成 Fe^{2+}；然而，这些微生物的相对丰度会随着硫化物矿物氧化的进程而逐渐下降。一般认为，酸不可溶（如 FeS_2）和酸可溶（如 FeS）硫化物矿物分别通过"硫代硫酸盐途径"和"多硫途径"而被氧化。在硫代硫酸盐途径中，最重要的中间产物是 $S_2O_3^{2-}$，它们被硫氧化微生物（如 *Acidithiobacillus thiooxidans*，*A. caldus* 和 *A. ferrooxidans* 等）用作能量来源并生成 SO_4^{2-}；在多硫途径中最重要的中间产物是 Sn^{2-}，它们要么被 Fe^{3+} 化学氧化，要么被硫氧化微生物氧化为元素硫环（主要是 S_8）。S_8 只能被硫氧化微生物（如 *A. ferrooxidans*，*A. thiooxidans* 和 *A. caldus*）氧化生成 SO_4^{2-}。两种途径的共同之处是它们都重新生成 Fe^{2+}，然后 Fe^{2+} 又将被铁氧化微生物（*Ferroplasma acidiphilum*，*Leptospirillum ferriphilum*，*L. ferrooxidans* 和 *L. ferrodiazotrophum* 等）氧化成 Fe^{3+}。随着金属硫化物氧化的进行，pH 值将显著下降，然后释放二价阳离子、SO_4^{2-} 和质子。在 pH 值较低（<3）的氧化条件下，Fe^{3+} 很容易被水解生成次生矿物，如水铁矿、针铁矿、施氏矿物、黄钾铁矾、镁叶绿矾

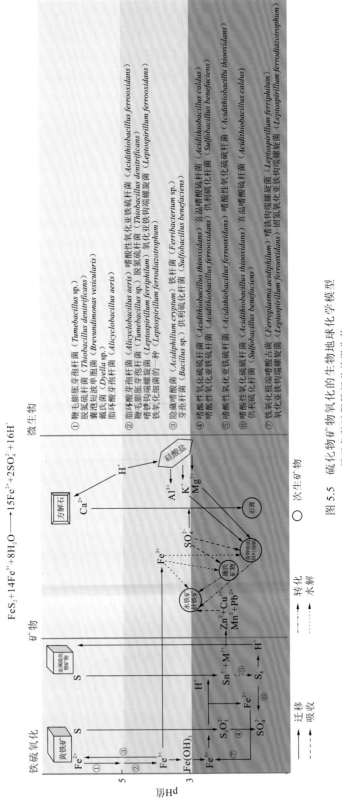

图 5.5　硫化物矿物氧化的生物地球化学模型
显示各种化过程最相关的微生物

及其他 Fe(III)氢氧化物。酸性条件也会促进硅酸盐的溶解，从而释放生成黄钾铁矾和镁叶绿矾所需的 K^+ 和 Mg^{2+}。此外，硫化物矿物氧化产生的 Zn^{2+}、Cu^{2+}、Mn^{2+} 和 Pb^{2+} 也可以通过吸附作用形成次生矿物。与金属硫化物伴生的碳酸盐矿物（如方解石）也会被 H^+ 溶解，因此，随着氧化的进行，方解石的相对含量会逐渐下降，而所释放的 Ca^{2+} 将与 SO_4^{2-} 结合生成石膏。

2. 生物多样性在重金属矿业废弃地生态恢复中作用与机制

过去 20 年，生物多样性与生态系统功能关系的研究一直是国际生态环境领域的热点。一般认为：生物多样性可以提高生态系统的稳定性与服务功能。然而，在污染生态系统中，生物多样性与生态系统功能的关系、生物多样性在环境污染生物修复中的作用却鲜有研究。为此，利用微宇宙实验，研究 Cd 污染胁迫条件下藻类的生物多样性与生态系统功能的关系。研究结果表明，生物多样性与生态系统功能的关系受环境因素的深刻影响，在环境没有受到污染的情况下，多样性对生态系统的功能没有显著的贡献，但在 Cd 污染胁迫条件下，生物多样性能显著提高生态系统的生产力和稳定性。利用该系统进而研究生物多样性对污染修复效率的影响，发现生物多样性可显著提高生态系统对 Cd 污染的修复效果，其机制在于 Cd 污染耐性种在胁迫情况下对敏感种的有益效应，从而提高系统的生物量、稳定性与污染修复能力。上述发现提示了一种全新的污染生态系统恢复策略，即构建不仅包含耐性种而且包含敏感种的具有高生物多样性的群落。这种基于多样性的生物修复策略比目前广泛应用的基于单纯耐性种的策略有着更高的稳定性和修复效率。

为了验证微宇宙实验的结果，还开展了野外田间试验，在湖南花垣某铅锌尾矿库上建立具有物种多样性梯度（1 种、4 种、8 种和 16 种）的植被（图 5.6），分析物种多样性对植物群落、重金属迁移和营养元素积累的影响及其生态效应。研究结果表明：植物物种多样性提高了尾矿新建植物群落的盖度、生产力及稳定性，促进了尾矿土壤营养元素的累积，减少了尾矿重金属有效态含量及重金属在尾矿土壤-植物系统中的迁移和累积（图 5.7），说明植物物种多样性对尾矿生态恢复有促进作用。进一步分析揭示主要作用机制在于植物多样性促进了植物-土壤反馈。①随着植物多样性的提高，试验小区土壤病原真菌的相对丰度呈现显著下降的趋势。而这种下降的趋势很可能是由几丁质分解细菌驱动的，因为这些具有抑制病原真菌能力的细菌在生物多样性高的试

(a) 2014年8月　　　　　　　　　　　　(b) 2015年8月

（c）2016年8月　　　　　　　　　（d）2017年8月

图 5.6　2014～2018 年在湖南花垣某铅锌尾矿库开展的长期田间试验

验小区土壤中具有更高的相对丰度。②随着植物多样性的提高，试验小区土壤总有机碳的含量呈现显著升高的趋势。而这种趋势很可能是由纤维素降解细菌驱动的，因为这些能分解植物掉落物中纤维素的细菌在生物多样性高的试验小区土壤中具有更高的相对丰度。这些发现拓展了学界对生物多样性提高退化生态系统修复效率及其相关作用机制的认识。

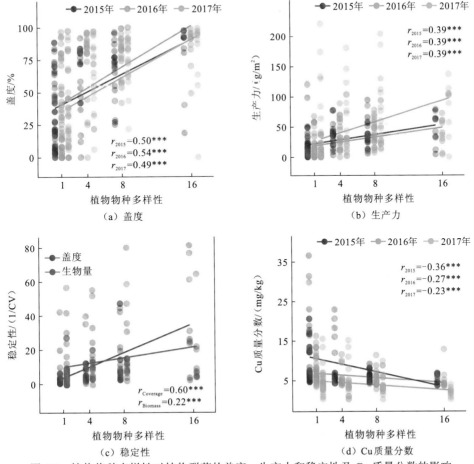

图 5.7　植物物种多样性对植物群落的盖度、生产力和稳定性及 Cu 质量分数的影响

3. 重金属矿业废弃地的原生演替

原生演替是生态学的核心理论问题之一，同时对指导退化生态系统的生态恢复也有着重要的意义。生态学家对不同生境的原生演替进行了广泛研究，但是关于重金属矿业废弃地演替过程的研究相对较少。尾矿是一种重金属含量非常高、养分极度匮乏、容易酸化和严重沙化的极端裸地。在自然恢复过程中，尾矿由极端裸地发展到拥有类似于草地生态系统演替早期的植物群落。因此，对于研究生态系统原生演替过程中的植物、土壤演化机制，尾矿生态系统是非常理想的一个模式系统。

系统研究广东凡口铅锌矿、广东乐昌铅锌矿、湖南水口山铅锌矿、湖南桃林铅锌矿和湖南黄沙坪铅锌矿等矿区尾矿的原生植被群落，共鉴定出 54 个物种，分属 51 属、24 科，其中有 13 种属于禾本科，发现重金属毒性、极端贫瘠和持续酸化是影响植物在废弃地定居的主要因素，重金属尾矿废弃地的植被自然定居极为缓慢，自然定居的植物与其种子的传播能力、生活型有关，禾本科植物在自然定居的初期占绝对优势则与该类植物易于形成耐性生态型有关（图 5.8），它们很可能在尾矿自然的植被恢复中发挥着重要的作用。根据这些植物的形态、生理和生活史等特性，提出了尾矿自然定居植物的三种生态对策，即微生境（逃避）对策[microsite（avoidance）strategy]、忍耐对策（tolerance strategy）和根茎对策（rhizome strategy）。它们分别是指：植物通过扩散作用进入尾矿中相对"温和"的微生境而得以存活，植物通过进化形成耐受尾矿中各种恶劣条件的生理和生化机制而得以存活，植物通过地下茎的伸长产生具有潜在独立生存能力个体的方式（无性繁殖）而得以存活。

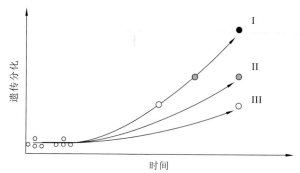

图 5.8　不同类型植物形成重金属耐性生态型快慢程度示意图

Ⅰ 表示禾本科植物；Ⅱ 表示非禾本科草本植物；Ⅲ 表示木本植物

5.1.4　展望

金属矿山生态修复不是单一的污染修复问题，系统化的生态修复要考虑污染特征、地域特性、修复效率、经济效益、长期效应等复杂的全过程环节，同时还要匹配社会发展与生态系统的相互联系与依赖，基于以上金属矿区生态修复研究与实践现状，对金属矿区生态修复的发展方向提出以下几点展望。

（1）建立金属矿区生态修复评估体系与标准。金属矿区污染条件复杂，且受区域地理位置影响，因此各金属矿区面临的生态修复问题不同，生态修复技术往往具有针对性，需因地制宜，这导致该领域评估手段与方法很难形成体系，缺乏具有全面覆盖性、系统化的金属矿区生态修复的评估体系与标准。需以对全国范围内的金属矿区生态环境现状调研、修复效果统计工作为基础，同时对生态修复技术发展现状、应用情况进行系统统计，基于治理区域气候、地质地貌类型及污染物类型特征，查找、列出金属矿山生态修复评估因子，进而建立金属矿区生态修复评估体系与标准。

（2）创建金属矿山生态修复长效监管系统。人工生态修复与污染阻隔只是金属矿山生态修复的开端，长效性的考察与监管更加重要。探索金属矿区人工生态修复与自然生态演替的衔接演化关系是一项复杂的、漫长的工作，因此建立一套金属矿山生态修复长效监管系统尤为重要。目前，在这方面的研究尚未见系统报道，在未来的金属矿山生态修复体系中，长效监管系统的建立与运行将成为一个重要环节。

（3）实现"立足用地模式"下的边开采、边修复。"边开采边修复"的模式已实行一段时间并取得较好修复效果，但针对大规模矿山来说，常规的分块治理修复方案可能无法满足区域经济发展后续需要，无法更好地支撑土地利用和地区经济建设。因此，在开采初期便需要考虑开采后废弃矿区的用地模式，实现"立足用地模式"下的边开采、边修复。这需要遵循生态效益、经济效益、社会效益相统一的原则，在综合分析区域土壤、气候、地貌、生物等多种自然因素和社会经济发展水平等社会因素的基础上，评估废弃矿山土地自然、经济属性，为其量身制订发展思路，即农用地、建设用地、生态景观用地、自然景观用地分别对应不同的开采治理方案，在进行金属矿山生态修复的同时实现金属矿山废弃地的价值最大化。

（4）构建金属矿山生态修复的技术体系。目前，对金属矿山生态修复的研究较多，集中在土壤改良、植物修复、微生物修复、联合修复等的研究，也形成了一些针对性、集成性较强的技术。然而，对于金属矿山生态修复的技术体系研究仍不完善，此项研究需要跨行业、跨单位联合开展，是一项庞大的工作。修复体系的研究与建立，一方面要基于大量的技术资料搜集，需要大量的分项试验配合及中试验证，另一方面需要每一项工艺环节提供具体参数，并能够在适宜的场地条件下进行工程示范验证。因此，金属矿山生态修复技术体系的建立是一项烦琐的工作，也是一项具有技术发展标志性的工作，具有深刻的研究与现实意义。

5.2　有色金属矿冶污染场地生态环境修复的现状与未来

5.2.1　问题的提出

有色金属工业是我国国民经济重要基础原材料产业，产品种类多、应用领域广，与国民经济的产业关联度高达 90% 以上，是支撑国民经济翻两番的重要物质基础，也是支撑国防现代化的基础材料，更是支撑国家重大战略工程的关键材料（工业和信息化部，2016），对我国经济发展和综合国力提升具有不可替代的重大支撑作用。从 2002 年至今，我国有 10 种有色金属产量连续居世界第一，已成为全球最大的有色金属生产国、消费国。2020 年，全国 10 种有色金属产量首次突破 6 000 万 t，达 6 168.0 万 t，同比增长 5.5%。其中，精炼铜产量 1 002.5 万 t，同比增长 7.4%；原铝产量 3 708.0 万 t，同比增长 4.9%。6 种精矿金属产量 603.2 万 t，同比增长 1.6%。但与世界强国相比，在技术创新、产业结构、质量效益、绿色发展、资源保障等方面仍有一定差距。

有色金属行业庞杂、工艺繁杂且流程长、污染负荷大。近些年来，有色金属单位产品污染物排放量呈现下降趋势，但重有色金属产量增长较快，污染物排放总量依然较大。据统计，2015 年我国有色金属行业废水排放量 7.76 亿 t（约占全国工业废水排放总量的 4.27%，但重金属行业废水排放量占比达 80%），一般固体废物 5.17 亿 t（约占全国工业一般固废产生量的 16.62%）、危险废物 857 万 t（占比 21.6%）。随着国家"退二进三""退城进园"和"产业转移"等政策的实施，一些大中城市存在大批有色金属冶炼企业关闭和搬迁问题（如株洲冶炼集团股份有限公司），同时部分采选冶企业受资源枯竭、工艺技术相对落后、生态环境容量饱和等因素约束，已经、正在或即将退役、转型（如湖南水口山集团原铅锌矿、柏坊铜矿），导致我国有色金属矿冶场地数量多、面积大。以铅锌冶炼场地为例，近十年，关停规模以上企业 353 家，大小矿冶场地数千块，总面积超 4 万 hm²；此外有色矿冶场地污染重，风险高：镉、铅、砷质量分数可高达 2 402 mg/kg、147 700 mg/kg、20 400 mg/kg，超标数百倍，污染土层深度可达数米至数十米，导致周边水土持续"中毒"，污染呈流域化、区域化。如株洲镉污染超标 5 倍的土地面积达 160 km² 以上，重度污染面积达 34.41 km²。广西刁江沿岸土地、农田受上游锑矿开采的影响，存在严重的砷、铅、镉、锌复合污染。有色金属矿冶场地成为一些流域和区域的重大污染风险源，严重危及居民健康与生态环境安全。

有色金属矿冶场地具有几个污染特征。①多层污染因素叠加：包括冶炼烟气沉降、地表径流、废渣淋溶、废水跑冒滴漏等；②多种金属共存、形态复杂：场地土壤中存在铅、镉、砷、汞等复合污染，以及包裹态、结合态、裸露硫化态等多种形态；③污染空间变异大：矿区酸化及重金属污染差异大、土壤贫瘠、地形地貌复杂，由此导致有色金属生产场地污染治理难度大。

5.2.2 有色金属矿冶污染场地生态环境修复的发展历史

20 世纪 70 年代，欧美、日本等发达国家或地区普遍处于工业高速发展阶段，场地土壤污染问题随之而来，引发各国政府重视，并制定土壤污染治理法律法规。"拉夫河污染事件"使得美国政府开始认识到土壤污染的巨大危害，开始开展污染场地治理，于 1980 年专门制定了《超级基金法》，提出了"棕地"（即被污染的老工业用地）的概念。随后，加拿大、荷兰、日本等发达国家都针对因工业化造成棕地污染问题，制定并颁布了土壤污染相关法律法规。经过 40 多年的发展，工业场地污染环境修复大致可分为三个阶段：污染物总量削减阶段（1980～1990 年）、基于风险管控与污染物总量削减相结合阶段（1991～2004 年）及可持续性修复阶段（2005 年至今）。其中基于风险的管理和可持续管理以风险评价及管控为核心。

（1）污染物总量削减阶段（1980～1990 年）。美国在 20 世纪 70 年代末期开始关注污染场地，由于当时修复标准以污染物总量为目标，修复技术主要采取基于污染物总量削减的异位修复技术。然而，工程实践证明，完全清除的总量削减理念经济成本巨大、技术要求高，而在很多情景下无须进行彻底清除。

（2）基于风险管控与污染物总量削减相结合阶段（1991～2004 年）。认识到以污染物总量削减为唯一修复目标的弊端后，风险管控方法被采纳和接受。风险评估一方面可以指导场地调查获取关键场地特征参数，另一方面可以通过风险评估对场地污染物的潜在风险进行量化分析，并推导出场地土壤与地下水修复的目标值，从而制订基于风险的管控与修复技术方案。对于污染严重的场地，仍然以污染物总量削减为修复目标，采用基于污染物总量削减的异位修复技术；污染程度轻的场地采用基于风险管控的原位风险管控技术。

（3）可持续性修复管理阶段（2005 年至今）。绿色可持续性修复最早是由美国发起的。可持续性修复框架以基于风险的污染场地管理框架为核心，不同于传统的只考虑修复工程自身的时间与经济成本的修复理念，而是更加关注修复过程中环境、社会及经济效益的平衡。绿色可持续运动在欧美的兴起有几个原因：一是严格的和"一刀切"的修复标准导致了一些失败的修复工程案例屡见不鲜；二是传统的修复决策过程，包括基于风险的污染场地管理，皆没有定量考虑污染修复本身所带来的负面环境影响；三是绿色和可持续理念获得了公众和学者的日益认同。目前，荷兰、英国、美国、加拿大等国都已建立了可持续性修复框架，英国还颁布了可持续性修复框架案例分析。2016 年 4 月，在加拿大蒙特利尔举办的第四届国际可持续性修复学术会议上成立了国际可持续修复联盟，定期讨论可持续性修复框架的最新动态。自从基于风险的污染场地环境管理框架实施以来，美国成本昂贵的地下水抽提技术持续减少，而以风险管理为基础的社会制度控制持续上升，原位自然衰减监测技术、生物与物化修复技术已逐步占主导地位。

我国对于工业污染场地治理修复关注非常晚，发展历史较短，大体上也可以相应地分为三个阶段。

第一阶段以污染物清除为导向的修复阶段。随着一系列的污染事故发生，2004 年国家环境保护总局开始要求对搬迁遗留的污染场地必须进行监测和修复后方可再使用（《关于切实做好企业搬迁过程中环境污染防治工作的通知》环办〔2004〕47 号）。2005 年底，在国务院发布的《关于落实科学发展观加强环境保护的决定》（国发〔2005〕39 号）中，明确提出对污染企业搬迁后的原址进行土壤监测、风险评估和修复。2007 年国家环境保护总局颁布了《展览会用地土壤环境质量评价标准（暂行）》（HJ 350—2007），将土壤环境质量分为 A、B 两级：A 级标准为土壤环境质量目标值，代表了土壤未受污染的环境水平，符合 A 级标准的土壤可适用于各类土地利用类型；B 级标准为土壤修复行动值，当某场地土壤污染物监测值超过 B 级标准限值时，该场地必须实施土壤修复工程，使之符合 A 级标准。在此阶段，我国场地污染修复基础非常薄弱，存在诸多问题：如前期调查不足，缺少成熟的工程技术，技术不规范不完善，过程性管理不到位，事后效果验证难，治理经费不足，并且存在过度修复和修复后二次污染等问题。

第二阶段基于土壤污染风险管控阶段。2014 年《全国土壤污染状况调查公报》显示，全国土壤总的点位超标率为 16.1%，工矿业废弃地土壤环境问题突出，在调查的 81 块工业废弃地的 775 个土壤点位中，超标点位占 34.9%，主要污染物为锌、汞、铅、铬、砷和多环芳烃，主要涉及化工业、矿业、冶金业等行业。同时估计我国潜在污染场地数量在 50 万块以上，还有一部分地区的土壤存在复合污染。巨大的污染地块数量及污染的复杂性，对中国协调经济发展与土地环境污染防治提出了严峻的挑战。如何以最低的投入换取最佳的治理成果，正是我国土壤污染防治工作中亟须解决的问题。基于欧美早期污染场地治理经验，以污染物清除为导向的修复措施不适合中国现阶段的国情。而国际经验也表明，风险管控与治理修复的投入比大致为 1∶10，因此风险管控具有经济实用的特点，更符合中国国情。2016 年 5 月国务院颁布的《土壤污染防治行动计划》中明确规定：到 2030 年，污染地块安全利用率达到 95% 以上。并明确坚持预防为主、保护优先、风险管控的原则，要管控土壤污染风险，通过改变土地使用方式，而不是简单依靠巨大的资金投入，对污染的土壤要加强监测监控，不让污染继续发展，即基于风险管控的污染场地治理策略。针对建设用地，通过对污染地块设立标志和标识，采取隔离、阻断等措施，防止污染进一步扩散，或划定管控区域，限制人员进入，防止土壤扰动，以及通过用途管制，实施建设用地准入管理，防范人居环境风险。在推动污染场地风险评估及管控技术的标准化进程，正在从污染物清除阶段向基于风险管理的污染场地环境管理迈进，促进污染场地修复产业链的形成与健康发展。已有大量工作涉及可接受风险水平的定量化描述与精细化概念模型的构建，以及健全风险管控的制度体系和标准规范等，陆续出台了《建设用地土壤污染风险评估技术导则》（HJ 25.3—2019）、《土壤环境质量　建设用地土壤污染风险管控标准》（GB 36600—2018）、《建设用地土壤污染风险管控和修复监测技术导则》（HJ 25.2—2019）等。但是风险管控缺少修复过程全生命周期和关联方全价值链综合理念，对如何创造价值或者利益平衡的考虑依然不够。

第三阶段从风险管控过渡到绿色可持续阶段。绿色可持续修复是当前场地修复发展的新阶段和新趋势，能够减少修复行为全生命周期内的环境二次影响，提升场地修复的环境、社会、经济综合效益。包括修复过程中积极引入整体解决方案，将土地景观设计与空间规划相结合，修复全过程的节能减排、低碳措施等。近几年的国家重点研发计划专项"场地土壤污染成因与治理技术"项目指南就体现了对场地可持续修复的科技发展需求，设置了如"污染场地绿色可持续修复评估体系与方法""西北特殊生境有色金属污染场地土壤原位物化和生态修复技术及集成示范""离子型稀土矿浸矿场地土壤污染控制及生态功能恢复技术"等项目，强调了从生态学角度出发，开发以生物、天然矿物为主导的绿色、长效、环境友好的修复材料和技术。同时借鉴国内外经验，发展"场地修复＋"模式，因地制宜，对修复场地的合理规划、开发与利用，使污染地块创造出最大的价值，以有效缓解资金压力、激发市场活力（郭媛媛 等，2019）。场地修复主要有三种模式：①与地产开发相结合的"场地修复＋"模式，对于具有较高经济价值的污染场地，在完成场地修复之后，对其进行再开发利用，成功的案例有株洲市清水塘老工业区产业新城整体开发 PPP 项目等；②与生态复绿、景观再造相结合的"场地修复＋"模式，在原有景观的基础上，通过规划引导，挖掘新的旅游资源，进行合理的景观规划设计，融合自然资源与历史文化资源优势，打造如工业遗迹、工业博物馆等；③与其他环保设施建设相结合的"场地修复＋"模式，结合本地环保基础设施建设需求，在场地修复完成后，建设污水处理厂、生活垃圾焚烧处置等治理设施，或光伏电站等绿色能源设施，创造可持续的盈利机制。

5.2.3 有色金属矿冶污染场地生态环境修复的研究进展

污染场地修复技术已成为国际环境技术领域的重要前沿之一。近年来，针对日益严峻的场地土壤及地下水等环境质量的恶化态势，欧美等发达国家和地区在污染场地修复技术与设备研发、工程应用及产业化等方面均较成熟。经过十多年来全球范围的研究与应用，包括生物修复、物理修复、化学修复及其联合修复技术在内的污染土壤修复技术体系已经形成，并积累了不同类型污染场地综合治理的应用经验，出现了污染场地原位生物修复技术和基于监测的自然修复技术等新热点。

1. 物理修复技术

物理修复技术包括客土法、热解吸法和玻璃化技术等。客土法是常用的物理修复技术，是向污染土壤加入未被污染的土壤，从而降低土壤中重金属的含量，达到减轻危害的目的。客土法需耗费大量资金、人力和物力，而且对污染面积大的区域，客土来源难以解决，因此该方法只适宜于小面积、污染严重的土壤。热解吸法是利用直接或间接的热交换，加热到足够温度使土壤中污染物蒸发并与土壤介质相分离的过程，是将污染物从一相转化成另一相的物理分离过程，汞污染土壤适应于热解吸法修复。玻璃化技术是采用高温高压，把重金属与土壤同时熔化冷却形成稳定的玻璃态物质。玻璃化技术不会产生二次污染，但需要高温熔化、成本高，目前适用于污染严重的小面积污染区域或放射性污染区域。

2. 化学修复技术

化学修复技术主要包括固化/稳定化、淋洗修复、电动修复。其中，固化/稳定化技术具有适用范围广、处理容量大、方法手段多、见效快、效果显著等优点，具有较好的应用前景。

1）固化/稳定化技术

固化/稳定化技术是将污染物在污染介质中固定，使其处于长期稳定状态，是较普遍应用于土壤重金属污染的快速控制修复方法，对多金属复合污染土壤的修复具有明显优势。该处理技术的费用比较低廉，对一些非敏感区的污染土壤可大大降低治理成本。在美国超级基金项目中大部分采用固化/稳定化技术；我国大部分有色金属冶炼污染场地修复工程也采用了这种技术。固化/稳定化技术的关键在于选择一种经济而有效的固化/稳定化药剂。常用的固化剂有石灰、硅酸盐、高炉渣、石灰、磷灰石、窑灰等（徐慧婷 等，2019）。但固化方法并不是一个永久措施，因为它不仅需要大量固化剂，还容易破坏土壤，使土壤不能恢复其原始状态，一般不适宜于进一步的利用，只适用于污染严重且面积较小的污染土壤修复。化学稳定化是通过往土壤中添加稳定化药剂，通过沉淀、吸附和氧化/还原等一系列反应，降低重金属污染物在土壤中的生物有效性和可迁移性。稳定化药剂可分为无机类、有机类和微生物类。无机类稳定化药剂在重金属污染土壤稳定化修复中的应用最广泛，主要有磷酸盐类（羟基磷灰石、磷矿粉、磷酸、磷肥和骨炭等）、黏土矿物类（膨润土、粗面棕闪石和沸石等）和工业副产品类（赤泥、飞灰、磷石膏和白云石残渣等）及硫酸亚铁等纯化学制品（王立群 等，2009）。其中，磷酸盐类稳定化药剂应用较广泛。含磷稳定化药剂修复铅污染土壤时，土壤中各种形态的铅如碳酸铅、硫酸铅等将转化为更稳定的磷酸铅而减少土壤中铅的生物有效性（曹心德 等，2011）。含磷稳定化药剂对镉、铜、锌等重金属也有一定的稳定化效果。微生物稳定化剂可通过微生物代谢产物与重金属生成沉淀，或微生物体及其分泌物吸附、摄取重金属等作用，降低重金属的生物可利用性。硫酸盐还原细菌可将硫酸盐还原成硫化物，进而使土壤中重金属产生沉淀而稳定化（黄占斌 等，2017）。对于复合重金属污染土壤，常采用多种稳定化药剂进行配施或对稳定化材料进行基团嫁接与改性，以稳定多种重金属。在复合稳定化药剂中，有机材料和无机材料联合应用也较为广泛。已有研究证实，有机堆肥配合铁砂等在稳定化重金属污染物时表现出加和作用，可有效降低重金属的生物有效性，并超过无机稳定化药剂的单独作用（胡红青 等，2017）。如利用有机质配合铁铝物质可原位稳定重金属污染物，一方面有机质可缓冲化学稳定化修复剂所带来的 pH 变化，另一方面有机质也可与这些稳定化修复剂结合形成复合物，在一定程度上防止有机质迅速降解，达到协同和互补的效果。目前常用的稳定化药剂有石灰性物质、金属氧化物、炭材料、黏土矿物、含磷材料、有机肥等，但存在几个问题：①传统的稳定化药剂对重金属的固定效率低，如天然矿物型固定剂（通常在 30%以内）；②存在二次污染，如有机类稳定化药剂用于重金属污染土壤修复时，可能会产生二次污染；③石灰类稳定化药剂是通过改变土壤 pH，使重金属形成氢氧化物和碳酸盐类沉淀，一旦环境条件发生改变，重金属容易重新释放。目前，需要加强固化/稳定化技术研发、新型可持续稳定化修复材料的研制及其长期安全性监测评估方法的研究。

2）淋洗修复技术

淋洗修复技术是将水或含有冲洗助剂的水溶液、酸/碱溶液、络合剂或表面活性剂等淋洗剂注入污染土壤，洗脱和清洗土壤中污染物的过程。淋洗液经处理后达标排放，处理后的土壤再安全利用。淋洗修复技术在多个国家已被工程化应用于修复重金属污染或多污染物复合污染的土壤。淋洗剂除水、有机或无机酸、络合剂 EDTA 以外（Zhang et al.，2014），新型淋洗剂不断涌现，如天然有机酸、生物表面活性剂等生物淋洗剂对重金属的清除能力较强，即使在高 pH 下也有很高的清除效果，除了可以与重金属形成可溶态螯合物，还可使土壤氧化物结合形态的重金属释放出来（雷国建 等，2013；Mulligan et al.，2001）。细菌、酵母和真菌等能分泌糖脂、含氨基酸类脂、脂肪酸中性脂、磷脂和结合多糖等的高分子生物表面活性剂（Yang et al.，2018，2016；Joshi et al.，2008；Perfumo et al.，2006），也可作为淋洗剂（称为生物淋洗剂）。生物淋洗剂的生物可降解性高，环境友好，逐步取代无机酸、人工螯合剂等化学淋洗剂。

3）电动修复技术

电动修复技术是通过电化学和电动力学作用（电渗、电迁移和电泳等）驱动污染物富集到电极区，进行集中处理或分离的过程。电动修复技术从 20 世纪 80 年代末就有报道，目前美国、英国、德国、澳大利亚、日本和韩国等国相继开展了电动修复方面的基础和应用性研究工作。腐殖酸、Fe^{2+} 和 S^{2-} 等对铬的污染土壤电动修复产生明显影响，发现还原物质的存在将在一定程度上降低铬污染土壤的修复效率（Reddy et al.，1999）。电动修复不会向土壤中引入新的物质，故不会产生二次污染。但电动修复技术也存在很多问题：整个电动修复过程很大程度决定于其所处的酸性环境，酸性环境使重金属污染物被释放成溶解态，然而在土壤缓冲能力很高时，很难保持这种稳定的酸性条件。由于电极上水的电解反应，产生 H^+（阳极）和 OH^-（阴极），导致阳极附近土壤酸化、阴极附近土壤碱化，使阴极附近重金属沉淀，降低去除率，因此控制土壤 pH 是电动修复的关键。如果 pH 过低会使土壤的 Zeta 电位变化到零，甚至改变符号，导致电渗析流减弱或变向，影响修复效率，并且电动修复的成本相对较高。近年来，我国也先后开展了铜、铬等重金属污染土壤的电动修复技术研究（骆永明，2009），但电动修复技术处于实验室或中试阶段，工程应用较少。

3. 生物修复技术

生物修复包括植物修复、微生物修复，是利用土壤中各种微生物、植物、动物的吸收、降解和转化作用使污染物的浓度降低到风险可接受的水平，或将有毒有害污染物转化为无害物质的过程。由于该方法耗能低，效果好，易于操作，不易产生二次污染，使污染土壤永久清洁，又适于大面积土壤修复，近年来发展非常迅速。

1）植物修复技术

20 世纪 80 年代以来，植物修复技术迅速发展，已经应用于砷、镉、铜、锌、镍、铅等污染的土壤修复。植物修复包括植物挥发、植物提取和植物稳定。

植物挥发是利用植物去除环境中一些挥发污染物的方法，即植物将污染物吸收于体内后又将其转化为气态物质而释放到大气中。植物挥发修复技术应用范围较小，到目前为止主要用于修复汞和硒的污染土壤。

植物提取是利用超富集植物根系吸收污染土壤中有毒有害物质并运移至植物地上

部，随后收获地上部分，从而移除土壤中重金属的一种方法。目前国际上报道的 As、Cd、Cu、Mn、Ni、Pb 和 Zn 等超富集植物多达 500 多种，部分超富集植物已成功用于重金属污染土壤修复。如中国科学院地理科学与资源研究所陈同斌团队开发的"砷污染土壤蜈蚣草修复技术"利用在污染土壤中种植砷超富集植物——蜈蚣草，通过定期收割蜈蚣草去除土壤中的砷，收割的蜈蚣草按环保要求无害化处置（叶文玲 等，2014）。美国明尼苏达州圣保罗地区利用天蓝遏蓝菜、麦瓶草属、长叶莴苣、镉积累型玉米近交系 FR-37、紫羊茅 5 种植物进行 Cd 污染土壤修复。超富集植物一般生长速度慢，生物量较小，难以适应大规模工程应用。

植物稳定是指利用特定植物根系或其分泌物固定重金属，降低土壤中有毒金属的生物有效性，从而减少重金属迁移到地下水或通过空气扩散，降低环境危害的方法。大量研究发现，适用于重金属污染土壤稳定化修复的很多耐性植物仅分布于某些重金属含量较高的土壤上。国内外学者发现了 Polygonum microcephalum、Sporobolus pungens、Brassica fruticulosa、Lolium italicum、Vetiveria zizanioides 等一批有较强固定重金属潜力的乡土植物（薛生国 等，2015）；英国利物浦大学成功地开发出商业化应用的、对不同金属矿山废弃物具有耐性的植物 A. grostis tenuis 和针对铜矿废弃物的 A. tenuis（韦朝阳 等，2002）；国内学者在长江中下游铜矿区含铜较高的土壤上发现了海州香薷和鸭跖草（韦朝阳 等，2002）。尽管植物修复技术成本低、环境友好，但修复周期长。

2）微生物修复技术

微生物修复技术是指利用微生物对重金属的吸收、沉淀、氧化和还原作用来降低土壤中重金属毒性。其中可变价态重金属氧化/还原调控技术（如铬污染土壤微生物还原修复技术和砷污染土壤微生物氧化修复技术）是近五年国际上研究的热点。

目前已经成功分离出还原 $Cr(VI)$ 的微生物，如 Bacillus sp.、Arthobacter sp.和 Ochrobactrum 等（Camargo et al.，2003；Fraycisco et al.，2002；Mclean et al.，2000）。Corynebacterium hoagie 不仅能耐受较高浓度的 $Cr(VI)$，而且能还原 22 mmol/L 的 $Cr(VI)$（Viti et al.，2003）。在低于 15 ℃的温度下，Arthrobacter aurescens 对 $Cr(VI)$ 仍有较高的还原能力（Horton et al.，2006）。Pannonibacter phragmitetus BB 48 h 内能还原水溶液中 1 000 mg/L $Cr(VI)$，Achromobacter sp. CH-1 在 8 h 内可彻底还原 1 820 mg/L 的 $Cr(VI)$（Shi et al.，2012；Chai et al.，2009；Zhu et al.，2008；Ma et al.，2007）。

早在 1918 年从牲畜消毒液中分离出第一株砷氧化细菌，此后更多的砷氧化菌被分离和筛选出来，如 Alcaligenes facealis NCIB8687、Rhizobium sp. NT-26、Agrobacrerium tumefaciens 5A、Herminiimonas arsenicoxydans ULPAsl 等（Andres et al.，2013；Phung et al.，2012；赵凯 等，2011）。这些菌株都能够将毒性和活性强的 As(III)氧化为毒性弱的 As(V)。从雄黄矿区土壤中分离筛选出的 Brevibacterium sp. YZ-1 对土壤中水溶态 As(III)去除率达 92.3%，有效态（$NaHCO_3$ 浸提态）As(III)去除率达 84.4%（Yang et al.，2017）。此外，某些自养细菌如硫杆菌和铁杆菌类（Thiobacillus fetrobacillus）、假单孢杆菌（Pseudomonas）能使 As^{3+} 氧化为 As^{5+}，从而降低土壤中 As 的毒性（田美娟，2006）。

嗜酸硫铁氧化杆菌和厌氧硫酸还原杆菌能使污染土壤中的 As 由表土层转移到较深土层，并以硫化物沉淀下来（王新 等，2006；Kevin et al.，2002）。

植物-微生物（细菌、真菌）联合修复是目前备受关注的重金属污染土壤生物修复技术。筛选有较强耐受能力的菌根真菌和适宜的共生植物是菌根生物修复的关键，利用能促进植物生长的根际细菌或真菌，发展植物-微生物菌群协同修复及其强化技术是生物修复技术新的研究方向。

4. 生态修复技术

生态修复技术是利用特异生物（如修复植物或专性降解微生物等）对环境污染物的代谢过程，并借助物理修复与化学修复及工程技术的某些措施加以强化或条件优化，使污染环境得以修复的综合性治理技术。重金属污染土壤生态修复往往是以植物为核心，通过植物筛选与合理搭配、修复强化等措施提高其修复效率。从生态学原理的高度解决污染环境特别是重金属污染土壤的修复问题，对实现人与自然和谐发展具有重要意义。

有色金属矿冶区土壤质地结构不良、养分缺乏、重金属毒性大，一种或几种植物的植被结构和功能过于简单，稳定性差，需要长期的后期维护与管理，如何利用多种耐性植物与本土植物的生态配置，形成全年候的植被稳定系统是实践中要解决的一个重要问题。在铅锌污染场地的生态恢复方面，中山大学和香港浸会大学的学者提出了污染场地影响植物定居的主要限制因子，筛选出多种金属耐性植物，发展了有色金属污染场地酸化预测方法；建立了以有色金属耐性植物应用为主体的重金属污染废弃地的植被重建模式。因此，结合其他污染土壤修复方法，利用耐性植物进行污染土壤修复将是矿区土壤修复的一个非常重要的发展方向。

5.2.4　展望

目前，我国有色金属矿冶场生态环境修复已经取得较快发展，但技术水平和应用经验都与发达国家存在相当大的差距。主要存在 4 个问题：①我国污染场地修复技术及配套装备无法满足有色金属矿冶复杂污染场地/复合污染场地修复要求；②污染场地土壤-地下水污染原位修复及多污染物的协同修复技术研究工作开展很少；③缺乏基于风险管控的土壤修复决策支持系统及后评估技术体系；④污染土壤原位、快速、准确检测技术严重缺乏。我国有色金属矿冶场地环境生态修复的未来发展方向如下。

（1）构建矿冶工业生态系统，深化绿色发展之路。依据生态经济学原理，仿照自然生态系统物质循环方式，使有色金属采、选、冶、加工等不同企业之间形成共享资源和互换副产品的产业共生组合，使上游生产过程中产生的废物成为下游生产的原料，达到企业之间资源的最优化配置，达到节约资源、清洁生产和废弃物多层次循环利用等目的，也就是以现代科学技术为依托，运用生态规律、经济规律和系统工程的方法经营和管理的一种综合工业发展模式，构建可持续的矿冶工业生态系统。

有色金属矿冶园区实施绿色制造，坚持源头减量、过程控制、末端循环的理念，设置"产业升级技改工程""绿色发展工程"，实施砷碱渣无害化处理，赤泥、尾矿资源综合利用。加强生态环境破坏严重的矿冶场地综合整治，结合社会需求、景观生态等角度制定长期生态修复目标，建立长效生态修复机制。

（2）建立基于光谱学、遥感、大数据等宏观手段相结合的矿冶污染场地调查监测技术体系。我国有色金属矿冶场地污染问题严峻，污染程度与范围相比于国外更复杂、风险更大。尤其是关停、搬迁的遗留场地、矿冶工业区中周边的农田土壤污染呈加剧蔓延趋势，在类型、规模、结构、污染程度及影响范围都具有各自的独特性，表现为区域性、累积性、复合性等特点。现有的污染场地调查和监测技术手段大多依赖于手工或半自动化方法，效率低、耗时长，达不到及时、准确和快速监测和调查的目的。传统监测手段获取的数据一般为点数据，且通常布点较稀疏，难以满足大范围监测与时空变化监测的需求。对用途广、更新快的高分辨率遥感图像支持不够，数据不能及时更新、利用率不高。因此，开展快速、准确、高效的污染场地监测技术及其与宏观的遥感、大数据信息化平台的搭建是一种未来的发展趋势。

（3）基于风险管控，利用信息化技术手段，构建土壤污染防治与管理的可视化、智能化操作平台。我国土壤污染面积大，污染类型多种多样，污染场地数量多，污染场地错综复杂，而且我国地域辽阔，各地自然地理环境差异显著，以及修复技术存在针对性不强和应用局限性，土壤污染防治需要综合考虑风险削减、环境效益与修复成本等要素。因此，如何准确、快速评价矿冶污染场地风险及高效管控风险是建立健全我国土壤污染防治管理体系中重要环节。将矿冶污染土壤进行归类监管，并结合现代信息化技术，创建矿冶场地信息化监管平台，有效进行风险预警和修复科学决策，保障矿冶污染场地的用地安全，以及生态环境和人类健康安全。

（4）建立矿冶污染场地多元生态修复技术体系。我国土壤污染修复经过 20 多年的研究，在技术上从物理修复、化学修复和物理化学修复发展到生物修复、植物修复的绿色修复，从单一的修复技术发展到源头控制-过程阻隔-修复监管的集成技术；从离场、异位的土壤修复发展到现场、原位的场地土壤-地下水综合一体化修复；在土壤修复装备上，从基于简单、固定式设备到集成、移动式、模块化装备系统及智能化操控平台，从引进国外的设备到拥有自主知识产权的国产化设备；在工程应用上，从单项修复发展到多污染物协同修复与安全利用；在土壤污染监测和调查上，从单一的污染物含量分析到多种监测并存，从微观的点源分析到多源、多尺度的土壤立体监测。在管理上，从弥补性污染源阻隔治理到基于风险管控，融合物联网、遥感、大数据的智能管理。

（5）发展多技术联合土壤修复技术。我国矿冶污染场地类型多、污染重、污染物复杂，土壤组成、性质、条件的空间分异明显，且修复后土壤再利用方式的空间规划要求不同。依靠单一修复技术往往无法对污染场地内的污染物进行有效治理，因此，发展多技术多工艺优化组合是未来污染场地修复的总体发展趋势。

（6）推动生物为主导的绿色环保、低成本土壤修复技术的应用。现代修复技术发展方向应该是从生态学角度出发，在修复土壤的同时，维护正常的生态系统结构和功能，实现人和环境的和谐统一。发达国家提倡"绿色修复"的理念，注重成本低、修复效率高和环境影响小的修复技术和产品的研发。因此以生物为主导的绿色环保、低成本修复技术 [如生物（植物）修复技术和物化-生物联合修复技术] 将是污染土壤修复技术发展的重要方向，我国当前应加强生物修复技术的工程实际应用和区域适应性优化与提升，实现绿色修复与全过程控制。

（7）加大力度研发移动式、快速化、智能化、模块化的矿冶污染场地修复装备。矿冶污染场地修复技术的应用在很大程度上依赖于修复设备的支撑，国外对于土壤修复已建立了与技术配套的设备（如原位淋洗、增效洗脱）。我国的土壤修复主流设备以引进国外设备为主，设备适应性差，无法满足我国污染场地修复要求，因此急需高效、快速的装备集成系统。

5.3　黑色金属矿区生态环境修复的现状与未来

5.3.1　问题的提出

黑色金属是相对有色金属而言的，是对铁、铬、锰、钒、钛等的统称，这 5 种金属都是冶炼钢铁的主要原料。目前钢铁是人类用量最大的金属材料，用量占金属总量的 90% 以上。近年来我国钢铁工业快速发展，根据中国钢铁工业协会统计数据，我国粗钢产量从 2000 年的 1.26 亿 t 增长到 2020 年的 10.53 亿 t。我国占世界粗钢产量的比重从 2000 年的 15.8% 迅速增长到 2020 年的 56.49%。作为世界钢铁产量第一的生产大国的同时，我国也是铁、铬、锰等黑色金属矿产资源相对不足的国家，自产铁、铬、锰等黑色金属矿产资源不能满足钢铁生产需要将是我国长期面临的问题。根据中国钢铁工业协会统计数据，我国铁矿石产量从 2000 年的 2.22 亿 t 增长到 2020 年的 8.67 亿 t，增长幅度巨大，但自给率不高，2020 年进口铁矿石量达到 11.70 亿 t，铁矿石自给率仅有 42.5% 左右，铬矿石自给率更是不足 10%。这种过大的进口依赖性，必将对我国钢铁工业的可持续发展战略产生重大影响。因此，在积极利用国外资源的同时，合理开发国内黑色金属矿产资源提高自给率至安全水平，满足钢铁生产需要，是实现我国钢铁工业可持续发展，是保障国家资源安全的必由之路。

我国黑色金属矿产分布呈现整体广泛与相对集中的特点，根据金属种类总体分布情况为：①铁矿主要分布在鞍钢-本溪，西昌-攀枝花，冀东-密云，五台-岚县，包头-白云鄂博，鄂东、宁芜、酒泉、海南石碌、邯郸-邢台等地区，并依此形成十大铁矿石生产基地；②锰矿储量比较集中的地区主要分布在桂西南、湘黔川三角、贵州遵义、辽宁朝阳、滇东南、湘中、湖南永州-道县地区和陕西汉中-大巴山等地区；③较为缺乏的铬矿资源，主要以铬铁矿形式赋存，分布在西藏罗布莎、甘肃肃北大道尔吉、新疆萨尔托海等地区；④钒资源主要是以钒钛磁铁矿和含钒石煤两种形式赋存，钒钛磁铁矿分布在四川的攀枝花、西昌地区和河北承德地区，含钒石煤则分布在湖南、湖北、河南等省；⑤钛资源主要以原生钛铁矿形式赋存，多分布在四川攀西和河北承德等地区。黑色金属矿产分布区域的广泛性，导致矿产资源的开发也呈现明显的区域特征，生态环境破坏也呈现区域差异性。此外，随着国家矿产战略的西移及新疆、西藏数个亿吨级富铁矿床的发现，西部铁矿资源的开发程度将逐步提升，但是面临干旱、半干旱区及高寒、高海拔区等西部生态脆弱性特征，给黑色金属矿开发带来新的问题和挑战。

总体来说，我国黑色金属矿产资源供给不足、环境污染治理进度缓慢、可持续型经济增长的模式转变迟缓。黑色金属矿产资源的开发一方面满足了国家建设对钢铁的需求，保障战略资源的安全，促进地方经济的发展，但另一方面也对矿区及周边地区环境造成污染，甚至对区域生态造成破坏。黑色金属矿山开采损毁、扰动土地的形式多样，露天采场、排土场、塌陷区、尾矿库和交通建筑等用地同时独立存在。加之我国国土幅员辽阔，黑色金属矿山所处地区不同，地理、气候、土壤、水文、生物等自然条件也多种多样，黑色金属矿床伴生矿种不同，产生的酸性废水、重金属污染等环境污染问题也各不相同，这就造成了黑色金属矿山生态环境修复工作的复杂性。随着我国工业化进程的加快，对黑色金属矿产资源的开发也提出了新的要求，如何在实现黑色金属矿产资源的可持续开发的前提下保护好矿区生态环境，成为我国政府管理部门和众多学者共同关心的课题。

5.3.2　黑色金属矿区生态环境修复的发展历史

黑色金属工业为我国国民经济快速发展提供了强有力的支撑。黑色金属工业依托铁矿、锰矿和铬矿等资源，但我国铁矿、锰矿、铬矿资源严重不足，我国铁矿资源尤其是富铁矿保有量大幅减少，锰矿和铬矿保有储量自1994年以来呈递减趋势。在对黑色金属矿区资源肆意利用的同时，我国的环境破坏和生态污染问题也接踵而来，严重制约了我国的生态文明建设。国家大力支持绿色矿山建设，使矿区生态环境的修复现状得到了改善，生态修复作为我国绿色矿山建设的必要手段，是实现黑色金属矿区经济绿色发展的必经之路。近年来，我国在黑色金属矿区生态修复上取得了诸多成效，但在矿区生态修复的理论、技术、发展和监管方面仍存在很多不足，距离世界先进水平还有较大差距。随着我国生态文明建设的深入实施，黑色金属矿区生态环境的修复也将面临巨大的压力，因此，通过了解黑色金属矿区生态环境修复的发展历史，进行系统的思考，以习近平生态文明思想为引领，推动黑色金属矿山生态修复工作不断深入。

1. 发展历史阶段概述

1）初始阶段

我国黑色金属矿山的土地复垦工作起步较早，始于20世纪50～60年代，但缺乏自觉性和计划性，发展不平衡，主要停留在处理工农关系、安置待业人员、开展多种经营的初级阶段。具体案例有：①本钢南芬选矿厂的老尾矿场，曾在1967年投资10万元，恢复农地200亩，每亩复垦费500元，播种玉米、高粱亩产400 kg，有部分改为菜田，收成也甚好（李根福，1988）；②湘潭锰矿自1971年开始进行了露采区绿化、开垦水田、鱼塘等，取得了一定的效益（李根福，1985）；③唐山马兰庄铁矿从建矿开始，选择厂址就避免了占用耕地，并利用剥岩填沟平坑造田和尾砂充填河滩地造田，复垦率达到 85%以上。

20 世纪 80 年代伊始，随着我国经济迅速发展，人们环保意识增强及关于国外黑色金属矿区生态环境修复理论和技术的引进，对我国黑色金属矿区生态修复的工作进展产生了巨大的推动作用。1982 年，我国学者马恩霖等翻译了《露天开采复田》，1987 年洪迅法等翻译了苏联卡梅什布伦铁矿公司彼得连科的《矿山开采所破坏土地的复垦》。

冶金工业部长沙黑色冶金矿山设计研究院于 1979 年就开始研究土地复垦以解决冶金矿山的土地破坏问题，积极努力地开展了矿山土地复垦的研究和国内外土地复垦资料情报的搜集工作，并协助一些矿山编制了土地复垦规划。1984 年，土地复垦工作列为冶金部重点科研项目，同年冶金部决定成立冶金矿山土地复垦研究室，为我国最早成立的土地复垦科研机构。1985 年 12 月由冶金工业部长沙黑色冶金矿山设计研究院筹备的第一届全国土地复垦学术研讨会在淮北召开，标志着我国土地复垦与生态修复的工作正式开始展开，从而黑色金属矿区生态修复也进入初始阶段。

1988 年 11 月《土地复垦规定》的发布，1989 年 10 月底冶金工业部批准试行的《土地复垦初步设计内容、深度及编写规定》和《土地复垦规划设计的内容深度规定》，标志着我国黑色金属矿山复垦进入了依法复垦的新阶段，在各个工业主管部门、土地管理部门的倡导下，土地复垦出现了一个小高潮。武钢大冶铁矿（武钢资源集团大冶铁矿有限公司）和冶金工业部长沙黑色冶金矿山设计研究院（中冶长天国际工程有限责任公司）等单位联合攻关，形成了硬岩绿化复垦技术，并在全国推广。

2）发展阶段

从 20 世纪 90 年代至 2008 年，我国黑色金属矿区生态修复进入了发展阶段，国家土地及环境管理部门不断加大对矿区生态修复的管理力度，大面积进行矿区生态修复技术试点实验研究，国内科研单位（如中钢集团马鞍山矿山研究总院股份有限公司、矿冶科技集团有限公司、中冶长天国际工程有限责任公司等）和高等院校（如河北理工大学等），纷纷与地方土地及环境管理部门及黑色金属矿区单位进行科研合作，研发矿区生态修复的新技术、新方向和新模式。"十五"期间国家 863 计划、"十一五"国家科技支撑计划中安排了若干矿区生态修复的项目，同时全国各地都在研发新的矿区生态修复技术，实施黑色金属矿区生态修复试点试验工作，我国黑色金属矿区生态修复进入发展阶段。

3）高速发展阶段

2008 年至今，我国黑色金属矿区生态修复得到了长足的发展，已经形成独立的学科体系，国家科技支撑计划、国家自然科学基金都对矿区生态环境的修复研究进行了大力度的支持，科研经费成倍增加，科研条件也得到了很大的改善，生态修复的科研队伍也在不断壮大，科研工作者围绕生态修复不断开发新技术、新方法和新方向。在此高速发展阶段，形成了以"绿水青山就是金山银山""山水田林湖草沙"系统治理、生态价值转换等矿区生态修复的新理念和新技术研究为核心，以西部生态脆弱矿区生态修复技术的突破性成果及《矿山生态环境保护与恢复治理技术规范（试行）》等国家相关标准条例和监管方法的颁布为标志的成果。

2. 修复理论和技术的发展历史

1）基础理论研究的发展

生态修复是一门涉及多方位学科交叉的综合性应用学科，相关学科的基础理论均是最主要的支撑理论，例如恢复生态学、景观生态学、地理学、土壤学、植物学等，经过我国科研团队多年的实验研究与实践，已经成为一门具有其独特理论的学科，应用到黑色金属矿区的生态修复，我国基于其理论学科一直在不断发展，下面对其基础理论研究的发展进行列举。

（1）地貌重塑与景观再造理论。矿山的开采对地表自然景观的破坏效果十分显著，国外对于地表重塑十分重视，对生态修复严格要求恢复至原自然地貌。我国对地表重塑的理念研究较晚，主要针对采矿习惯性形成的排土场台阶型地貌进行研究，并侧重于水土保持的研究，近年来主要是引入国外的仿自然地貌重塑的理念与方法，正处于吸收、消化阶段（胡振琪，2019）。

（2）土壤重构理论。对矿山开采过程采取适当的重构技术工艺，基于物理、化学、生物及生态措施，对矿区生态修复的重要组成部分——土壤修复，重新构造一个适宜的土壤剖面和土壤肥力因素，利用较少的时间改善土壤的环境质量并恢复土壤的生产力。

（3）采复一体化理论（胡振琪 等，2013a）。针对我国矿山生态修复创新性地提出边开采边修复的理念，考虑了矿山开采与生态修复的充分耦合，通过合理开采与生态修复时机与方案的研究，形成采矿与生态修复同步进行的一种矿区生态修复理论。

（4）山水田林湖草沙综合治理理论。践行"绿水青山就是金山银山"的理念，坚持山水田林湖草沙综合治理，将山、水、林、田、湖、草、沙与人一样视为生命共同体中不可或缺的要素，使人与生态要素构成紧密联系的"人—自然—社会"复合生态系统，形成了"山上山下、地上地下、流域上下同治"的矿山治理"三同治"模式，彻底改变以往"头痛医头、脚痛医脚"的矿山生态修复模式。

2）修复技术的发展

（1）矿山开采对生态环境影响的监测与诊断技术。矿山开采对生态环境影响的监测与诊断是对生态环境修复的前提条件和基本要求。近几十年来虽然矿区生态环境的监测对象、指标复杂多样，具有综合性、动态性和隐显性共存等特征，但在技术研究上仍取得了进展。首先基于我国航空航天遥感技术的快速发展，形成了矿区-生态修复一体化监测体系，例如基于多数据源的矿区土地生态损伤信息获取方法（胡振琪 等，2013b）等，这些方法精度达到亚厘米级别，能够有效获取完整的矿区生态环境信息，监测精度较高；该方法克服了传统的生态环境监测手段（依赖大地水准测量、近景摄影测量及动态全球定位系统测量等手段）成本较高而且工作量较大的缺陷。其次是矿区土地与生态环境损毁信息的综合监测。

（2）露天采场边坡治理技术。受露天开采活动的影响，植物很难在露天采场迹地存活，自然生态演替速度将极为缓慢，不易实现环境的自我修复。岩质边坡坡面因立地条件极为恶劣而成为露天矿山生态修复难点与重点区域，露天边坡的生态修复质量的好坏关系到整个矿山生态修复工作的成败。植被恢复技术措施主要由集排水技术、固土技术、建植技术和养护技术组成，根据边坡坡度和坡质的不同采取覆土绿化、挡墙蓄坡绿化、开凿平台绿化、边坡钻孔绿化、鱼鳞坑蓄土绿化、挂网喷播绿化、生态袋绿化、生态草毯绿化、飘台绿化、植生混凝土绿化等一种或多种矿山复绿方法进行组合，以期实现最佳绿化效果。

（3）矿区塌陷区治理技术。黑色金属地下矿山，特别是老矿山企业多采用崩落法采矿，在地表形成塌陷区，塌陷区治理技术一直是矿区生态修复的研究重点，随着国家对矿区生态环境保护的日益重视，开展了生产矿山塌陷坑堆排固化尾矿复垦（吴荣高 等，2017）等技术研究，解决尾矿库库存不足和地下崩落法采矿引起的地表塌陷坑所带来的土地损毁和生态破坏问题。

（4）尾矿库、排土场（废石场）复垦绿化治理技术。对于废弃、服务期已满的矿区尾矿库直接覆土造地，利用其他地方的农作物或树草等植被生长的土壤对尾矿进行复垦，对尾矿占用的土地区域的耕种性能进行恢复。随着复垦土壤质量的不断提高，植被修复与微生物修复技术随之提出。排土场（废石场）采用复垦与绿化相结合的综合治理方案，在废石堆运用覆土植树、种植草本植物等方法进行土地复垦。采用穴式或土壤全面置换等方法增加植被成长土壤的母质性能，保证生态区域植物正常生长。目前我国尾矿库、排土场（废石场）复垦绿化治理技术已经达到了国际先进水平，大型黑色金属矿区土地复垦与生态修复技术与实践取得了显著的成效。

（5）露天矿坑空间资源利用及生态修复技术。露天采坑犹如一块"疤痕"横亘在大地上，治理难度大，且因开采矿种、开采主体等不同而治理方案各异。另外，露天矿坑是一种空间资源，可利用露天采坑空间资源大量消纳一般固体废物，也可利用露天矿坑空间资源建立战略资源（铁矿石、石油等）储备基地等。中钢集团马鞍山矿山研究总院股份有限公司系统开展露天采坑（地下矿井）资源综合利用及生态修复研究，形成了露天矿坑改建一般工业固体废物堆场污染控制及生态修复等一系列成果，即可实现空间资源充分利用，既解决了一般工业固废处置场地紧张难题，又消除了露天采坑边坡安全隐患，实现了矿坑生态修复。

5.3.3　黑色金属矿区生态环境修复的研究进展

1. 国外黑色金属矿区生态环境修复的研究进展

国外较早开始了针对矿山生态修复的技术研究和实施工程应用，尤其是在欧美等发达国家和地区，经过几十年的发展，矿区生态修复已成为矿区开采利用必须开展的内容并随之制定了严格的开采管理制度。国外的矿业废弃地生态恢复技术研究和实施工程起步较早，特别是在欧美等一些发达国家和地区，在施工技术、土壤改造、政策法规、现场管理等领域取得了大量成果和成功的经验，且各有特色。1969 年美国颁布了《国家环境政策法》，首次通过立法对矿山环境影响评价进行了规定。加拿大、南非、西班牙、德国、新西兰、英国、美国等国家针对本国不同的矿山水环境从不同角度深入研究，尤其是美国联邦政府和各州政府对于矿井水污染问题极为重视，美国国家环境保护局和美国地质调查局进行了大量的相关研究。

美国、澳大利亚、加拿大等国家通过立法建立了较为完善的土地复垦制度，矿区土地复垦率达到了 50% 以上，取得了前所未有的成就。20 世纪 30 年代，美国开始重视矿区的生态恢复问题，1977 年美国实施《露天采矿与复垦法》，1990 年和 1996 年又对其进行了完善。在完善管理制度的同时附带严格的执法手段，主要措施是采矿许可证制度及复垦保证金制度。澳大利亚在矿区复垦方面同样取得了显著的成就，该国以矿业为主，在矿区生态修复制度实施方面显著的特点是高度的社会责任意识、严谨的修复方案制订、有效的修复动态监测及全程的公众参与。德国政府于 20 世纪 20 年代开始对矿区的废弃地进行复垦，1996 年全国矿区复垦恢复率基本上达到了 53.5%。目前，德国的矿区生态修复目标开始从以林业、农业复垦为主转向建立休闲用地、重构生物体循环体及物种保护等方面。

英国政府严令采矿后必须进行生态修复，生态修复的资金支持力度大、来源明确、成绩显著。1993 年英国露天矿区生态恢复取得了大面积的试验成功，重新创造了一个风景怡人的自然环境。在露天矿采用内排法，边采边回填，然后再修复，形成一个整体修复系统。法国工业发达、人口稠密，在矿区生态修复工作方面要求保持农田面积完整，防止污染，该国对金属矿区露天排土场的覆土植草和土壤的活化方面十分重视，首先经过过渡性的恢复再恢复为新农田。在澳大利亚，矿山生态恢复的特点之一是采用综合模式，实现了土地、环境和生态的综合恢复治理，避免了因单项治理而引起的不良结果；另一特点是多个专业联合投入，包括物理、化学、环境、生态、地质、矿冶、测量、农艺、经济，甚至医学、社会学等多学科多专业。同时引入一些高科技的指导和支持，例如卫星遥感提供复垦设计的基础参数并选择各场地位置，计算机完成生态恢复场地地形地貌的最佳化选择，以及最少工程量的优化选择和最适宜的经济投入产出选择，即费用-效率优化方案。高科技成果为矿山生态恢复提供了各种先进设备，借助先进设备进行生态恢复过程中的观测。1954 年苏联开始针对矿山生态修复立法，1968 年进行具体化，促进了土地恢复的综合科研、科学论证，该国将矿区生态修复过程分为生物复垦和工程技术复垦，包括了一系列恢复被破坏土地肥力、造林绿化、创立宜居景观的综合措施。农业、林业复垦是最为普遍的，尽力用自然条件进行人工林营造，降低人工林的投入资本。

以上国家的矿山生态恢复工作开展得较早且比较成功，注意恢复土地生产性能，生物复垦技术先进。美国、澳大利亚更注意环境效益的改善，矿区生态平衡的恢复，并积极研究应用微生物复垦。国外对于矿区生态环境修复进展较好的国家均具有以下值得学习的地方：有专门的矿山生态恢复管理机构；有明确的基金渠道，建立了"复垦基金"

将生态恢复纳入采矿许可证制度之中,实行生态恢复保证金制度;建立严格的矿山生态恢复标准;重视矿山生态恢复的研究和多学科专家的参与合作;有学术活动十分活跃的矿山生态恢复的学术团体和研究机构。目前国外在黑色金属矿山生态环境修复方面重点研究领域在黑色金属矿山复垦土壤的侵蚀控制研究、熟化培肥研究、植被筛选及快速恢复技术研究、矿山固体废弃物的处理与复垦技术研究、酸性矿山废水的湿地处理研究、工业区的生态恢复和重建的研究、工业区的生态恢复和重建的研究等。

2. 我国黑色金属矿区生态环境修复的研究进展

我国黑色金属矿区生态环境修复工作起始于 20 世纪 70 年代,但是直到 80 年代由于国内政策和技术等方面的问题,关于矿区废弃地生态修复工作大体上还处于小规模、低水平的状态。1988 年国务院颁布并实施《土地复垦规定》,它明确了土地恢复的宗旨、含义、范围、规定,确定了矿山生态恢复的主要形式,开辟了矿山生态恢复资金渠道,明确了矿山生态恢复土地使用权的归属,为节约并合理利用土地,还明确了使用复垦的土地优惠政策,并且对违法行为的法律责任分别做了处罚的具体规定。在矿区周边土地复垦方面,要求建立一批全国土地复垦示范区,坚持"因地制宜、综合治理"的实施原则,积极探索创新矿区土地复垦机制,土地复垦达到了一定的成效,复垦率达到了近12%。但是综合来看,铁、锰、铬黑色金属矿区的生态修复在当时矿山生态修复领域处于较差水平,我国通过结合各个专业针对黑色金属矿区的生态修复进行土地复垦技术工艺、政策和战略研究,努力提高黑色金属矿区周边土地复垦率。近几年我国对矿区废弃地的复垦技术不仅逐渐向生态修复方向转变,也对修复后土壤基质、土壤肥力及各项指标进行了研究,我国矿区废弃地复垦工作逐渐走上了系统化和高效化相结合的生态发展道路。

同国外相比,我国黑色金属矿区生态修复工作起步晚,难度较大,规范化及科学化程度不够。此外,在相关法律制度和组织机构方面不健全,资金渠道不畅通,对于矿区生态修复工作深入发展产生不利影响。自 1980 年以来,我国黑色金属矿区的开采排水疏干引发了区域地下水位下降、大范围形成降落漏斗及地下水补给条件改变引发的水资源枯竭等问题。矿山采空区的产生和地质结构的改变,不仅导致区域含水层疏干、地下水位下降,还会导致区域水文地质结构的破坏,从而加剧含水层疏干及地下水位下降的速度。这些问题的长期存在不仅会影响矿区周边居民的生产生活用水,甚至还导致生态环境的恶化。矿区内从采掘区、选矿区、尾矿库、废石场、排土场等区域排放出的矿山废水一般具有排放量大、持续性强的特点,而且多数废水中含有大量重金属离子、固体悬浮物、各种选矿药剂,水质酸碱度超标,黑色金属矿山废水的排放会严重污染矿山水土环境,危及人体健康,影响工农业生产。

目前,国内外在矿山环境治理方面已有大量的先进技术和研究成果,如何将这些研究成果和先进技术引进到矿山环境修复治理的实际工作中并使之在全国范围内推广是矿山环境治理的一项重要任务。中钢集团马鞍山矿山研究总院股份有限公司王运敏院士等人于 2012 年研发出一种矿山排土场安全整治及生态修复、重建技术。首先根据矿山类型及排土场的实际状况通过经验法确定需要整治的排土场坡度、坡长、平盘宽度;然后通过极限平衡法、有限元法等计算方法来进行安全校核，直到达到安全允许标准；最后按照土地用途，确定边坡角度的上限值。对黑色金属矿区生态环境的修复有一定的借鉴作用。

综上所述，我国目前与世界发达国家在黑色金属矿区生态修复方面主要存在以下差距。

（1）长期以来，我国矿山未把土地恢复、生态恢复列入采掘设计和计划中，生产建设初期缺乏对剥离表土的利用规划，没有把可持续发展的思想体现在决策体制上来。

（2）随着"两山"理念日益深入人心，生态修复标准不断提高，现有生态修复技术已经无法完全满足标准要求。

（3）矿区生态恢复不仅是技术问题，更是经济问题，随着政策标准的大幅度提高，生态修复成本的逐年上升，用于矿区生态修复的资金越来越难以满足修复需要。

（4）生态恢复模式也较为单一，多限于复垦绿化、水土保持，更多的可取得经济效益的生态恢复模式还很少，这也直接对矿山的生态恢复的积极性产生影响。

5.3.4　展望

我国黑色金属矿业的长期发展面临着资源紧缺和生态环境恶化的多重压力，我国应结合国内黑色金属矿区的修复现状，不仅实现矿区生态环境的修复，同时对矿区生态环境资源的再利用做一定的工作，为了让矿区周边土地资源可以被充分开发与利用，必须对黑色金属矿山废弃土地的生态环境开展治理工作，在治理工作的实施阶段中就要同时结合废弃土地的地质生态环境特点，最后采取相应综合治理措施手段。展望未来的发展，黑色金属矿区生态修复将呈现新的发展趋势，并将在以下几个方面得到广泛关注。

（1）西部生态脆弱矿区生态环境影响及修复技术。随着国家矿产战略的西移及新疆、西藏数个亿吨级富铁矿床的发现，同时中东部现占70%产能的露天矿山进入中后期开采，西部铁矿、铬矿等黑色矿产资源的开发程度将逐步提升，干旱、半干旱区及高寒、高海拔区等西部生态脆弱矿区黑色金属矿开发也将带来植被破坏、土地荒漠化、地下水破坏等新的生态环境问题。需要借鉴煤矿生态环境修复现有研究成果解决矿区水资源保护技术、荒漠化防治技术、高寒高海拔矿区生态修复技术、西南干热河谷矿区生态修复技术等。

（2）中东部老矿区生态环境保护与修复技术。我国中东部黑色金属矿山特别是露天矿山大部分进入开采中后期，在老矿区遗留大量的废弃露天采坑，排土场、尾矿库堆存大量的废石、尾矿等固体废物。相对有色金属矿山，黑色金属矿山的废石、尾矿等矿山固体废弃物具有有毒、有害元素含量低等特点，可以作为水泥骨料、天然砂等建材替代物，通过排土场、尾矿库等存量废石、尾砂的综合利用，同时将废弃露天采坑改建为尾矿、废石等固废堆场延续矿山服务年限，由此带来了水土流失、地表水及地下水污染、大气污染等新问题。应重点研发生产矿山排土-复垦均衡技术（固废不出坑技术）、废弃露天采坑改建尾矿、废石等固废堆场生态环境保护与修复技术，尾矿废石回采动态复垦技术，闭库硫化矿物尾矿库和排土场污染源头控制与生态修复技术，废弃露天矿坑及井下巷道酸性废水处理技术等关键技术。

（3）矿山生态环境综合治理模式研究。随着"两山"理念日益深入人心，生态修复标准不断提高，生态环境综合治理水平全面提升，生态修复成本的逐年上升，现有生态环境治理模式已经无法完全满足要求。生态环境部开展了生态环境导向的开发模式试点，创新了生态环境治理项目组织实施方式，促进生态环境高水平保护和区域经济高质量发展，为矿山生态环境综合治理模式的发展提供了参考。此外国内在黑色金属矿山生态恢复方面还应重点研究以下领域：露天矿山高陡边坡生态恢复技术、排土场及尾矿库灾害预警及环境污染应急防治技术研究、"无废"矿山建设生态环境保护与修复技术。

总的来说，落实开展好有关黑色金属矿山生态环境的恢复治理工作，不仅可以使黑色金属矿山生态环境得到有效改善，同时也能够在很大程度上实现黑色金属矿区的土地资源高效利用，经济发展所面临的土地资源供应不足问题也可以随之得到一定程度的改善，从而实现健康、可持续的绿色矿山经济与生态环境发展。

参 考 文 献

《矿产保护与利用》, 2018. 广东河源发现世界首个超大型独立铷矿床. 矿产保护与利用, 214(2): 144.

曹心德, 魏晓欣, 代革联, 等, 2011. 土壤重金属复合污染及其化学钝化修复技术研究进展. 环境工程学报, 5(7): 1441-1453.

程国霞, 2009. 鞍钢弓长岭铁矿土地破坏与生态恢复适宜性评价. 沈阳: 东北大学.

初征, 2018. 东鞍山铁矿生态恢复效果研究. 有色金属(矿山部分), 70(4): 58-61.

邓湘伟, 戴雪灵, 黄满湘, 2008. 柏坊铜矿成矿规律及成矿模式探讨. 华南地质与矿产(4): 22-25.

邓小芳, 2015. 中国典型矿区生态修复研究综述. 林业经济(7): 14-19.

董立忠, 2017. 金属矿山尾矿资源综合利用的探讨. 城市地理(3X): 73.

杜真, 2019. 浅谈绿色矿山建设. 生态环境与保护, 2(4): 60-61.

高怀军, 2015. 矿业城市采矿废弃地和谐生态修复及再利用研究. 天津: 天津大学.

工业和信息化部, 2016. 有色金属工业发展规划(2016～2020 年). 有色冶金节能(6): 1-10.

关晓锋, 徐云富, 王朝辉, 等, 2018. 水厂铁矿绿色矿山建设实践及绿色发展规划. 现代矿业(12): 52-55.

郭媛媛, 江河, 沈鹏, 2019. 在我国土壤污染治理中推行"场地修复＋"模式的思考与建议. 环境与可持续发展(4): 126-129.

郝美英, 李亮, 赵冠楠, 2018. 我国黄金行业绿色矿山建设规范解读. 中国矿业, 27(8): 80-84, 87.

胡达骝, 2003. 中国黑色金属矿产资源可持续发展战略研究//2003 中国钢铁年会论文集. 北京: 冶金工业出版社: 247-251.

胡红青, 黄益宗, 黄巧云, 等, 2017. 农田土壤重金属污染化学钝化修复研究进展. 植物营养与肥料学报, 23(6): 1676-1685.

胡振琪, 2011. 煤炭绿色开采中的土地复垦与生态修复战略与技术研究//化石能源的清洁高效可持续开发利用: 第二届中国工程院/国家能源局能源论坛论文集. 北京: 煤炭工业出版社: 98-103.

胡振琪, 2019. 我国土地复垦与生态修复 30 年: 回顾、反思与展望. 煤炭科学技术, 47(1): 25-35.

胡振琪, 肖武, 2013a. 矿山土地复垦的新理念与新技术: 边采边复. 煤炭科学技术, 41(9): 178-181.

胡振琪, 王霖琳, 许献磊, 2013b.基于多数据源的矿区土地生态损伤信息获取方法: CN103049655A. 2013-04-17.

黄芳芳, 2008. 广西桂平锰矿露采矿区的生态环境与治理修复研究. 南宁: 广西师范大学.

黄远东, 刘泽宇, 许璇, 2015. 中国有色金属行业的环境污染及其处理技术. 中国钨业, 30(3): 67-72.

黄占斌, 李昉泽, 2017. 土壤重金属固化稳定化的环境材料研究进展. 中国材料进展, 36(11): 840-851.

鞠建华, 强海洋, 2017. 中国矿业绿色发展的趋势和方向. 中国矿业(2): 7-12.

卡拉什尼科夫, 西姆金, 帕皮切夫, 1993. 露天铁矿的生态环境问题. 国外金属矿山(4): 71-76.

雷国建, 陈志良, 刘千钧, 等, 2013. 生物表面活性剂及其在重金属污染土壤淋洗中的应用. 土壤通报, 6: 1508-1511.

李根福, 1985. 搞好环境保护和土地资源再利用的途经: 关于湘潭锰矿土地复垦问题的建议. 环境保护(1): 45.

李根福, 1988. 必须认真做好土地复垦工作. 技术经济(5): 5-8.

李江锋, 2007. 北京首钢铁矿生态恢复及效果评价. 北京: 北京林业大学.

刘胜军, 2018. 研山铁矿尾矿库的生态环境建设. 北方环境, 30(11): 200-201.

刘玉强, 龚羽飞, 2004. 我国主要矿产资源及矿产品供需形势分析与对策建议. 矿产与地质, 18(3): 294-296.

卢军, 伍斌, 谷庆宝, 2017. 美国污染场地管理历程及对中国的启示: 基于风险的可持续管理. 环境保护, 45(24): 65-70.

骆永明, 2009. 中国土壤环境污染态势及预防、控制和修复策略. 环境污染与防治, 31(12): 27-31.

苗旭锋, 2010. 典型矿冶区重金属污染土壤芦竹: 化学联合修复研究. 长沙: 中南大学.

彭秀丽, 2011. 湖南矿产开发与矿区生态环境协调发展研究. 长沙: 中南大学.

任宪友, 2008. 生态恢复理论探讨. 林业调查规划(2): 118-121.

邵广凯, 2014. 东风铁矿开采对矿山水环境和生态环境的影响研究. 长春: 吉林大学.

束文圣, 叶志鸿, 张志权, 等, 2003. 华南铅锌尾矿生态恢复的理论与实践. 生态学报, 23 (8): 1629-1639.

田美娟, 2006. 深海重金属抗性菌的分离、鉴定以及菌株 *Brevibacterium sanguinis* NCD-5 铬(Ⅵ)还原机制的初探. 厦门: 厦门大学.

王立群, 罗磊, 马义兵, 等, 2009. 重金属污染土壤原位钝化修复研究进展. 应用生态学报, 20(5): 1214-1222.

王琪, 郑军, 张立烨, 2017. 矿区水污染防治探讨. 世界有色金属(17): 292.

王新, 贾永锋, 2006. 土壤砷污染及修复技术. 环境科学与技术(2): 107-110, 121.

王运敏, 许文飞, 章林, 等, 2012 . 矿山排土场安全整治及生态修复、重建技术: CN102392455A. 2012-03-28.

王祝堂, 熊慧, 2014. 中国铝土矿资源及分布. 轻合金加工技术(8): 44.

韦朝阳, 陈同斌, 2002. 重金属污染植物修复技术的研究与应用现状. 地球科学进展(6): 833-839.

魏莉华, 宋歌, 2018. 那些值得记忆的自然资源法治事件. 中国自然资源报, 2018-09-19(5).

吴荣高, 刘海林, 孙国权, 等, 2017. 直排尾矿固化回填梅山铁矿地表塌陷坑试验研究. 金属矿山(10): 179-182.

肖淑云, 刘芳, 王利霞, 2018. 浅议铁矿矿山生态环境恢复综合治理. 科技风(3): 131.

谢刚, 杨妮, 田林, 2018. 2017 年云南冶金年评. 云南冶金, 47(2): 39-50, 55.

徐慧婷, 张炜文, 沈旭阳, 等, 2019. 重金属污染土壤原位化学固定修复研究进展. 湖北农业科学, 58(1): 10-14.

薛生国, 吴雪娥, 黄玲, 等, 2015. 赤泥土壤化处置技术研究进展. 矿山工程, 3(2): 13-18.

杨华明, 李建文, 2017. 冶金矿山生态修复技术的进展. 鞍钢技术(6): 4-10.

杨勇, 2016. 我国污染场地修复技术应用现状及需求//2016 国际棕地治理大会暨首届中国棕地污染与环境治理大会, 北京.

叶文玲, 樊霆, 鲁洪娟, 等, 2014. 蜈蚣草的植物修复作用对土壤中砷总量及形态分布的影响研究. 土壤通报, 45(4): 1003-1007.

英树威, 2011. 铁矿矿山生态环境恢复治理方案研究. 科技资讯(13): 156.

曾宪坤, 熊挺宇, 2018. 生态重建技术在城门山铜矿的应用. 有色冶金设计与研究, 39 (5): 8-11.

张桂琴, 2011. 浅论矿区环境"三废"污染的治理. 现代工业经济和信息化(18): 74-75.

张庆, 2010. 尾矿综合利用产业技术创新战略联盟成立. 中国金属通报(12): 7.

张小丹, 2017. 有色金属矿山资源勘查可持续发展对策. 城市地理(6): 106.

张玉成, 2013. 矿山建设工程设计的新理念及新思维. 低碳世界(7X): 112-113.

张越男, 2013. 大宝山尾矿库区地下水重金属污染特征及健康风险评价研究. 长沙: 湖南大学.

章林, 2016. 我国金属矿山露天采矿技术进展及发展趋势. 金属矿山(7): 20-25.

赵晋, 王健, 2007. 金属矿山固体废物处置与利用途径分析. 有色冶金设计与研究, 28(2): 55-57.

赵凯, 黄银燕, 王倩, 等, 2011. 三价砷氧化细菌 Acidovorax sp.GW2 中 As(III)氧化酶基因和调控序列的克隆鉴定. 华中农业大学学报, 30(1): 23-29.

赵腊平, 刘艾瑛, 2017. 现代绿色矿山亟待破解采矿用地政策难点: 神华准能集团积极探索采矿用地途径新模式. 中国矿业报, 2017-09-26(3).

周建民, 党志, 司徒粤, 等, 2004. 大宝山矿区周围土壤重金属污染分布特征研究. 农业环境科学学报, 23(6): 1172-1176.

周连碧, 代宏文, 吴亚君, 2003. 铜矿尾矿库无土植被与有土覆盖农作物种植研究. 有色金属工程(z1): 58-62.

周连碧, 王琼, 代宏文, 2010. 矿山废弃地生态修复研究与实践. 北京: 中国环境科学出版社.

周连碧, 王琼, 杨越晴, 等, 2021. 金属矿山典型废弃地生态修复. 北京: 科学出版社.

ANDRES J, ARSÈNE-PLOETZE F, BARBE V, et al., 2013. Life in an arsenic-containing gold mine: Genome and physiology of the autotrophic arsenite-oxidizing bacterium *Rhizobium* sp. NT-26. Genome Biology and Evolution, 5(5): 934-953.

CAMARGO F A O, OKEKE B C, BENT O, 2003. In vitro reduction of hexavalent chromium by a cell-free extract of *Bacillus* sp. Es 29 stimulated by Cu^{2+}. Applied Microbiology & Biotechnology, 62(5-6): 569-573.

CHAI L Y, HUANG S H, YANG Z H, et al., 2009. Hexavalent chromium reduction by *Pannonibacter phragmitetus* BB isolated from soils under chromium-containing slag heap. Journal of Environmental Science and Health Part A, 44 (6): 615-622.

FRAYCISCO R, ALPOIM M C, MORALS P V, 2002. Diversity of chromium-resistant and-reducing bacteria in a chromium-contaminated activated sludge. Journal of Applied Microbiology, 92(5): 837-843.

HORTON R N, APEL W A, THOMPSON V S, et al., 2006. Low temperature reduction of hexavalent chromium by a microbial enrichment consortium and a novel strain of *Arthrobacter aurescens*. BMC Microbiology, 6: 5.

JOSHI S, BHARUCHA C, DESAI A J, 2008. Production of biosurfactant and antifungal compound by fermented food isolate Bacillus subtilis 20B. Bioresource Technology, 99(11): 4603-4608.

KEVIN F, PORNSAWAN V, WEERAPHAN S, et al., 2002. Arsenic species in an arsenic hyperaccumulating fern, *Pityrogrammacalomelanos*: A potential phytoremediater of arsenic contaminated soils. The Science of the Total Environment, 284: 27-35.

KRUGMAN P R, 1991.Increasing returns and economic geography. Journal of Political Economy, 99(3): 483-499.

MA Z M, ZHU W J, LONG H Z, et al., 2007. Chromate reduction by resting cells of *Achromobacter* sp. Ch-1 under aerobic conditions. Process Biochemistry(42): 1028-1032.

MCLEAN J S, BEVERIDGE T J, PHIPPS D, 2000. Isolation and characterization of a chromium -reducing bacterium from a chromated copper arsenate-contaminated site. Environmental Microbiology, 2(6): 611-619.

MULLIGAN C N, YONG R N, GIBBS B F, 2001. Heavy metal removal from sediments by biosurfactants. Journal of Hazardous Materials, 85(1-2): 111-125.

PERFUMO A, BANAT I M, CANGANELLA F, et al., 2006. Rhamnolipid production by a novel thermophilic hydrocarbon-degrading Pseudomonas aeruginosa AP02-1. Applied Microbiology & Biotechnology, 72(1): 132-138.

PHUNG L T, TRIMBLE W L, MEYER F, et al., 2012. Draft genome sequence of *Alcaligenes faecalissub* sp. faecalis NCIB 8687 (CCUG 2071). Journal of Bacteriology, 194(18): 5153.

REDDY K R, CHINTHAMREDDY S, 1999. Electrokinetic remediation of heavy metal-contaminated soils under reducing environments. Waste Management, 19(4): 269-282.

SHI Y, CHAI L Y, YANG Z H, et al., 2012. Identification and hexavalent chromium reduction characteristics of *Pannonibacter phragmitetus*. Bioprocess and Biosystems Engineering, 35(5): 843-850.

VITI C, PACE A, GIOVANNETTI L, 2003. Characterization of Cr(VI)-resistant bacteria isolated from chromium-contaminated soil by tannery activity. Current Microbiology, 46: 1-5.

YANG Z H, ZHANG Z, CHAI L Y, et al., 2016. Bioleaching remediation of heavy metal-contaminated soils using *Burkholderia* sp. Z-90. Journal of Hazardous Materials, 301: 145-152.

YANG Z H, WU Z J, LIAO Y P, et al., 2017. Combination of microbial oxidation and biogenic schwertmannite immobilization: A potential remediation for highly arsenic contaminated soil. Chemosphere, 181: 1-8

YANG Z H, SHI W, LIANG L F, et al., 2018. Combination of bioleaching by gross bacterial biosurfactants and flocculation: A potential remediation for heavy metal contaminated soils. Chemosphere, 206: 83-91.

ZHANG S J, YANG Z H, WU B L, et al., 2014. Removal of Cd and Pb in calcareous soils by using Na_2EDTA recycling washing. CLEAN-Soil Air Water, 42(5): 641-647.

ZHU W J, CHAI L Y, MA Z M, et al., 2008. Anaerobic reduction of hexavalent chromium by bacterial cells of *Achromobacter* sp. Strain Ch1. Microbiological Research, 163(6): 616-623.

第6章 中国能源矿区生态环境修复的现状与未来

6.1 煤矿区生态环境修复的现状与未来

6.1.1 问题的提出

2020 年，煤炭消费量占我国能源消费总量的 56.8%，尽管目前消费占比在逐年下降，但煤炭总产量仍在持续增长，在未来一段时间里，煤炭仍将是中国的主体能源，也是能源安全稳定供应的"压舱石"。煤炭资源的开发利用在给国家能源工业进步和社会经济快速发展提供支持的同时，也造成了生态破坏和环境污染（胡振琪 等，1993），如露天挖损导致的土壤和植被破坏及景观变化、井工开采导致大量土地沉陷和地表裂缝、水文地质条件破坏导致地下水位下降和水资源流失、煤矸石山不仅占压土地还污染环境，此外矿山开采还污染地表水和土壤。煤炭资源的开采对土地和环境的破坏已远远超过了土地和环境的自我恢复和调节能力，使农民赖以生存的良田、耕地变为一片汪洋或杂草丛生的荒芜土地，致使矿区的人均耕地大大减少，也严重影响当地的工农业生产和地区的生态环境及社会安定（白中科 等，1999）。煤炭资源开采与生态环境保护冲突明显，如何协调两者的矛盾已然迫在眉睫。

十八大以来，以习近平同志为核心的党中央高度重视生态文明建设，将其置于中国发展的国家全局战略来考量，"绿水青山就是金山银山"的发展理念已深入人心。当前我国经济从高速发展转向高质量发展，生态保护与修复已经逐渐成为衡量社会绿色发展的重要指标。因此，基于兼顾矿产资源开发和生态环境保护的目的，煤矿区生态环境修复成为我国一项十分紧迫的任务，直接关系绿色矿山建设和生态文明建设的成败（胡振琪 等，2014）。

6.1.2 煤矿区生态环境修复的发展历史

煤矿区土地复垦与生态修复的产生来源于煤炭生产的实际需要。我国是世界上最早开采煤炭的国家，并且拥有漫长的开采历史。古代的煤炭开采主要以手工为主，开采强度小，所以针对采煤破坏的治理和土地复垦史书上极为少见。近代以来，工业革命大大激发了煤炭的需求，西方先进的采煤设备、采煤技术的引进，大大提高了我国煤炭开发的能力，尤其是改革开放以来，经济的快速发展对能源和矿产资源的需求急剧增加，采矿业也得到迅猛发展，因而采煤对土地和环境的影响进一步加大，逐步使政府和公众认识到其危害，并采取补救措施对损毁的土地和生态环境进行修复，矿区土地复垦与生态修复便在我国应运而生，越来越成为研究热点。我国煤矿区生态环境修复的发展历史可以概括为以下 4 个阶段。

1. 萌芽阶段（1980～1989 年）

我国煤矿土地复垦与生态修复学科的萌芽阶段始于新中国成立后，社会主义建设需要大规模开发煤炭资源。大规模煤炭开采，尤其是露天开采，产生了很多环境问题，于是 20 世纪 80 年代前，先后出现了一些矿山自发的、零散的土地复垦。进入 20 世纪 80 年代后，改革开放使我国社会经济发生了很大变化，人们对因煤炭开采而遭受巨大破坏的土地和环境必须进行复垦的呼声越来越高，采煤沉陷地的复垦和治理也逐渐成为政府关注的焦点，并且在改革开放后，欧美发达国家和地区土地复垦和生态修复的理论、技术也不断被引入，国内学者、政府管理者及企业技术精英纷纷到国外学习先进经验、先进技术，这极大地推动了煤矿土地复垦与生态修复的发展。

在借鉴国外的土地复垦经验后，众多设计研究单位开展了采煤塌陷地造地还田的相关试验与理论的科学研究，特别是煤炭工业部 1983～1986 年组织实施了"六五"国家科技攻关项目"塌陷区造地复田综合治理研究"，成为我国第一个有组织的土地复垦与生态修复工程，有力地推进了采煤塌陷地复垦与生态修复。除此之外，学术探讨与学术交流也开始活跃，阐述土地复垦的意义和必要性、介绍国外土地复垦经验和国内复垦工程等土地复垦论文纷纷获得发表，多次举办土地复垦学术讨论会、培训会等，并专门成立中国土地学会土地复垦研究会，为本领域发展的起步奠定了基础。中国矿业大学 1988 年还培养了第一个土地复垦硕士。

直到 1988 年 10 月 21 日国务院常务会议通过、1989 年 1 月 1 日正式实施的《土地复垦规定》，标志着煤矿土地复垦工作开始走上了法制的轨道，该阶段以介绍国外土地复垦与生态修复经验、开始有组织地进行采煤沉陷地治理为特征，相关专家学者对国外煤矿区土地复垦技术进行了初步的研究，并且在部分地区展开了煤矿区土地复垦试点工作。我国土地复垦工作进入了一个有组织、有领导的法制时期，也标志着我国煤矿土地复垦与生态修复学科建设的正式起步，有了法律基础（胡振琪 等，2005a）。

2. 初创阶段（1990～2000 年）

20 世纪 90 年代初期，借助《土地复垦规定》的实施，国家土地管理部门与环境管理部门不断加大土地复垦监管工作，从政策和行政角度出台管理规定与办法，推进土地复垦示范工程，先后设立 12 个土地复垦试验示范点，表彰土地复垦先进单位，有力促进了我国的土地复垦工作（胡振琪 等，2005b）。

该阶段以土地复垦学的基本概念和基本问题的探讨为核心，以大范围土地复垦与生态修复的实践为特征，以成功召开第一届国际土地复垦学术研讨会为标志。

林家聪等（1990）论述了矿山开采与土地复垦的关系，以系统论的观点将土地复垦归结为矿山开发过程中一项必不可少的工作；祝国军（1992）依据生态学原理论述了土地复垦的生态功能；胡振琪等（1993）发表的《试论土地复垦学》，第一次从学科建设的角度，提出了土地复垦学的概念和学科体系，进一步明确了其独特的研究对象，并从土地复垦学的基本理论、方法论和应用技术三方面论述了土地复垦学的内容；胡振琪等（1997a）提出了"煤矿山复垦土壤剖面重构的基本原理与方法"，该原理与方法极大地推动了土地复垦学理论和技术体系的建立和完善。在土地复垦与生态修复概念、理论呈现出百花齐放的同时，在采煤沉陷地治理技术方面也取得了新的进展，尤其是疏排法、泥浆泵复垦等技术不断革新（卞正富 等，1996；胡振琪 等，1994；孙绍先 等，1990a）。在露天排土场地貌重塑方面，则着重研究重塑地貌的抗侵蚀性，白中科等（1995）在研究排土场土壤侵蚀的基础上，认为排土场平台初期做成"堆状地面"可以有效地避免水土流失。在煤矸石山复垦与生态修复方面，胡振琪（1995a）提出了一整套煤矸石山绿化造林的基本技术模式，对煤矸石山的绿化起到了很好的指导作用。

1998 年，国家成立国土资源部并颁布新的《中华人民共和国土地管理法》，为煤矿区土地复垦的推动、规范、监督等铺平了道路。2000 年我国召开了首届土地复垦国际学术研讨会，标志着我国煤矿土地复垦的研究和国际接轨，促进了该学科在中国的建立与发展。

3. 发展阶段（2001～2007 年）

此阶段国家开始有组织地投资土地开发整理复垦项目、科学研究不断深入并取得了一系列重大突破，标志性事件为 2007 年土地复垦正式纳入采矿许可和用地审批。

21 世纪初，国土资源部结合国家投资土地整理项目的实施，开始在矿区土地复垦工程项目上给予一定投入，实施了大量的土地复垦示范工程；同时国家"863"计划等科技计划或基金也资助了若干土地复垦科研项目，促使矿区土地复垦与生态修复得到了很好的发展。

这一阶段，进一步深入对土地复垦、生态重建等学术名词及其内涵等基本问题的研究，对国外相关概念的理解也更加透彻，同时扩展了土地复垦与生态修复研究对象和目标的范围。此外，诸多专家学者展开了复垦土壤的针对性研究（李新举 等，2007；白中科 等，2006；陕永杰 等，2005；卞正富，2004；陈龙乾 等，2003），复垦土壤的质量研究受到重点关注，一个完整的以"分层剥离、交错回填"为核心的土壤重构概念、原理、方法和数学模型被提出（李俊杰 等，2007；胡振琪 等，2005c），并运用这一原理革新或首次提出了多种复垦工程技术。这一时期，土地复垦与生态修复技术的研究更加全面和深入，主要包括：东部采煤沉陷地治理依然是研究热点，针对采煤沉陷地治理的各种模式和实践的研究不断涌现（卞正富，2005；纪万斌，2005；宗杰，2001）；一种新的、有利于分层土壤重构的采煤沉陷地拖式铲运机非充填复垦技术被提出及应用，该技术具有速度快、效率高、工期短的优点（胡振琪 等，2001）。西部露天煤矿土地复垦与生态修复方面，提出了露天矿覆盖层剥离与土地复垦一体化技术，该技术既充分保护、利用了珍贵的表土资源，又产生了良好的时间效益和经济效益（才庆祥 等，2002）。在煤矸石山治理方面，提出了以"配土栽植"为核心的煤矸石山无覆土绿化技术，研究植被恢复技术及其效应，筛选出适合煤矸石山生长的植被类型（赵广东 等，2005；刘青柏 等，2003）。在生态脆弱矿区采用微生物技术改良矿区土壤质量，促进植物生长发育（毕银丽 等，2020，2005）。此外，在复垦监管方面提出了"参与型土地复垦"的概念与方法，促进了政府、企业和地方群众作为参与者积极参与土地复垦和环境保护工作，加快了我国土地复垦工作前进的步伐。2007 年国土资源部发出的《关于组织土地复垦方案编报和审查有关问题的通知》，正式将土地复垦方案纳入开采和用地许可，使得土地复垦有章可循，促进土地复垦进入一个高速发展的新阶段。

4. 高速发展阶段（2008 年至今）

2007 年是我国煤矿土地复垦事业的一个里程碑，自该年起国土资源部颁布的多个关于土地复垦方案编制的通知，极大地推动了土地复垦的研究，使矿区生态环境修复从 2008 年起得到长足发展，初步形成了一个比较独立的知识体系，在现有学科格局中占有一席之地。

在此阶段，国家 863 计划、国家科技支撑计划、国家自然科学基金都对土地复垦研究加大了投入，土地复垦领域的科研经费成倍增加，科研条件得到极大改善，土地复垦的研究队伍也在持续壮大。众多学者围绕土地复垦与生态修复，不断开发新技术、新方法和新方向。本阶段以土地复垦与生态修复新理念、新技术的提出为核心，以西部生态脆弱区土地复垦与生态修复技术的突破性成果为特征，以《土地复垦条例》的颁布及相关标准和监管方法的涌现为标志。

该阶段对井工矿和露天矿复垦提出了一些新的复垦理念。针对传统的井工矿采煤沉陷地稳沉后复垦效率低、复垦土地率低、复垦弹性差等弊端，提出了井工煤矿边开采边复垦的新理念，该理念和技术是对先损毁、后复垦理念和技术的重大突破，促进了土地复垦工作从"末端治理"向"源头和过程控制与治理"的转变，研究表明该技术较传统复垦技术提高复垦耕地率最高达 37.59%（胡振琪 等，2020，2013a，2013b）。此阶段有关专家学者在对国外煤矿废弃地生态修复项目实地考察的基础上，结合相关资料，重点阐述了"师法自然生态修复法"的新理念，该理念是基于地形、地貌、水文、气象等条件，模拟自然的生态修复过程，该理念对我国的土地复垦与生态修复产生了积极而深远的影响（张成梁 等，2011）。

在理念不断丰富完善的同时，土地复垦与生态修复技术取得了前所未有的突破性成果。

在东部采煤沉陷地复垦技术方面，一方面研发了采煤沉陷地农业复垦技术（李树志，2014），另一方面针对采用矿山固体废弃物（粉煤灰、煤矸石等）充填采煤沉陷地可能产生二次污染与充填材料不足的问题，研发了黄河泥沙充填采煤沉陷地复垦技术，该技术不仅解决了充填材料不足的问题，而且解决了黄河泥沙淤积问题（胡振琪 等，2017）。由于国家越来越重视生态文明的建设，越来越多的高潜水位塌陷区恢复成湿地公园、水库等。随着我国城镇化进程的加快，矿区受损建筑物防治与修复成为该阶段土地复垦与生态修复的重要组成部分。该阶段的研究成果革新了采动地基稳定性评价、抗变形建筑技术等矿区一体化建设技术，提高了建筑物抗变形能力（郭惟嘉 等，2016）。随着采煤战略西进，西部生态脆弱矿区的生态损毁监测与修复成为研究重点。

为了改善西部矿区植被生长环境，相关学者揭示了西部干旱煤矿区土地复垦的微生物修复机理，创建了规模化的菌剂生产技术，接种菌根缓解了煤炭开采对植被生长造成的不利影响，增强了植被根系的自修复能力，促进了矿区生态系统的稳定性（毕银丽 等，2014）。由于煤炭开采会造成不同程度的生态环境破坏，有关学者基于合成孔径雷达（synthetic aperture radar，SAR）技术监测矿区地表变形和沉降（汪云甲，2017），揭示了西部煤炭开采对地下水和地表环境的影响规律，发现了生态环境损毁的自修复现象，科学阐明自修复、自然修复和人工修复的关系，提出了西部矿区生态修复的对策（胡振琪 等，2014）。

在煤矸石生态修复方面，研究了丛植菌根在煤矸石山复垦中的应用（毕银丽 等，2020，2007；赵仁鑫 等，2013），采用杀菌剂抑制煤矸石山的酸化，可以有效地防止煤矸石山自燃和复燃，形成了酸性自燃煤矸石山原位治理与生态修复一体化技术，实现了控灭防一体化自燃煤矸石山的综合治理（陈胜华 等，2014a；胡振琪 等，2008，2009a）。

在露天矿土地复垦与生态修复技术方面，地貌重塑、景观生态和生物多样性得到了进一步研究，为露天矿生态环境修复提供了技术支撑（刘孝阳 等，2016；毕如田 等，2007）。

在这一时期，最突出的成果是对西部矿区生态修复产生了 5 个标志性的国家科技进步奖。同时颁布了一系列相关标准和监管方法，2011 年国务院颁布了《土地复垦条例》，2012 年中国煤炭学会成立了煤矿土地复垦与生态修复专业委员会，该委员会凝聚了全国的矿区土地复垦与生态修复的技术力量，为学术交流搭建了广阔的平台，有力地促进了国内外土地复垦的理论知识与技术的传播与交流。

5. 发展现状

时至今日，煤矿区生态环境修复发展三十余年，通过回顾发展历程，总结出本学科发展历程共有四大特点。

1）国家在政策上给予越来越多的重视，并重点投入经费支持

2007 年国土资源部出台了《关于组织土地复垦方案编报和审查有关问题的通知》，逐步建立了土地复垦方案编报和审查制度。与此同时，新一轮《全国土地利用总体规划纲要（2006—2020 年）》《全国矿产资源规划（2008—2015 年）》和《全国土地整治规划（2011—2015）》确立了土地复垦的重点区域和复垦目标，对土地复垦提出了明确要求。2011 年生效的《土地复垦条例》，标志着土地复垦工作全新阶段的开始。《土地复垦条例实施办法》则进一步强化了土地复垦责任，完善了约束机制，建立了激励机制，加大了处罚力度，国家对土地复垦的实践活动和科研投入不断加强，《土地复垦方案编制规程》（TD/T 1031—2011）和《土地复垦质量控制标准》（TD/T 1036—2013）等技术规范的颁布，促进了矿山企业科技研究的重视和新技术的应用，土地复垦迈入了高速发展的新时期。

十九大以来,《中共中央国务院关于建立国土空间规划体系并监督实施的若干意见》《关于统筹推进自然资源资产产权制度改革的指导意见》《关于探索利用市场化方式推进矿山生态修复的意见》《创新驱动乡村振兴发展专项规划（2018—2022 年）》的出台,标志着国土空间规划体系构建、区域整体综合整治、国土空间生态环境修复等工作正式全面展开,可以预见,矿山生态修复领域将在"十四五"进入快速发展时期。

2）稳定的学科方向逐步显现,在理论和技术层面均取得重要进展

煤矿土地复垦与生态修复学科涉及多个其他相关学科,主要有矿业工程、环境科学与资源利用及农业科学、工业经济等,其中与矿业工程学科的关系最为密切。该学科研究以技术开发、理论研究为主,但规划、政策、市场、经济、管理等方面的研究也占有一定比例,目前逐渐形成了 8 个比较稳定的研究方向:煤矿土地与生态扰动监测与评价、煤矿地表沉陷控制、煤矿土地复垦与生态修复规划与设计、煤矿地貌重塑与土壤重构、煤矿植被恢复与生物修复、煤矿损毁建（构）筑物修复、煤矿水生态修复、煤矿土地复垦与生态修复政策与管理。

中国土地复垦与生态修复研究在理论和技术两个层面上取得的进展可归纳为两个方面（付梅臣 等,2015;胡振琪,2010;卞正富,2005)。理论研究方面,主要体现在土地破坏机理、复垦土壤生产力评价模型、土地复垦界面演替、残余变形预测、矿山区域土地与生态价值评价等方向,均取得了丰富研究成果,这些理论为复垦工艺、复垦技术、具体的采矿措施的提出提供了指导和依据。技术研究方面,主要包括两大方面:一是源头控制,二是事后治理。其中源头控制主要包括采矿-复垦-生态恢复 体化,地下开采矿山排矸与塌陷区复垦一体化,充填采矿控制沉陷与复垦一体化等。事后治理是指针对开采导致的沉陷土地所采取的复垦技术,主要包括非充填复垦和充填复垦技术,还包括深耕改良、微生物改良及复垦土壤重构技术等。非充填复垦根据积水状况与地貌特征,大致分为挖深垫浅、疏排法复垦、梯田（或台田）式复垦及平整土地工程技术复垦。充填复垦主要是利用煤矿废弃物（煤矸石、粉煤灰等）及其他固体废弃物（如城市垃圾和河泥等）充填。

3）学术交流步入常态化、规范化

2012 年,中国煤炭学会成立了煤矿土地复垦与生态修复专业委员会,专业委员会每年召开一次中国矿区土地复垦与生态修复研讨会,从 2014 年起,每 3 年召开一次国际土地复垦与生态修复学术研讨会;中国煤炭学会矿山测量专业委员会每年召开一次学术年会,均将土地复垦作为一个大会主题。国际矿山测量学会中国委员会也不定期召开学术交流会,土地复垦与生态修复是会议交流的主要内容。

4）人才培养取得明显成效,科研成果不断显现,研究队伍不断壮大

自从 1988 年中国矿业大学培养出第一个硕士、1991 年培养出第一个博士以来,中国矿业大学、中国矿业大学（北京）、山西农业大学、中国地质大学（北京）等院校,先后培养了该领域近千名研究生,其中博士研究生二百余名。在国家和省部级的人才奖励

方面也崭露头角，先后入选"长江学者"特聘教授、新世纪百千万人才工程、中国青年科技奖、教育部新世纪优秀人才、教育部跨世纪优秀人才、全国青年土地科技奖、煤炭学会青年科技奖、中国青年女科学家提名奖等。

科研成果方面，据不完全统计，我国土地复垦与生态修复获得国家科技进步奖 8 项，省部级科技进步奖 50 余项。出版专著近 100 部，发表论文 2000 余篇（不包括英文论文）。

从全国发表土地复垦与生态修复科技论文的机构来看，管理部门、科研院所和工矿企业这三类研究机构涉及的行业都比较广，涵盖地矿、国土、环保、林业、煤矿、农业、水利、生态等常见领域（行业），同时也包括冶金、建筑、地理、交通、经济、社会等较少的领域（行业）。管理部门中各级国土管理部门最多，包括土地整理中心、土地勘测规划院、土地开发储备中心和信息中心等；科研院所分布较散，包括地勘、环保、矿业、农业、水利和国土领域。

综上所述，我国煤矿土地复垦与生态修复领域的研究取得了明显进展，初步构建了知识体系和稳定的研究方向。然而，土地复垦与生态修复学科作为一门新的学科，建设道路仍很长，学科更新、学科发展必须与时俱进，需要数代人不断努力。

6.1.3 煤矿区生态环境修复的研究进展

自 20 世纪 80 年代我国重视土地复垦与生态修复之时，在探索各种工程技术措施的同时，也对其基本概念、基本问题、基础理论问题进行探讨，在相关学科基础理论指导和应用下，从以下几个领域产生了较为独特的理念或技术原理。

1. 基础理论

土地复垦与生态修复是多学科交叉的综合性应用学科，因此，相关学科的基础理论是该学科重要的支撑理论，尤其是开采沉陷学、土壤学、生态学、地理学等学科对本学科具有重要支撑，在借鉴和吸收相关学科理论基础上发展，并在不断实践中发展自身独特理论与技术原理。

煤矿区土地复垦与生态修复主要以土壤重构作为土地复垦的核心，土壤剖面重构作为土壤重构的关键，对土壤重构进行了系统分类，同时重点研究了土壤重构与采矿工艺的结合，并对不同的复垦方式、用地类型开展了较为广泛的研究。此外，还提出了仿自然地貌重塑、边采边复等理念、原理和方法（胡振琪 等，2013a，2013b；李俊杰 等，2007）。目前，煤矿区土地复垦与生态修复领域已经形成了相关学科基础理论与学科独特理论相辅相成的学科理论发展特征。

2. 矿区生态环境监测与评价

矿山生态损伤诊断是指运用各种技术探测、判断和评价矿区资源开发对生态环境产生的影响、危害及其规律，分为宏观微观监测，空-天-地监测，干扰性生态监测、污染性生态监测和治理性生态监测等，具有综合性、空间性、动态性、后效性、不确定性等特征。

在地表形变及沉降监测与评价方面：SAR 技术在矿区地表形变及沉降监测中的应用取得了突破，主要表现在：基于知识的矿区形变 SAR 信息提取技术、多尺度多平台时序 SAR 影像地表沉降信息获取方法、SAR 与全球导航卫星系统（global navigation satellite system，GNSS）、激光雷达（light detection and ranging，LiDAR）及无人机数据的融合方法、利用多平台 SAR 数据和三种基于水平形变假设的地表形变联合监测方法和矿区地表沉降、建筑物沉降及结构物形变监测的自动化监测系统。

在地下煤火及煤矸石山自燃监测与评价方面：取得的突破主要包括地下煤火地-空一体化探测技术、煤火靶区及地裂缝无人机（unmanned aerial vehicle，UAV）精准监测技术、煤矿区矸石山边界信息提取及温度异常信息监测诊断技术。

在矿区其他生态环境要素监测与评价方面：主要进展包括多源遥感矿区环境及灾害动态监测技术与评价预警系统、基于净初级生产力（net primary productivity，NPP）矿区生态环境监测与评价系统、矿区地表环境损伤立体融合监测及评价技术、采煤工作面沉陷裂缝损伤与生态因子监测技术、风沙区一体化的地表环境监测体系与土壤水分监测技术、基于物联网技术的矿区生态环境监测系统。

在矿区生态环境评价方面：主要进展包括矿区环境综合评价与时空变化规律分析、地表环境损伤评价及整治时空优化技术、煤矿生态环境损害累积效应评价方法、煤炭开采对植被-土壤物质量与碳汇的扰动与评价方法。

在多源及稠密长时序列卫星数据的支撑下，以及无人机遥感与摄影测量技术应用下，矿区生态演变过程刻画及监测将更加完整、精确、实时。随着云计算、大数据平台和各类算法的发展和应用，数据处理与分析的效率与精度也将大大提高。未来矿区生态环境监测研究将向高效、智能、精准方向发展，并将取得长足的进步。

3. 矿区开采控制技术

为了减轻开采沉陷对土地资源和生态环境的影响，国内外专家学者通过大量的试验与研究，总结出 4 种开采沉陷控制理论与控制方法，即煤矿覆岩离层注浆控制技术、采空区充填开采控制技术、条带和房柱式等部分开采控制技术、协调开采沉陷控制技术和保水开采控制技术（钱鸣高 等，2003；才庆祥 等，2002；孙绍先 等，1990b）。在基础研究、工程实践等领域取得了大量成果，开采沉陷控制对土地资源和生态环境的影响技术处于国际领先水平，但理论与技术体系仍有待进一步深入研究，例如：离层注浆控制技术需要进一步研究离层形成的机理、发展演变规律，离层从形成到停止是一个动态过程，要提高注浆减沉效果和质量，就必须掌握离层形成随开采的时空关系，离层出现的时间、位置和最佳注浆时间等；充填开采技术需进一步研究尽量减少对综采工作面产生不利影响的固体废弃物高产、高效充填工艺，该充填工艺利用采空区回填处置矿井煤矸石，达到掘进矸石不上井、洗选矸石不建山的绿色开采的目的；部分开采煤柱应力应变特征与长期稳定性及煤柱留设理论方法的研究，适于深部最佳采、留比优化设计方法；保水开采应注重基础地质勘察与研究，综合勘察水资源、煤炭资源及相关地质采矿条件，提高导水裂缝带发育高度的预测精度。

4. 煤矿区土地复垦与生态修复规划设计

煤矿区土地复垦与生态修复的规划设计是工程建设的龙头，起步于 20 世纪 50～70 年代，经历了企业探索研究、国家立法，企业专家合作研究，政府、企业与专家构建复垦监管体系及技术标准，社会参与 4 个阶段，体现了从单目标规划向多目标规划，从单阶段规划向全生命周期规划、从人工编制规划向智能辅助编制规划、从二维平面规划向多维虚拟规划等转变的发展趋势（桑李红 等，2018）。

研究的重点和成果表现在：探讨规划的内容与深度；提高矿区土地破坏调查和评价精度、实现可视化展示毁损和拟毁损土地；提高土地复垦适宜性评价精度；实现复垦土地空间结构优化与布局的自动化和可视化；与开采协调的动态复垦规划方法；复垦措施的优选与设计原则及方法；将土地整治规划、土地毁损生态风险评价、生态农业规划、景观生态规划、矿城协同等理念应用于复垦规划设计；植物品种的筛选和群落设计；复垦成本估算方法等。

目前，我国在 3S 技术、虚拟技术等信息技术支持下的土地复垦规划设计理论与方法紧随国际潮流（胡振琪 等，2005d），土地预复垦规划设计理论与方法也已领先国际。但为了毁损土地复原修复和区域融合效果及规划理论方法全面发展，仍须缩小将土地复垦规划设计与采矿规划有机结合、以恢复农田为主、采前环境本底调查薄弱等方面与国外复垦规划模式的差距。

5. 土壤重构与地貌重塑

矿区地貌重塑与土壤重构是矿区生态系统恢复重建的基础性和关键性工程，主要涉及露天煤矿、井工煤矿、煤矸石山土地复垦中的土壤重构与地貌重塑（刘孝阳 等，2016；王金满 等，2014；陈胜华 等，2014b；付梅臣 等，2004a，2004b；申闫春 等，2002；台培东 等，2002）。矿区土壤重构是矿区复垦土地质量的核心，指以矿山损毁土地的土壤恢复或重构为目的，采取适当的采矿和重构技术工艺，应用工程措施及物理、化学、生物、生态措施，重新构造一个适宜的土壤剖面和土壤肥力因素，在较短的时间内恢复和提高重构土壤的生产力，并改善重构土壤的环境质量，消除和缓解影响植被恢复和土地生产力提高的障碍性因子。

在土壤重构研究中，"分层剥离、交错回填"的土壤剖面重构原理和方法的提出，为实现采矿复垦一体化提供了有效途径。除此之外，高潜水位区沉陷地充填与非充填土壤重构技术、"采矿—剥离—排弃—造地—复垦"等一体化工艺、矸石山黄土薄层覆盖法、土壤改良等方面也取得很大进展。近年提出的"夹层式土壤剖面重构原理与方法"为充填复垦技术的革新奠定了理论基础。最新研发的黄河泥沙充填复垦技术，提出了间隔条带式充填沉陷地复垦技术工艺流程及交替多层多次充填复垦技术，这一技术缩短了复垦工期，利用淤积的黄河泥沙解决了充填材料不足的问题。

矿区地貌重塑是针对矿山的地形地貌特点，依托采矿设计、开采工艺和土地损毁方式，通过有序排弃和土地整形等措施，重新塑造一个与周边景观协调的新地貌，最大限度地抑制水土流失。地貌重塑是矿区复垦土地质量的基础和保证。只有对损毁的地貌进行科学合理的重塑，才能进一步对土壤进行重构。

在地貌重塑研究中，已在黄土区露天矿区地貌重塑技术、露天煤矿区受损土地地貌获取与表征方法、重塑地貌的稳定性与岩土侵蚀控制、露天矿坑地貌的处置与再利用、高潜水位区挖深垫浅法重塑塌陷区地貌技术、未稳定沉陷地边采边复技术、煤矸石山的整形整地、煤矸石地貌重塑与自燃控制，以及煤矸石山侵蚀控制与地貌稳定性等方面取得较大成果。

6. 植被恢复与生物修复

矿区植被恢复是矿业企业对矿山建设、生产过程中造成的植被破坏进行以植物种植、配置为主，恢复或重建植物群落或天然更新恢复植物群落的过程。生物修复是利用植物、土壤动物和土壤微生物的生命活动及其代谢产物改变土壤理化性质，减少有毒有害物的浓度或使其无害化，并提高土壤肥力的过程。矿区植被恢复成功的关键在于恢复植物的选择与合理的配置模式，而恢复植物的筛选主要集中在先锋植物及后期适生植物上，因此植被恢复技术应基于区域内的植物生长胁迫因素、生物多样性、先锋树种及主要伴生树种的生态位和现有植物的群落动态、种群空间分布格局进行全面研究，由此确定植被修复的模式、功能和群落演化动态，制订方案和配套的技术措施。土壤动物是土壤生态系统中的主要生物类群之一，占据着不同的生态位，对土壤生态系统的形成和稳定起着重要的作用；微生物复垦技术利用微生物的接种优势，通过改善植物营养条件、促进植物生长发育的同时，利用植物根际微生物的生命活动，使失去微生物活性的复垦区土壤重新建立及恢复土壤微生物体系，增加了土壤生物活性，加速复垦地土壤的改良及向农业土壤的转化过程，从而缩短了复垦周期（韩桂云 等，2002）。我国对复垦区生物修复的研究处于刚起步迅速发展阶段，生物修复已由细菌修复拓展到真菌修复、植物修复、动物修复、微生物-植物联合修复，由单一生物修复拓展到有机生物联合修复（毕银丽 等，2020）。

随着国内外植物-生态-微生物-土壤修复模式和方法的不断完善，筛选和鉴定出更多适合不同类型矿区废弃地种植的先锋植物和土壤种子库，探索微生物和生物菌群的优势功能，进一步推动菌根技术在矿区土地复垦与生态重建中的应用，考察土壤微生物的遗传多样性和功能多样性的空间分布特征，探讨土壤微生物的地理分布格局及其形成机制，深入土壤微生物生态系统，进一步研究植物-微生物根际化学反应过程，了解根际微生态圈等，是目前矿区废弃地生态恢复研究的重要方向。

7. 矿区建筑物保护与构建技术

矿区受损建筑物防治与修复关系矿区的和谐稳定、关系矿区土地的高效集约利用、更关系矿业城市的可持续发展，已经成为矿区生态环境修复发展研究的重要领域。它是综合利用多种理论和技术使矿区建（构）筑物少受或免受采动损害，或使受损建（构）筑物恢复到可供利用状态的一门应用性学科。其发展方向主要集中在矿区抗变形建设理论和矿区土地建筑利用技术的研究和应用。

在城市化进程的加快和采矿业的快速发展下，矿区抗变形建设理论更加成熟，理论和实践应用成果更加丰富。地面建筑物结构保护措施主要分为两大类：刚性保护措施和柔性保护措施。刚性保护措施是为了增强建筑物抵抗变形的能力，柔性保护措施是为了提高建筑物适应变形的能力、减小地表变形引起的建筑物附加应力（谭志祥，2004）。矿区土地建筑利用技术方面，发展了矿区土地动态预复垦技术、矿区受损土地城市建设系列技术和矿区受损土地建设城市景观湿地的技术，并在多个矿业型城市进行了实践，取得了良好效果。

随着人们对矿区资源认识水平的不断提高，矿区受损土地向着地上、地下综合利用的方向发展，未来地下空间将被开发成地下城市，矿区建（构）筑物的防治与修复必将面临新的挑战（纪万斌，2005；冯永军 等，2004）。随着科技的发展，大数据、云计算平台、多源遥感监测和人工智能等将被应用到矿区建筑物的保护中，矿区受损建筑物防治与修复理论与技术必将随着时代的发展而更加成熟完善。

8. 煤矿沉陷区水资源及水生态修复

沉陷水域是煤矿开采以后，地表下沉低凹积水而形成的类似湖泊的封闭水体（戚家忠 等，2002），其主要的水源为采煤矿井水、地下水及大气降水，这些水源携带周边污染物，向沉陷水域输入了大量的钙、镁、钾等离子和有机物及氮、磷等，一定程度上改变了沉陷水域的理化环境，同时亦使沉陷水域表现出采煤区独特的环境特征。因此，从水域重金属污染、水域富营养化污染、水体生产力、水环境评价等方面研究沉陷水域水质现状及其演变特征，确定水源污染程度、类型及发展趋势，并将生物技术、3S 技术、矿区水生态修复技术等应用于沉陷水域水资源利用及污染防治修复中，是该领域的重要发展方向，也是使生态环境和水资源向可持续发展方向演变的重要依据。

9. 土地复垦与生态修复政策与管理

我国矿区土地复垦始于 20 世纪 50 年代或 60 年代初，由于当时政策与技术方面的原因，直到 70 年代末，土地复垦工作呈现的是一种零星、分散、低水平、小规模的状态，缺乏统一组织和有效管理。随着社会发展和人们认识水平的提高，对土地复垦的理解也发生了变化。经过近 30 年的探索，我国煤矿区土地复垦与生态修复政策制定不断趋于成熟，管理手段与时俱进，相关工作也取得了较大进步。但目前我国土地复垦与生态修复缺乏完备、可操作的监管机制。

6.1.4 展望

煤炭作为我国的基础能源，生产规模和产量大，煤炭开采对土地和生态环境造成了严重的影响，解决这些问题的重要手段之一就是矿区土地复垦与生态修复。随着煤炭开发强度的加大和战略西进，煤矿区土地复垦将会出现一些新问题亟待解决。展望未来，煤矿区土地复垦将呈现蓬勃发展的态势，具体在以下几个方面的研究将受到广泛关注。

1. 矿山土地复垦与生态修复基础理论与共性技术

四十多年的矿山土地复垦与生态修复实践表明：修复理论远远落后于实践。目前缺少对修复的基本理论、技术原理的深入研究来支持和推动该领域的发展。此外，共性技术的研究应该得到更多重视和深入探讨。生态修复往往存在一些基础性的共性技术。水是生命之源、土是生命之基，植物是生命之根，因此，水、土、植物是生态修复的三大要素，围绕这三大要素的修复技术就是共性技术——地貌重塑、土壤重构和植被恢复。三大共性技术须进行深入研究，并期待取得重要突破，例如：对东部高潜水位采煤沉陷地应加强生态景观湿地的研究，重点研发耕地水域的协调技术、水域生态修复及多用途综合使用技术等，拓展土地利用的多样性；针对西部生态脆弱矿区，需要进一步加强研究减少扰动的工程治理技术、植被快速恢复技术、仿自然地貌修复技术、人工与自然修复综合治理技术等。

2. 矿山生态损伤诊断与预警

矿山生态环境损伤诊断是矿山土地复垦与生态修复的基础，直接影响修复治理技术的优选。科学、精准的生态环境损伤诊断是生态修复的关键。目前，在生态损毁修复治理前进行科学、全面的生态损伤诊断与要求仍然存在很大差距，容易导致"头痛医头、脚痛医脚"，此外，缺乏复垦与治理后的长效监测措施，使治理措施纠错与调整缺乏科学依据。

矿山生态损伤诊断重点对矿区生态损伤驱动力、损伤要素、损伤程度、损伤风险、损伤时空分布及未受影响的参照生态系统等进行诊断，同时也要对隐伏损伤信息和潜在损伤进行科学的诊断与预测。在对矿山生态损伤监测诊断后，应结合开采技术和过程，探讨矿山生态损伤的机理和规律，为生态减损绿色开采技术的革新奠定基础。无人机遥感及人工智能技术将在监测诊断中发挥越来越大的作用。

3. 源头减损技术

绿色开采由钱鸣高院士提出并得到广泛重视和研究。随着绿色发展成为国家战略，从源头上控制和减轻生态损伤是绿色开采的首要任务。为此，将进一步研究充填开采、条带开采、离层注浆、保水开采、协调开采等绿色开采技术。未来的研究，除继续革新技术工艺、降低成本和提高工效，还将加强绿色开采与生态保护修复目标的结合，实现技术经济的合理性。

4. 边采边复（采复一体化）技术

采复一体化是国际先进的矿山生态修复理念。露天矿采复一体化及仿自然生态修复将是未来我国露天矿土地复垦与生态修复的重点。井工矿的采复一体化相比露天矿困难，提出了"井工煤矿边开采边复垦"的概念、内涵、基本原理、技术分类与关键技术。边采边复强调开采工艺与复垦（修复）工艺的充分结合，以保证按采矿计划进行的同时进行复垦与修复，其基本特征是以"采矿与修复的充分有效结合，也即采矿修复一体化"为核心，以"边采矿边修复"为特点，以"提高土地恢复率、缩短修复周期、增加修复效益"为表征，并以"实现矿区土地资源的可持续利用及矿区可持续发展"为终极目标。核心技术及研究重点在于解决"何时修复""何地修复""如何修复"这三个问题。

5. 高质量耕地复垦技术

18亿亩耕地是国家划定的一条不可逾越的红线，因此矿区土地复垦应重点研发减少耕地破坏的开采沉陷控制技术和绿色开采技术、补充耕地的复垦技术、保土型的边采边复的动态预复垦技术、基本农田复垦技术、无污染充填复垦技术等。为提高恢复耕地质量，应重点研究表土保护与构建技术、夹层式土壤剖面构造技术、复垦耕地地力改良提升技术等。在煤炭开采的同时，加大土地资源和粮食安全的保护力度。

6. 黄河流域煤矿区生态修复

黄河流域是我国重要的生态流域，也是我国重要的能源流域，黄河流域煤矿区的生态修复对实施黄河流域生态保护与高质量发展的国家战略具有重要作用。如何在该流域加强生态保护的同时又开发煤炭资源以保障国家能源安全和促进经济发展，成为我国亟待解决的难题。研究重点围绕黄河流域上游的保护性开发、中游的脆弱生态系统修复和下游的水陆两相生态系统修复而展开，在中游的干旱半干旱煤矿区人工诱导的自然修复和生物修复将得到深入研究与实践，在下游平原矿区的边采边复、塌陷地复垦、水生态重建等修复技术将会有所突破。

7. 煤矿区污染控制与修复技术

以往我国矿山土地复垦与生态修复往往侧重于物理损毁生态系统的恢复，对矿山污染生态的重视还不够。随着国家对生态环境尤其是水土污染的重视，矿山开采导致的环境污染将成为未来矿山土地复垦与生态修复研究的重点和难点。

煤矿区往往存在采煤、选煤、发电、煤气化等多种产业的煤炭产业集聚区，同时产生煤矸石、粉煤灰、脱硫石膏等固体废弃物，对区域土壤、水和大气都造成不同程度的污染和环境累积效应。煤矿区污染控制与修复将重点关注包括煤矿区污染物清单和污染迁移转化规律、污染源头控制、土壤和地下水污染修复、固废堆场修复等方面的重要研究进展，矿山土地复垦和生态修复工作也将进一步得到丰富和完善。

8. 关闭矿山的土地复垦与生态修复

随着关闭矿山的日益增多和关闭矿山的长期环境损伤，应重点研究矿区损毁的调查诊断技术、土地清洁和污染治理技术、废弃地和地下空间的可持续利用、地貌重塑技术和植被恢复技术等土地复垦与生态重建的关键技术。

9. 矿区生态修复监管技术

目前我国土地复垦与生态修复缺乏完备、可操作的监管机制，国际多年的复垦经验可为我国监督机制的制定提供指导与借鉴，重点加强监管政策的完善、尽快建立明确的监管机构、人员及职责、进一步完善土地复垦与生态修复工作从立项到验收的全过程监管机制，加大政策的执行力度。同时，进一步建立和完善可操作、易实施的技术标准，加强培训以提高监管人员的专业知识和执法能力。

6.2　石油、天然气矿区生态环境修复的现状与未来

6.2.1　问题的提出

石油、天然气是国家的战略资源，也是工农业生产能源消耗的核心。我国石油资源集中分布在渤海湾、松辽、塔里木、鄂尔多斯、准噶尔、柴达木和东海陆架等盆地，据不完全统计，这些区域可采资源总量接近 200 亿 t，占全国 80%以上。长期以来，油气工业的发展模式比较粗放，集约化程度低，重经济效益、轻环境效益，对自然资源和生态环境造成严重的破坏，油气田矿区所在区域承载着过重的环境压力，资源环境矛盾日益凸显。此外，油气田矿区所处区域多属于生态环境敏感及脆弱区域，在长期的矿区开发人为干扰下，面临巨大的生态风险及战略安全问题。

油田矿区污染贯穿于生产全过程，包括从开采到封井的所有作业环节，以及原油集输和油田开发附属产业，表现为：化学燃料和燃油锅炉导致大气污染中硫化物和多环芳烃污染突出，伴随近年的雾霾天气，危害严重；90%以上地表水受油田化学品污染，石油类污染物和采油药剂中的有毒有害物质相互叠加，水质恶化突出；长期散排、污灌等过程导致油田区周边湿地、河流底泥、土壤中烃类污染物积累，严重影响农产品及水产品安全。油田矿区日益严重的生态环境问题已成为国家实施"绿水青山就是金山银山"战略的重要瓶颈，也为我国本领域的科技发展提出了具有挑战性的迫切需求。

1. 油气田矿区污染源分布特点

石油、天然气矿区污染源分布具有地域分布的广阔性、点源分布的高度分散性、面源分布的区域性和与相关配套部门污染源的交叉重叠性等特点。

1）地域分布的广阔性

油气田环境污染源地域分布的广阔性主要是由油气资源的分布决定的。油气资源一般生成在陆相沉积、海相沉积和海陆过渡相中。就我国目前已开发或正在开发的大庆、胜利、辽河、新疆、长庆、中原、四川、江苏、华北、滇黔桂、塔里木等陆上油气田看，其分布遍及我国的东北、西北、华北、中原、西南、华中及东部沿海各地。

2）点源分布的高度分散性

油气田最基本的污染单元是地震炮孔、探井、注水井和采油井，在一个开采区内随机分布存在。此外，还有配套的计量站、转油站、联合站、压气站、油库、天然气处理站等，它们由油、气、水管网构成一个整体。但这些最基本的污染单元内的油气开采及输运等作业单元都具备高度分散性。

3）面源分布的区域性

一个油气区通常包括许多油气田，区域面积大小不一。从几平方千米到几百或上千平方千米不等。这些油气田内部一般连片的比较少，各自均由众多点源（采油井、接转站、联合站等）组成，因此形成没有具体厂界特征的区域性污染源。

4）油田开采与配套产业的污染交叉重叠性

油田的开采需要很多配套部门，包括药剂生产及产品加工等，这些行业产生的污染与油田开采产生的污染形成交叉重叠态势，致使污染物种类和污染分布呈现多种趋势，尤其是在开采中后期的油田，这一特征尤为突出。

2. 油气田污染源排放特点

1）以点源为主，兼具面源

油气田最基本的组成单元是油井（井场），可以称为最重要的点源单元，由众多的油井（井场）组成的油田形成面污染源。对油田生产来说，多数固定设施单元的生命期较稳定，如集输设备、原油处理和存储设备、注水设施等，随着油田变化只做适应性调整。在这些固定设施中，污染物的排放大多以点源排放形式为主。

2）无组织排放与有组织排放兼有

油田矿区污染排放与开采过程、处理方式及污染物性质等有关。油田废气大多以无组织形式排入环境，如钻井过程中大功率柴油机的烃类气体排放、井口伴生气释放、储罐大小"呼吸"中烃类损失等都属难以避免的无组织排放源。而加热锅炉和蒸汽炉则属有组织排放源，两者相比，无组织排放和有组织排放兼有。再如，落地油污土壤和管线泄漏的原油污染土壤，属于随机性存在，而清罐底泥、联合站浮渣等属于有组织排放。

3）正常生产排放和事故排放兼有

在油田开发过程中，废水、废渣及废气的排放多在开发过程中进行正常排放。但操作失误等人为因素和地震、火灾、洪水、雷击等自然灾害的影响可导致油、气、水的泄漏事故。在这些事故中，最严重的事故是井喷和油品储存系统的冒顶。因事故而造成的污染常常是严重的，近年来加强了必要的预防和处理措施，事故排放的概率已大大降低。

4）连续排放与间歇排放兼有，以间歇排放为主

油气田开发各生产过程排污多以间歇排放为主。如油田污水的排放，其中钻井污水、洗井污水、井下作业污水均属在施工期间的间歇排放。只有原油采出液中的污水属连续

排放，处理后回注或者外排。固体废弃物和噪声更具有间歇排放的特点。

3. 油气田生态环境污染物特点

油田开采矿区污染物具有多样性特征，包括石油类、挥发酚、COD、硫化物和重金属等。石油工业以石油类为其特征污染物，这是指主体工程排放的主要污染物。水体中石油类污染物等标污染负荷百分比为 53%，排在第一位，其次为挥发酚、COD、硫化物和悬浮物（suspended solids，SS）。在废气中石油烃仅次于 SO_2 位居第二，其等标污染负荷百分比约为 40%。但在其辅助配套工程中，如机加工厂、炼化工厂所排放的污染物是各不相同的，如机加工业的水体污染物含有一定量的重金属离子，炼油工业排放更为复杂的有机污染物。

6.2.2　石油、天然气矿区生态环境修复的发展历史

石油、天然气矿区生态环境是指在石油、天然气矿区范围内生物和环境相互作用和影响形成的一个统一系统，是在人们对油、气资源开发利用活动干预下发展和适应而形成的一种生态系统，是保持着一定动态平衡关系的整体。随着当今石油工业的蓬勃发展，石油、天然气的开采总量在逐年增加。虽然保证了石油、天然气产量的高速增长，但油、气开发整体的技术水平还很低，开发往往是在无足够工程、技术和经济准备的条件下进行的。这种破坏性开采，导致了矿区生态环境的极大破坏。近年来，国内外采取各种政策措施进行石油、天然气矿区生态环境的保护和修复。

1. 国外石油、天然气矿区生态环境保护措施

俄罗斯、美国、英国等发达国家的石油、天然气开发生产的环境保护工作，无论在环境管理体系方面还是在污染物的治理措施、技术上都比较完善和成熟。如俄罗斯帕诺夫等在 1992 年《石油天然气工业企业的环境保护》一书中分析了石油、天然气生产过程中产生的污染物数量、成分结构、特性，在水和空气中的化学变化和不同生产部门对环境污染的影响。美国在环境保护立法中对油气资源开采生产过程中的环保措施也有明确规定，例如：在《安全饮用水法》中对采油废水回注和回灌处理提出了明确的要求；在《环境反应、补偿与责任综合法》对石油工业和化学工业征税，并给予联邦政府广泛的权力，对可能危害公众健康和环境的危险废物的排放或可能排放直接做出反应。1986 年，《资源保护和回收法》的修正案着手解决由储存石油和其他危险物质的地下储槽引起的环境问题。1990 年出台的《石油污染法》加强了对灾难性的石油泄漏的预防和反应能力。同时美国环保执法力度非常严格，一旦违反了环境法律的要求，赔偿罚款数额巨大，严重者会使公司破产倒闭。作为第四大上下游一体化经营的跨国石油公司英国 BP Amoco公司，在 ISO14000 环境管理体系认证与健康、安全与环境（health safety and environment，HSE）管理体系上都走在世界的前列。英国的石油公司将改善环境作为自己的责任，在生态敏感区进行油气田开发时，石油公司会制订详细的环境与社会影响评价报告。只有

确保了能够控制油气田开发带来的环境破坏时，石油公司才会进行油气田开发。石油公司也会严格遵守政府的规定，限制污染物的排放，并努力将污染物的排放控制在远低于政府标准以下。

2. 国内石油、天然气矿区生态环境保护措施

近十几年来，随着我国对生态环境的广泛关注，石油、天然气矿区生态环境的研究也逐渐增多。如张兴儒（1998）系统地介绍了石油企业的自然社会环境状况，油气田开发建设过程中对水体、大气、土壤、生态环境的影响，油气田污染处理系统等情况，并针对油气田在污染防治方面存在的主要问题提出了控制对策；詹鲲（2004）系统介绍了油田环境保护相关的法律法规、环保管理、污染治理和环境监测等内容，并广泛收集了国内外最新的管理经验和先进的治理技术；2005年出版的《油田生产环境安全评价与管理》在全面分析和识别油田生产过程中主要环境影响和环境风险因子的基础上，系统论述了油田生产环境影响评价和风险评价的理论、方法、标准、技术要求和工作程序，提出和建立了油田生产环境安全距离理论和估算模块。2005年出版的《油气田清洁生产》，系统介绍了油田企业清洁生产的基本知识、相关的法律法规、清洁生产审核程序及相关案例等内容，广泛收集了国内外最新的管理经验和先进的管理技术，具有一定的理论性、针对性、指导性和实用性。国内油气田生态环境保护虽然取得了一定进展，但与国外相比还存在一定差距，应借鉴国外的油气田生态环境保护的成功经验，缓解我国油气田开发对环境产生的影响。

6.2.3 石油、天然气矿区生态环境修复的研究进展

近年来，国外对油气田矿区污染与修复的研究更加注重在区域尺度上深入探讨各环境要素间的交互作用规律和复合污染效应，复合污染、生物修复和土壤生态修复与人体健康风险等成为研究热点。我国油田矿区生态环境污染具有问题的特殊性和解决问题的迫切性：历史上粗放式管理和野蛮性开采，大量污染现象在短时期内集中涌现，原有积存污染问题与新出现的复合污染问题同时并存，污染风险随时可能爆发。因此，多介质环境条件下的污染过程与风险效应、控制与修复原理成为研究重点。

1. 在区域尺度上深入认识和系统解决油田矿区生态环境问题

从区域尺度研究生态环境演化的过程机制及其调控方法一直是国内外本领域科学和技术发展的重要方向。由于不同油田区域的生态环境问题的复杂性和综合性，从区域生态特征、油源特性及开采工艺等角度开展研究是解决生态环境修复的根本，这可以从整体上揭示油田区域性污染的形成机理与控制对策。

世界上有代表性的原油产区，如中东海湾地区、加拿大、俄罗斯、尼日利亚、委内瑞拉，油品性质好，开发工艺简单，对周边的生态环境影响一直是环保领域关注的重点。针对区域性的油田水污染问题，加拿大自然科学与工程研究理事会（The Natural Sciences and Engineering Research Council of Canada，NSERC）从 2010 年起，启动了关于含环烷酸物质的油砂处理废水的处理技术、毒理评价、环境管理、水质管理模型与人类健康风险评估等 9 个领域的研究，涵盖了污染物微观识别到宏观管理修复的理论和实践。大气污染主要是由热采的燃料燃烧引起，针对大气污染与风险控制，国际上已实施了一些重要的研究计划，一般是结合某一区域当地自然环境状况及环境功能分区情况，对区块内污染源排放的污染物所产生的地面浓度进行模拟，采用多源模式分析其变化趋势，对不同燃料所造成的环境影响进行预测和评价，评价受污染物影响最大的区域。旨在深入理解油田区域大气污染的产生和去除过程，量化调整燃料结构，定量评估空气质量与健康和环境影响之间的联系。针对场地与土壤污染及修复，欧美发达国家和地区相继启动了诸如以污染生态系统修复机理为目标的研究计划等。

国内也十分重视从区域角度研究油田生态环境问题的解决途径。从"十一五"开始，863 计划项目、水专项、公益项目等开展了油田区采油污水、含油污泥、石油污染土壤治理与修复等课题，已经对稠油采出水外排处理、采油污水深度处理回用、含油污泥减量化、油污土壤修复等技术进行了研究，对不同区域油田的生态系统结构、土地利用、污染状况，以及油田作业对区域生态环境的胁迫作用等进行了一系列研究，积累了大量的基础资料和数据，对区域生态环境的研究起到了重要的作用。近年来，科学技术部、国家自然科学基金委员会等资助在滨海油田、黄土塬油田等地区开展了水、气、土污染形成机制与调控原理的研究，以及高中低浓度的污染土壤修复技术研究等。如围绕黄河三角洲的胜利油田，开展了部分湿地石油污染评估工作，证实污染呈中心向外延递减扩散的趋势，在特定生态环境条件下存在部分耐受性植物物种。总体来说，在油田开发区域内，随着开采年代增加，石油烃污染总量呈增加趋势；石油烃随污染年代的不同，显示出自然迁移特性，油井附近以落地油污为主，远离油井及集输管道的区域显示出以湿沉降为主的污染特征。

2. 以石油烃为主的复合污染是油田区域生态环境问题研究的重要方向

20 世纪 90 年代，世界各国普遍关心的油田污染问题是石油烃为主的污染物和污染现象，如油田含油污水污染所导致的水体 COD 升高问题、热采燃料燃烧导致的硫化物和氮氧化物排放所导致的大气质量下降问题、含盐水排放及污水散排所导致的土壤污染和盐碱化问题，某种或某类采油化学药剂污染所导致的生态环境受损问题等。到了 21 世纪初，对环境科学的基础研究和技术发展，已由单一和常规剂量的污染物转向低剂量复合污染物研究，从单一的污染介质转向环境多介质和多界面过程的探讨，从简单的污染过程转向涉及多种污染物共存和交互作用、多种介质和界面相互影响的复杂作用过程。人们发现，油田开发带来的污水、污泥中含有的污染物成分复杂，诸如石油烃、多环芳烃、重金属类进入环境并处于共存状态以后，可以进行交互作用并产生复合污染效应。也就是说，传统的油田环境调查和环境风险评估理论和方法都需要做出实质性的改变。我国也已针对油田不同的介质中的有机物及重金属的环境问题开展了有关复合污染的研究，发现在作业井场的周边湿地的土壤里石油烃和重金属类污染物共存；污染土壤中含有重金属、多环芳烃等多种污染物，并具有潜在的致癌风险。

3. 以石油烃等有机污染物的生物修复研究是热点和重点

发达国家在经历过油田污水物化分离、污泥和土壤清洗、焚烧等研究阶段后，油气田矿区环境科学领域所关注的重点已经转移到以生物降解为主要技术措施的自然降解及强化措施、生态毒理、健康危害、环境风险理论和先进调控技术的研究。

环境介质中微生物是经过若干代的自然驯化适应后形成的具有生物降解功能的稳定菌群，其在石油降解过程中起着关键作用。以土壤生态系统为例，它是承纳污染物的重要载体，复杂的系统构成在污染物削减及毒理控制方面扮演着十分重要的作用。但有关石油污染对土壤系统的改变及微生物的应激性与适应性反应，以及这些变化如何影响土壤中石油类污染物的降解过程仍然处于探索中，而这对了解土壤生态系统如何利用外来石油烃、如何通过调控措施优化系统净化能力至关重要。石油烃组分的复杂性和污染区域的差异性，导致每个研究区域的生态修复机制不尽相同。显然，回答石油开采区的土壤污染空间分布特征、影响污染物生物降解的主导因子、内外源碳代谢特征等已成为解决上述问题的关键。

石油烃的降解过程较为复杂，需由多种微生物协同完成。目前国内外学者对石油污染生物处理技术的研究主要集中在功能性降解菌的纯化及混合菌剂的复配。但目前菌剂的复配主要依赖经验性研究成果，基本属于各种微生物降解作用的简单加合，由于菌剂微生物间的协同作用性差，对石油类污染物中不同组分的降解针对性不够，而且对石油类污染物在不同阶段的降解产物选择性也不够，难以大幅度提高去除率和降解速度。虽然通过优化营养、供氧、温度等工艺条件，取得了一定的效果，但缺乏微生物代谢途径及调控方法的理论支撑，处理技术仍存在较大的随机性，难以从根本上解决污染物降解过程的控制问题。因此，在常规外界强化条件优化的基础上，降解菌的快速甄别、高效降解菌群快速构建与生物反应修复模式优化成为突破生物修复效率的关键问题。

4. 土壤污染修复逐渐成为油气田矿区环境保护的重要问题

随着油田区采油污水处理技术的普及和应用，大面积和多种情景的土壤污染问题日益突出。从不同区域尺度分析油田土壤污染的空间差异性特征，是深入探讨生态修复机制的基础。所涉及的范围大到不同区域的油田，小到同一开采区块内不同土地利用方式的井场。在选定区域上研究土壤微域生态变化的过程机制及其修复调控方法，一直是国内外本领域科学和技术发展的重要方向。

在不同油田区污染土壤中，污染物浓度分布特征具有区域性和地块性差异。原油族组成是土壤污染具有自然降解差异的区域特征的主导因子。土壤养分、氧化还原电位、土壤质地等因素的差异使得不同井场的污染物自然净化发生地块尺度的分异。在对我国北方几个大型油田的土壤研究中，依据油田所在区域的自然地理环境及微区域环境的特征变化，石油烃污染物在土壤中的集散状况及赋存形态有重要的不同，如微地形对污染物的空间分布制约、水热条件对污染物的垂直迁移与赋存状态的影响等。这些从不同角度都给予人们启示，区域尺度下石油类的环境化学过程与所在地环境特征息息相关。

　　土壤组成及利用类型差异很大程度上影响石油烃的降解过程。不同油田的土壤环境、污染来源、扩散及属性大不相同。即使在同一油田，由于景观差异及油井开采时间和方式的不同，相应的土壤污染状况及所处生态环境也有明显差异。有研究以大庆油田的黑钙土和华北油田的黄土为对象，分析油污染对微生物群落的碳代谢的结构、活性和功能影响。结果表明：原始土壤中微生物群落完全不同，黄土比黑土有更高的生物多样性和降解能力，但总体来说微生物群落结构变化趋势是一致的。另外，土壤的物理化学的异质性带来的地理性差异导致降解微生物的基因差异和群落结构差异，其中土壤粒径是对污染物降解起决定性的因子。砂壤土更有利于污染物降解，而黏土含量高的土壤污染物降解效率低，这主要归结于砂壤土好氧环境等多方面优势。综上，土壤组成差异是生态修复机理中不可或缺的重要指标之一。

　　石油污染引起的生物群落演替差异。区域的环境因子直接影响生态修复的效果，环境对生物选择，生物则要适应环境。在对我国 4 个区域的土壤进行石油烃的微生物降解研究中，渤海砂土和东北黑土具备更高的微生物矿化性能，4 种类型土壤中微生物群落均存在明显重构过程。地理学的异质性导致的非生物过程是土壤石油污染生物修复的首要因素。除此以外，在密集型传统工业严重污染的地区，特别是像我国油田地处生态敏感、脆弱地区，生态系统结构复杂，一直以来尚未开展过系统的环境污染研究，对石油污染土壤存在空间异质性，均缺乏系统的基础科学研究，无法从根本上认识石油污染土壤的现状及实施区域生态修复的科学方案。

　　污染物转化与陈化过程导致土壤性质发生改变。石油污染物进入土壤后会导致土壤的结构组成和理化性质等发生一系列改变，石油污染会增加土壤有机质含量，提高土壤原有碳氮比。但是，石油中的碳不同于土壤正常有机质或植物光合作用所固定的碳，这些碳源造成了土壤营养结构的失衡。尽管研究表明，废重油污染土壤的生物修复过程中，土壤胡敏酸含量从 0.23%增加到 0.70%，可能存在腐殖质的合成过程，但这一过程依旧不足以对土壤生物利用肥力形成直接的有益影响。此外，石油污染土壤的拒水性增强，进而导致其田间持水力下降，石油污染土壤含水率与含油率之间存在相互制约、此消彼长的特殊关系。如果土壤孔隙中石油占据主导地位，也就是说其饱和度较大时，那么土壤水分含量较低，反之亦然。石油的高黏度特性容易导致污染土壤结块，阻碍土壤中气体的流动，最终使得土壤形成厌氧环境。石油烃会在土壤表面形成膜状结构，从而降低土壤的有效孔隙率。另外，石油烃对土壤腐殖质与黏粒的吸附行为，使得油田区土壤的黏粒含量、总碳含量和石油烃含量都显著高于对照土壤。

5. 受损生态系统的修复研究备受关注

　　近二十年来，国外在恢复生态学的理论和技术方面都开展了大量的研究工作，但研究对象主要是陆地生态系统如森林、草原、湿地等。我国油田所处区域不同，陆上油田的生态系统包括湿地、农地、荒漠等。经过石油开采造成的生态系统破坏，具体表现在地表水体与土壤等介质的污染、生物群落多样性丧失、景观破碎等，需进行治污、沟渠改造、实施灌排制度、补充养分、土地复垦等。同时，要对这些湿地的生态系统进行综合研究，基于对生物、生境、景观、生态系统服务功能等的评价，运用生物技术、生态调控等手段对生态系统进行恢复和重建。

石油烃污染对植物和微生物具有生物毒性。石油污染阻碍植物根的呼吸与水分吸收，损害根部甚至引起根系腐烂；微生物与植物争夺土壤营养元素，微生物分解石油烃时产生过量交换态锰、铁，对植物造成毒害，造成土壤微生物群落、区系的变化；石油类污染物的生物降解会导致环境中矿物质和氧气的耗竭，其降解产生的代谢中间产物的毒性可能比原有的毒性更大，且石油类污染物对降解菌有毒害作用。石油烃的进入会改变微生物蛋白质的组成进而改变膜的结构，破坏膜的屏障和能量转换功能，影响与膜结合或附着在膜上各种酶的活性，石油类污染物含量太高会抑制微生物的活性。另外，石油污染胁迫导致土壤基础呼吸强度增加约36%，反映出石油污染对土壤基础呼吸的激活作用。此外，石油污染影响下土壤微生物网络拓扑结构发生变化，污染土壤和未污染土壤的模块枢纽基因、连接器基因均没有重叠，模块枢纽基因和连接器基因的网络拓扑角色发生了变化。通过构建烷烃、多环芳烃降解基因网络，发现负相互作用的比例较大，反映了微生物功能群落间的竞争关系。在报道的石油污染原位修复研究中，土壤脲酶、多酚氧化酶、过氧化氢酶及脱氢酶活性均不同程度呈增加的趋势，土壤石油烃、pH、有机质、含盐率总体呈下降的趋势，土壤碱解氮、速效磷及速效钾含量总体呈上升趋势。

石油烃污染对区域生态系统的风险。长期石油污染改变了土壤微生物群落组成，降低了群落多样性，对生态系统造成严重的威胁。高浓度的石油污染阻断呼吸、营养吸收，直接毒性致使地表植被和土壤动物、微生物死亡，对生态系统造成毁灭性破坏；低浓度的石油污染物对粮食、蔬菜、经济作物和林木等植物的生长具有广泛影响；石油可通过渗透作用污染浅层地下水和通过挥发、扩散作用造成空气质量下降；生态系统遭受石油污染，直接或通过食物链间接危害食品安全和人体健康。研究报道中，发光菌的相对发光度和植物光合色素含量及土壤酶活性是土壤石油污染程度和生态毒性强弱的综合反映，石油污染土壤的生态毒性随微生物修复过程的进行呈先上升后下降的趋势。石油污染对本已脆弱的盐渍化土壤生态系统会造成持续性破坏。随着土壤盐渍化程度增加，石油类污染物消减速度显著降低，持久性明显增强，污染物去除难度加大。同时，土壤含盐量对土壤微生物群落功能基因多样性也能产生极其显著的影响，盐渍化使石油污染土壤系统变得更加复杂，修复难度增加。

6. 土壤-植物-微生物生态系统功能提升与石油烃降解的关系

植物与土壤微生物作为陆地生态系统中的重要组成部分，它们之间的相互作用是生态系统地上、地下结合的重要纽带。土壤微生物参与多种生化反应过程，是有机物的主要分解者，土壤微生物量的多少反映了土壤同化和矿化能力的大小，是土壤活性大小的标志。土壤有机质的分解速率受到土壤微生物种类、数量和活性的影响。有机质经过微生物的分解还可被植物再次利用，提供植物生长所需的养分，在 C、N 循环过程中具有重要意义。

　　植物的生长及代谢过程促进微生物对有机污染物的降解活性。根系分泌物为根际微生物提供丰富的营养物质，有助于刺激微生物的活性和代谢能力，从而进一步强化了对污染物的降解。另外，根细胞分泌的黏液、根冠脱落的细胞和腐烂的根可为微生物提供营养物质。植物根系的生长能够增加土壤的通气性，还可以帮助微生物分布到更为广泛的土壤区域。筛选修复植物种类时，一般优选具有庞大根系的植物，因为其可以附着大量的微生物，能更好地发挥植物-微生物之间的相互作用，高效地降解污染物。根际微生物的群落组成依赖于根系分泌物的组成和植物种类，植物根系的形态同样影响根际微生物的区系结构及分布特点。植物与微生物的相互作用形成了强大的根际效应，为更大限度地降解土壤中的污染物提供了可能，研究表明植物根际的微生物在数量和种类上均与根外不同。因此，如何更好地利用、调控植物-微生物之间的相互作用，是构建高效植物-微生物耦合系统的关键。

　　植物修复同样存在多方面限制因素，疏水性的石油烃类易造成土壤性质变化（如破坏土壤团聚体结构），抑制植物根系的水分吸收；土壤板结可造成根区氧气输入不畅、形成厌氧环境，不利于污染物降解；植物同根际微生物存在养分竞争行为，可能抑制石油烃的微生物降解作用；污染物降解主要发生在根际微域内，石油烃的生物易接近性在一定程度上限制修复效果，大量非根际土壤的石油烃降解效率仍然不高。此外，石油烃类污染物可能存在闭锁效应。由于滞留在土壤的空隙中，尤其是微孔中，生物易接触性降低，无法被植物和微生物直接降解。植物根系分泌物能改变根际土壤孔隙结构，植物根际环境能改变土壤的微孔结构，使得这部分滞留在土壤微孔中的污染物释放出来，被根际微生物降解。围绕上述问题，已经进行了很多针对性增效、协同修复研究：如施加土壤调理剂、采取 H_2O_2 预处理、采用植物生长促进菌、联合电动-植物修复等。外加辅助措施既可促进土壤的植物生长，又对土壤中污染物具有削减作用。这些措施或增强土壤中污染物的生物可利用性；或加快有机污染物氧化进程；或改善功能微生物的代谢条件；或提供生物-化学反应所需的外部参数，如适宜的温度、pH 和传质环境等。在上述研究中，土壤水、养分空间再分配对植物生理生化指标及根系代谢组分的影响，根际与非根际土壤性质发生变化对微生物降解污染物的促进作用等问题，依旧需要围绕根际与非根际土壤内营养物质变化、团聚体稳定性变化、污染物"生物易接近性"等方面开展研究。

6.2.4　展望

　　（1）油田矿区以石油类为主的多介质复合污染不容忽视。石油是重要的战略资源和能源，我国人口众多，对石油的需求量非常大，所以目前全国石油开采处于保量生产状态，即最大限度维持石油总产量。在全国油田覆盖面大、产油量相对稳定的情况下，采油及加工过程中带来的石油污染仍将不可避免地长期存在，特征污染物向环境地不断输入及累积性危害会不断显现。

　　（2）总体而言，我国油田区环境日益改善。随着各项环境法规的制定和颁布，油田区石油污染的监管和治理日益规范化,石油烃等特征性污染物的防治工作不断强化落实，局部地区的生态环境有了明显的好转。但由于历史性环保措施不足、长期累积性污染、石油烃部分组分不易自然降解等，在遗留旧污染和新产生污染的共同作用之下，油田区仍存在诸多环境问题。

（3）油田区环境污染问题错综复杂，生态环境保护任重道远。主要表现在采油井的点源与密集开采区的面源污染共存，遗留污染和新开采污染叠加，水、大气、土壤等环境污染相互复合，油井空间结构、生态格局与环境安全交互影响，呈现多尺度、多介质、多过程的环境污染特征，导致我国不同油田区均存在从地表到地下、从局部到整体的复合型区域环境污染格局。原有的单要素、点位式环境治理技术叠加的线性思维和分割治理方式已经难以实现对环境的持续性改善，在治理难度不断增加的情况下，油田区迫切需要开展全面的综合治理来提升生态环境质量。

参 考 文 献

白中科, 2008. 认知复垦 从事复垦 传承复垦: 与导师赵景逵先生对话. 中国土地(12): 41-44.

白中科, 柴书杰, 1995. 安太堡露天矿排土场表层岩土的径流特征与复垦种植. 冶金矿山设计与建设(1): 49-53.

白中科, 赵景逵, 朱荫湄, 1999. 试论矿区生态修复. 自然资源学报, 1: 36-42.

白中科, 付梅臣, 赵中秋, 2006. 论矿区土壤环境问题. 生态环境(5): 1122-1125.

白中科, 王文英, 李晋川, 等, 1998. 黄土区大型露天煤矿剧烈扰动土地生态修复研究. 应用生态学报(6): 621-626.

白中科, 王文英, 李晋川, 等, 1999. 矿区生态修复基础理论与方法研究. 煤矿环境保护, 1: 10-14.

毕如田, 白中科, 李华, 等, 2007. 基于 3S 技术的大型露天矿区复垦地景观变化分析. 煤炭学报(11): 1157-1161.

毕银丽, 吴福勇, 武玉坤, 2005. 丛枝菌根在煤矿区生态重建中的应用. 生态学报(8): 2068-2073.

毕银丽, 吴王燕, 刘银平, 2007. 丛枝菌根在煤矸石山土地复垦中的应用. 生态学报(9): 3738-3743.

毕银丽, 王瑾, 冯颜博, 等, 2014. 菌根对干旱区采煤沉陷地紫穗槐根系修复的影响. 煤炭学报(8): 1758-1764.

毕银丽, 郭晨, 王坤, 2020. 煤矿区复垦土壤的生物改良研究进展. 煤炭科学技术, 48(4): 52-59.

卞正富, 2000. 国内外煤矿土地复垦研究综述. 中国土地科学, 1: 6-11.

卞正富, 2004. 矿区开采沉陷农用土地质量空间变化研究. 中国矿业大学学报(2): 89-94.

卞正富, 2005. 我国煤矿区土地复垦与生态重建研究. 资源·产业(2): 18-24.

卞正富, 张国良, 1994. 煤矿区土地复垦工程的理论和方法. 地域研究与开发(1): 6-9, 63.

卞正富, 张国良, 翟广忠, 1996. 采煤沉陷地疏排法复垦技术原理与实践. 中国矿业大学学报(4): 84-88.

卞正富, 许家林, 雷少刚, 2007. 论矿山生态建设. 煤炭学报, 1: 13-19.

才庆祥, 高更君, 尚涛, 2002. 露天矿剥离与土地复垦一体化作业优化研究. 煤炭学报(3): 276-280.

陈龙乾, 郭达志, 2003. 矿区泥浆泵复垦土壤的剖面构造与标高设计. 中国矿业大学学报(4): 16-19.

陈胜华, 郭陶明, 胡振琪, 2013. 自燃煤矸石山覆盖层空气阻隔性的测试装置及其可靠性. 煤炭学报, 38(11): 2054-2060.

陈胜华, 胡振琪, 陈胜艳, 2014a. 煤矸石山防自燃隔离层的构建及其效果. 农业工程学报, 30(2): 235-243.

陈胜华, 胡振琪, 李美生, 等, 2014b. 阳泉矿区自燃煤矸石山绿化中覆盖层碾压效果试验. 水土保持通报(1): 20-24.

程琳琳, 2009. 我国矿区土地复垦保证金制度模式研究. 北京: 中国矿业大学(北京).

方世明, 陈清, 张树华, 等, 2005. 矿山土地复垦综述//节约集约用地促进可持续发展: 湖北省土地学会专题资料汇编: 195-200.

冯永军, 李芬, 王晓玲, 等, 2004. 沉陷废弃地复垦新途径探讨. 中国土地科学(5): 44-47.

付梅臣, 陈秋计, 2004a. 矿区生态复垦中表土剥离及其工艺. 金属矿山(8): 63-65.

付梅臣, 陈秋计, 谢宏全, 2004b. 煤矿区生态复垦和预复垦中表土剥离及其工艺. 西安科技学院学报(2): 155-158.

付梅臣, 郭卫斌, 李建民, 等, 2015. 我国煤矿低碳型土地复垦现状与展望. 中国矿业(5): 49-52.

高玉聪, 2015. 煤矿生态环境损害的修复与治理. 环球市场信息导报, 38: 8-9.

郭惟嘉, 江宁, 王昌祥, 等, 2016. 长壁老采空区建筑地基稳定性数值模拟研究//2016全国土地复垦与生态修复学术研讨会, 唐山.

韩桂云, 孙铁珩, 李培军, 等, 2002. 外生菌根真菌在大型露天煤矿生态修复中的应用研究. 应用生态学报(9): 1150-1152.

胡振琪, 1991. 露天煤矿复垦土壤的物理特性及其在深耕措施下的改良. 徐州: 中国矿业大学.

胡振琪, 1992. 露天煤矿复垦土壤物理特性的空间变异性. 中国矿业大学学报(4): 34-40.

胡振琪, 1995a. 半干旱地区煤矸石山绿化技术研究. 煤炭学报(3): 322-327.

胡振琪, 1995b. 矸石山绿化造林的基本技术模式. 煤矿环境保护(6): 35-37.

胡振琪, 1996. 土地复垦学研究现状与展望. 煤矿环境保护, 4: 16-20.

胡振琪, 1997a. 煤矿山复垦土壤剖面重构的基本原理与方法. 煤炭学报(6): 59-64.

胡振琪, 1997b. 关于土地复垦若干基本问题的探讨. 煤矿环境保护(2): 24-29.

胡振琪, 1997c. 土地复垦学研究现状与发展. 中国科学基金, 1: 17-22.

胡振琪, 2008. 矿区是土地生态学研究的重点区域//中国科学技术协会学会学术部. 新观点新学说学术沙龙文集 18: 土地生态学: 生态文明的机遇与挑战.

胡振琪, 2009. 中国土地复垦与生态修复 20 年: 回顾与展望. 科技导报(17): 25-29.

胡振琪, 2010. 山西省煤矿土地复垦与生态修复的机遇和挑战. 山西农业科学(1): 42-45, 64.

胡振琪, 2019. 我国土地复垦与生态修复 30 年: 回顾、反思与展望. 煤炭科学技术, 47(1): 25-35.

胡振琪, 刘海滨, 1993. 试论土地复垦学. 中国土地科学(5): 37-40.

胡振琪, 张国良, 1994. 煤矿沉陷区泥浆泵复田技术研究. 中国矿业大学学报(1): 60-65.

胡振琪, 刘海滨, 1996. 试论土地复垦学在环境科学中的地位和作用. 煤矿环境保护(2): 15-17.

胡振琪, 毕银丽, 2000a. 2000 年北京国际土地复垦学术研讨会综述. 中国土地科学, 4: 15-17.

胡振琪, 毕银丽, 2000b. 试论复垦的概念及其与生态修复的关系. 煤矿环境保护(5): 13-16.

胡振琪, 肖武, 2013a. 矿山土地复垦的新理念与新技术: 边采边复. 煤炭科学技术, 41(9): 178-181.

胡振琪, 谢宏全, 2005d. 基于遥感图像的煤矿区土地利用/覆盖变化. 煤炭学报(1): 44-48.

胡振琪, 贺日兴, 初士力, 2003a. 参与型土地复垦的概念与方法. 地理与地理信息科学(1): 96-99.

胡振琪, 戚家忠, 司继涛, 2003b. 不同复垦时间的粉煤灰充填复垦土壤重金属污染与评价. 农业工程学报(2): 214-218.

胡振琪, 魏忠义, 秦萍, 2005c. 矿山复垦土壤重构的概念与方法. 土壤(1): 8-12.

胡振琪, 赵艳玲, 程玲玲, 2004. 中国土地复垦目标与内涵扩展. 中国土地科学, 3: 3-8.

胡振琪, 龙精华, 王新静, 2014. 论煤矿区生态环境的自修复、自然修复和人工修复. 煤炭学报, 39(8): 1751-1757.

胡振琪, 肖武, 赵艳玲, 2020. 再论煤矿区生态环境 "边采边复". 煤炭学报, 45(1): 351-359.

胡振琪, 贺日兴, 魏忠义, 等, 2001. 一种新型沉陷地复垦技术. 煤炭科学技术(1): 17-19.

胡振琪, 高永光, 高爱林, 等, 2005a. 矿区生态环境的修复与管理. 环境经济, 5: 12-15.

胡振琪, 杨秀红, 鲍艳, 等, 2005b. 论矿区生态环境修复. 科技导报(1): 38-41.

胡振琪, 康惊涛, 魏秀菊, 等, 2007. 煤基混合物对复垦土壤的改良及苜蓿增产效果. 农业工程学报(11): 120-124.

胡振琪, 张明亮, 马保国, 等, 2008. 利用专性杀菌剂进行煤矸石山酸化污染原位控制试验. 环境科学研究(5): 23-26.

胡振琪, 张明亮, 马保国, 等, 2009a. 粉煤灰防治煤矸石酸性与重金属复合污染. 煤炭学报, 34(1): 79-83.

胡振琪, 纪晶晶, 王幼珊, 等, 2009b. AM 真菌对复垦土壤中苜蓿养分吸收的影响. 中国矿业大学学报(3): 428-432.

胡振琪, 位蓓蕾, 林衫, 等, 2013c. 露天矿上覆岩土层中表土替代材料的筛选. 农业工程学报, 29(19): 209-214.

胡振琪, 肖武, 王培俊, 等, 2013b. 试论井工煤矿边开采边复垦技术. 煤炭学报, 38(2): 301-307.

胡振琪, 邵芳, 多玲花, 等, 2017. 黄河泥沙间隔条带式充填采煤沉陷地复垦技术及实践. 煤炭学报(3): 557-566.

纪万斌, 2005. 采煤塌陷区土地的综合利用及其对策. 资源·产业(2): 15-17.

李俊杰, 白中科, 赵景逵, 等, 2007. "矿山工程扰动土" 人工再造的概念、方法、特点与影响因素. 土壤(2): 216-221.

李树志, 2014. 我国采煤沉陷土地损毁及其复垦技术现状与展望. 煤炭科学技术, 42(1): 93-97.

李新举, 胡振琪, 李晶, 等, 2007. 采煤沉陷地复垦土壤质量研究进展. 农业工程学报(6): 276-280.

林家聪, 卞正富, 1990. 矿山开发与土地复垦. 中国矿业大学学报(2): 95-103.

刘青柏, 刘明国, 刘兴双, 等, 2003. 阜新地区矸石山植被恢复的调查与分析. 沈阳农业大学学报(6): 434-437.

刘孝阳, 周伟, 白中科, 等, 2016. 平朔矿区露天煤矿排土场复垦类型及微地形对土壤养分的影响. 水土保持研究, 23(3): 6-12.

彭苏萍, 2009. 历史发展的选择: 简评《土地复垦与生态修复》. 科技导报(17): 124.

戚家忠, 胡振琪, 周锦华, 2002. 高潜水位矿区煤矸石充填复垦对环境的影响. 中国煤炭(10): 39-41.

钱鸣高, 许家林, 缪协兴, 2003. 煤矿绿色开采技术. 中国矿业大学学报(4): 5-10.

桑李红, 付梅臣, 冯洋欢, 2018. 煤矿区土地复垦规划设计研究进展及展望. 煤炭科学技术, 46(2): 243-249.

陕永杰, 张美萍, 白中科, 等, 2005. 平朔安太堡大型露天矿区土壤质量演变过程分析. 干旱区研究(4): 149-152.

申闰春, 才庆祥, 张幼蒂, 等, 2002. 虚拟现实技术在露天矿生态重建仿真中的应用. 中国矿业大学学报(1): 4-8.

孙纪杰, 李新举, 李海燕, 等, 2013. 蘑菇废料施用对煤矿区复垦土壤颗粒组成的影响. 煤炭学报, 38(3): 487-492.

孙绍先, 李树志, 1990a. 我国煤矿土地复垦与塌陷区综合治理的技术途径. 中国土地科学(4): 41-46.

孙绍先, 王华国, 1990b. 煤矿地表塌陷规律及预测方法的研究. 煤矿环境保护(2): 34-37.

台培东, 孙铁珩, 贾宏宇, 等, 2002. 草原地区露天矿排土场土地复垦技术研究. 水土保持学报(3): 90-93.

谭志祥, 2004. 采动区建筑物地基、基础和结构协同作用理论与应用研究. 徐州: 中国矿业大学.

汪云甲, 2017. 矿区生态扰动监测研究进展与展望. 测绘学报(10): 1705-1716.

王金满, 张萌, 白中科, 等, 2014. 黄土区露天煤矿排土场重构土壤颗粒组成的多重分形特征. 农业工程学报, 30(4): 230-238.

王培俊, 邵芳, 刘俊廷, 等, 2015 黄河泥沙充填复垦中土工布排水拦沙效果的模拟试验. 农业工程学报, 31(17): 72-80.

徐嵩龄, 1994. 采矿地的生态重建和恢复生态学. 科技导报(3): 49-51.

詹鲲, 2004. 油田企业环境保护. 北京: 石油工业出版社.

张成梁, LI B L, 2011. 美国煤矿废弃地的生态修复. 生态学报, 31(1): 276-285.

张蕾娜, 冯永军, 王兆锋, 2004. 新型土地复垦基质配比试验及盐分冲洗定额研究. 农业工程学报(4): 268-272.

张兴儒, 1998. 油气田卡法建设与环境影响. 北京: 石油工业出版社.

赵广东, 王兵, 苏铁成, 等, 2005 . 煤矸石山废弃地不同植物复垦措施及其对土壤化学性质的影响. 中国水土保持科学(2): 65-69.

赵仁鑫, 郭伟, 付瑞英, 等, 2013. 丛枝菌根真菌在不同类型煤矸石山植被恢复中的作用. 环境科学(11): 4447-4454.

祝国军, 1992. 矿区土地复垦的生态功能. 矿山测量(2): 29-32.

宗杰, 2001. 永夏矿区采煤塌陷地复垦与生态重建. 资源·产业(6): 42-44.

第 7 章　中国非金属矿区生态环境修复的现状与未来

7.1　磷矿区生态环境修复的现状与未来

7.1.1　问题的提出

我国磷矿有多种类型，但具有工业意义的主要有沉积型磷块岩矿床、岩浆型磷灰石矿床和变质型磷灰石矿床 3 种类型，分别占资源总量的 75.6%、18.2%、5.8%，其他类型占 0.4%（图 7.1）（韩豫川 等，2012）。

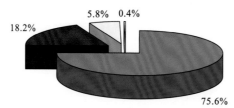

图 7.1　各磷矿床类型按资源总量所占比例图

为了巩固我国农业基础地位，国家大力提高磷肥生产能力，以改善化肥中氮磷比例失调状况，促使磷矿得到快速发展（柳正，2006）。全国建成了云南昆阳，贵州开阳、瓮福，湖北荆襄、宜昌，四川金河清平六大磷矿生产基地，形成了大、中、小矿山并举，国有、集体和个体矿山共同发展的局面。大中型矿山成为磷矿生产的中坚力量，保障了我国磷矿产需的基本平衡和重点化肥生产企业原料的供给。

我国大中型磷矿山企业大部分是国家投资建设的，生产比较正规。小型磷矿山企业除一小部分技术装备达到国外 20 世纪 70 年代水平，其余大部分还都是工艺技术落后，生产无技术，土法上马，因陋就简，开采多是手工扒矿、人工装渣，人力推运；管理不规范，安全、卫生没有保障；环保意识差，矿区环境污染严重，生态恶化；资源破坏严重，资源利用率低。

磷矿开发利用对环境的影响和破坏与一般矿山相比既有共性，又有个性（陈立平，2007）。采矿活动导致矿区地质体的塌陷、崩裂、滑坡等地质灾害是一般矿山共有的环境问题。而磷矿由于其化学组成的特殊性，其某些有害元素含量较高，如氟、磷、砷、镉、铀等在开发利用的各个环节上可以通过废气、废水及废渣污染矿山及其周围环境介质。具体来说，磷矿区生态环境问题主要有以下几类。

（1）磷矿区地质灾害，主要包括地面塌陷、崩塌、滑坡、泥石流等。①磷矿地下开采埋深相对较浅时（埋深<300 m）容易发生地面塌陷地质灾害问题。地面塌陷沿矿体走向或采掘方向分布，沿主掘进方向沉陷最显著；若存在矿体与断裂构造相交，则地面塌陷存在加剧现象。②露天开采（如瓮福磷矿等）尤其是多层矿位大型矿露天开采容易产生高边坡稳定性问题和隐蔽性梯级滑坡问题。③在地质构造发育区（如邻近秦岭构造带的鄂西磷矿集中开采区和四川龙门山断裂带的金河—清平磷矿集采区等）存在高位泥石流沟，其物源主要为自然风化岩块体和矿业活动产生的固体废物组成，由于其暴发特征不明显，具有较大的隐蔽性和安全隐患。

（2）磷矿开发造成土地资源破坏问题。矿产资源开发活动导致土地原有功能丧失、土壤质量下降的现象，主要表现为矿山地面塌陷（地裂缝）破坏土地，固体废物（排土场、尾矿库等）堆排压占土地，露天开采剥离挖损土地等。

（3）磷矿开发造成地形地貌景观破坏问题。磷矿区露天开采往往存在对地形地貌景观破坏的地质环境问题。露天开采一般是剥离覆盖层，采后往往形成深坑，易导致常年积水，或形成湿地，对自然保护区、人文景观、风景旅游区、城市周围、主要交通干线两侧可视范围内地形地貌景观造成严重影响。

（4）磷矿区含水层破坏问题。磷矿开发对含水层的影响与破坏主要是地下开采大量抽排地下水，改变了区内地下水流向和地下水均衡，使地下水位频繁升降，水力坡度变陡，形成开采或疏干漏斗区，造成含水层破坏。

（5）磷矿区水土污染问题。磷矿区水土污染主要来源于未严格处理的矿坑排水、选矿废液，以及磷化工产生的大量的磷石膏等固体废物不合理堆放受降雨淋滤等作用，产生水土污染。磷矿的生产过程主要为采矿、选矿、产品加工三大部分，这三个生产过程是造成矿区环境污染的直接原因。在采矿和粉碎过程中，大量的粉尘排向大气，造成环境污染。废石的大量堆积，亦在降雨过程中污染地表水及附近土壤。选矿过程是排放废水的主要环节，矿石中的大量有害元素均是随选矿废水排向尾矿库，进而排向区域河流中，磷矿选矿制酸过程产生磷酸盐化合物，溶水活化磷增加，活化磷进入水环境过量，会引起水体富营养化。矿肥生产过程不仅排放含有害成分的尾气，而且还排放废水、废渣，尤其是排放了大量磷石膏，而磷石膏中往往含有 Cr、Cd、Pb 等重金属离子，由于磷石膏有效利用研究相对薄弱，早期产生的大量磷石膏都被露天堆放，缺少有效的防尘、防渗措施，这些重金属离子会随着风、降水等进入附近的水土环境中造成污染。

7.1.2　磷矿区生态环境修复的发展历史

磷矿区生态环境修复，是指通过矿区生态修复的方法在磷矿开采过程中对矿山的破坏进行治理，减少发生地质灾害的隐患和治理磷矿开采带来的环境污染问题，从而满足矿区可持续发展的需要，改善当地居民的生活环境。

2002～2006 年，中国地质环境监测院组织实施了《全国矿山地质环境调查与评估》项目，组织完成了对 31 个省（自治区、直辖市）矿山地质环境的调查与评估工作，是新中国成立 50 多年来第一次初步摸清了国内矿山的地质环境问题。在此基础上，各省区编制了省级矿山地质环境防治规划，为矿山地质环境监管、防治提供了重要的科学依据。2001～2006 年，西安、沈阳、天津、南京地质调查中心及成都矿产资源综合利用研究所完成了西北地区、东北地区、华北地区、中南地区、华东地区及西南地区区域性矿山环境地质问题类型、分布规律和影响因素的研究。2014 年中化地质矿山总局经中国地质环境监测院向中国地质调查局立项的"我国主要磷矿、硫铁矿矿山集中开采区地质环境调查"，通过开展我国主要磷矿山集中开采区地质环境调查，基本查清了我国主要磷矿区地质环境现状，查明了矿山开发引起的环境地质问题类型、特征及危害，提出了磷矿区生态环境修复对策建议，为保护矿山地质环境、矿山环境整治、矿山生态恢复与重建等提供了基础资料和依据。2016 年中化地质矿山总局向中国地质调查局立项的"鄂西（荆襄）磷矿基地矿山地质环境调查"项目开展了鄂西（荆襄）磷矿基地集中开采区矿山地质环境恢复治理研究，查明了长江中游鄂西（荆襄）磷矿基地矿山地质环境问题，提出了磷矿矿山地质环境治理恢复建议，为长江中游城市群地质环境保护与治理提供了数据支撑。

此外，湖北省地质环境监测总站完成的"湖北省矿山地质环境现状及防治对策研究"等相关调查成果，成果主要研究分析了采矿活动引发的地质环境问题，提出了磷矿山生态环境恢复治理措施及应对的保护对策；贵州省地质环境监测总站"贵州省矿山地质环境遥感评价""贵州环境地质"及 2004 年开展的"贵州省矿山地质环境调查与评估"等调查成果，对贵州省矿山地质环境进行了分区评价，针对磷矿山存在的生态环境问题提出了治理措施；四川省遥感中心开展的"四川省矿山地质环境综合调查与评价"，分析了四川省磷矿山地质环境现状，开发利用对生态环境的影响和存在的主要地质环境问题及危害，提出了磷矿山生态环境保护与重建的措施建议。

此外，针对磷矿区水土污染，国外早在 20 世纪 80 年代就开始对磷矿开发利用过程中产生的污染进行系统研究。如美国的戴维·鲍韦加斯（Davy Powergas）系统研究了磷矿开发利用中的采矿、选矿、磷酸盐磨碎、湿法磷酸生产、磷酸铵生产等过程污染物的来源、危害和治理，并注重有害元素迁移规律和速度的研究。而我国在该领域的研究起步晚，系统性差，尤其对磷矿开发中有害元素及其化合物的来源及迁移富集规律研究更少。

7.1.3　磷矿区生态环境修复的研究进展

1. 磷矿区生态修复研究现状

作为生态文明建设的重要组成部分，矿山地质环境保护和监管工作是相关主管部门的重要工作，绿色矿业发展相关的一系列重要政策相继出台。如湖北省大力开展矿产资源整合工作，自 2013 年 12 月以来，湖北省磷矿"三型矿山"建设试点工作为磷矿资源的合理、有效利用打下了坚实的基础；2016 年 9 月《湖北省工业"十三五"发展规划》提出积极推广湿法磷酸精制工艺，加大对磷矿伴生资源氟、硅、碘、镁、稀土、锶、钒、钛、铀等有用元素高效回收利用，建成一批硫铁矿铁资源回收、中低品位磷矿制酸、磷石膏综合利用、氟资源回收利用产业化项目；沿长江、汉江建设生态型、科技型化工园区，加大技术改造力度，改进传统生产工艺，大力推进绿色发展。然而，我国绿色化工矿山的建设仍然有很长的路要走。科技创新率不高、利益共享机制不完善等客观因素依然制约着绿色和谐矿山的建设发展。

除此之外，针对各类磷矿矿山地质环境问题，专家学者们详细探究并提出了众多环境治理对策。为促进建立适合地方特色的矿山地质环境新的长效监管机制，任克雄等（2018）基于宜昌磷矿樟村坪矿区矿山地质环境管理工作进行了探讨，建议建立多部门联动督查机制，基于定期调查评价的统一监管平台，引入社会资金，进行市场化探索，尽快划定矿区生态红线，出台具体管理办法，以及在矿产资源权益金制度改革后确定并提高矿山地质环境恢复治理资金的比例等制度。同时随着信息科技的发展，利用 GIS 技术建立磷矿山环境管理信息系统已成为可能。如针对监测磷矿矿山地质环境的宏观变化过程和趋势，苏志军等（2016）表明了对比磷循环地质环境特征，运用多时相、多波段遥感数据对同一地区检测获取周期性的地质环境信息并进行解译，能及时准确宏观反映区域地质环境质量的动态变化，为区域地质环境管理、污染源的控制和地质环境治理提供科学依据。为避免露天矿堆内的有害物质降雨（矿石淋溶）等活动后经携带进入土壤和水体，任红岗等（2019）提出了根据地表或岩体情况，选择矿石集中堆放并设置防雨措施，或者废渣堆场地面做防渗处理以进行管理。针对磷化工排放量较大的两种废料磷石膏和黄磷渣，由于其堆存占地面积大且成本高，且本身也是潜在的危险源，对其进行有效的回收利用一直是环保领域的研究热点。

2. 磷矿区主要的生态修复技术

目前我国的磷矿山生态修复主要遵循的原则：①景观相似性原则，对废弃矿山裸露、受损和被污染的矿区进行植被重建和生态修复，使其恢复成与周边自然生态环境相近的状态；②提高土地利用率的原则，对矿区土地资源通过恢复治理，复垦成为林业用地、建设用地、农牧渔用地等，最大限度提高土地利用率，发挥废弃矿山土地效益；③景观美化环境原则，对废弃矿山治理保护时，保留和利用其部分特殊地形地貌等特征，进行人工景观重塑和修饰，形成公园化的生态环境景观。

土壤污染生态修复。①电动修复。通过电流使土壤中的重金属（如 Pb、Cd、Cr、Zn 等）离子和无机离子以电透渗和电迁移的方式向电极运输，再集中收集处理。该方法适用于低渗透的黏土和淤泥土，可以控制污染物的流动方向。电动修复不搅动土层，修复时间短，是一种经济可行的原位修复技术。②生物修复。生物修复是一种利用自然界存在或人工培养的植物修复重金属污染土壤的技术，分为植物提取、植物挥发和植物稳定三种。植物提取是依靠重金属超积累植物从土壤中吸取重金属离子，接着收割地上部分并进行处理。连续种植该植物，可有效降低或去除土壤重金属。目前已发现 700 多种超积累重金属植物。植物挥发是依靠植物根系吸收重金属，将其转化为气态物质挥发到大气中。目前研究最多的是 Hg。植物稳定是依靠耐重金属植物或超积累植物降低重金属的活性，防止重金属被淋洗到地下水或扩散至空气中。其机理是让金属在植物根部积累、沉淀或被根表吸收，以达到固化的目的。③生物修复综合技术。重金属污染土壤的修复是一个整体性的工程，需要多种修复技术。植物修复加上化学、微生物及农业生态措施，增加重金属的生物有效性，促进植物的生长和吸收，能更好地提高土壤重金属修复的效率。因此，生物修复综合技术前景广阔。

矿山废水综合治理。①井下排水处理。净化措施为井下水经抽送至地面处理站，经沉淀池混凝沉淀、清水再经气浮机或过滤后再经消毒，最后到绿化水池。处理后的井下水达到排放标准后，回用于井下消防、降尘，实现水资源综合利用。②生产、生活污废水处理。生产、生活污废水来自浴室、食堂、办公室等地，污染物以有机物为主。处理工艺：污水先进入厌氧沉淀池，经沉淀后进入集水井，将污水用泵加压至过滤池，经净化处理达标后二次利用或排放。

磷石膏综合利用（图 7.2）。①磷石膏在建材领域的应用。将磷石膏用于建材领域是我国除堆存处置之外，消纳磷石膏的主要途径。为此诸多企业与科研机构在该领域做了大量的研究和实际生产，产品包括水泥缓凝剂、石膏砌块、纸面石膏板等。用磷石膏制造建材产品，不仅受到磷石膏中杂质的影响，还受到其产品的应用范围、经济性、运输半径等各方面条件的制约。②磷石膏在化工领域的应用。主要利用磷石膏制作硫酸、硫酸铵、硫酸钾、硫酸钙等，应用工艺较成熟，如瓮福磷矿在此领域利用率已达 60%以上，

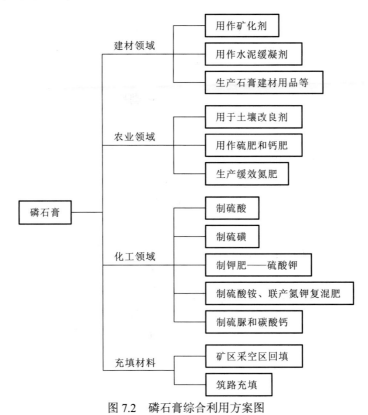

图 7.2　磷石膏综合利用方案图

但在全国范围内，磷石膏在化工领域总体利用率仍然较低。③磷石膏在农业领域的应用。目前，磷石膏已逐步开始应用于农业领域，如磷石膏用于降低肥料中氨的挥发、磷石膏降低堆肥过程中温室气体排放量，以及磷石膏用作土壤改良剂等。如瓮福化工公司与甘肃省农业科学院合作通过以磷石膏为主要原料，用化学法对西北地区盐碱性土壤进行改良，较好地调节土壤酸碱度及盐碱地土壤的理化性能。但是这项技术还有许多问题尚未得到有效解决，如由于各地产出的磷石膏杂质成分不一，同一套加工工艺不适合不同地区的需要；大量有害重金属元素难以去除，不能单纯地把磷石膏直接施到土壤中，否则造成更严重的土壤污染问题。④磷石膏作为充填材料的应用。自 2001 年起，开阳磷矿率先开展磷化工全废料自胶凝充填技术的研究，2005 年磷石膏胶结充填技术首次实现工业化应用，之后陆续在全国多个矿山推广应用（李剑秋 等，2018）。该技术已经非常成熟，主要在开阳磷矿、金川镍矿等矿山开展大规模工业化应用。

3. 国内矿山在生态环境修复方面取得的一些成绩

云南昆阳磷矿是我国四大磷原料产地之一，生产矿石量约占全国磷矿总量的六分之一。原来采用"露天长壁式"采矿方法，矿山经多年的开采，地质灾害问题突出，滑坡频发，水土流失、岩漠化严重。现采用"剥采—内排—覆土—复垦"的生产恢复体系，经过土地整治、生态林工程等有力措施，已使露采区植被恢复率达到近 20%，再向绿色矿山转型发展，在矿山生态环境修复工作中彰显出了新视点和新亮点，复垦新技术不断创新，土地二次开发利用积极探索与尝试；国际著名的梅树村地质标准剖面与覆土植被区相结合的"矿山公园"正在规划，矿山遗迹保护开发与覆土植被区得到有机结合，其综合治理的经验可为磷矿露天开采恢复治理提供良好的借鉴。

云南磷化集团从集约土地利用出发，改变采矿剥离物向外部排土场排放的传统工艺方式，实施表土单独堆放、剥离废弃物集中向采空区内排复垦和表土回填作业。复垦后的土地基本用于植树造林、恢复生态、改善环境，部分土地经过继续改造后可作为耕地使用。通过采剥工艺的改进，一是不再因采矿剥离物向外部排土场排放而新征占用土地；二是经过内排复垦后的采空区可以为土地资源二次开发利用提供条件；三是为暂时难以利用的中低品位矿石提供存放场地。目前，矿山采矿废弃地的地质环境得到有效恢复和治理，土地复垦植被区内形成了一定规模的生态林和经济林，再造了秀美的矿山新环境。同时，遵循土地集约利用原则，对复垦植被区资源进行二次开发利用试验研究，在昆阳磷矿震旦地质公园、足球场和农家乐的基础上，海口磷矿的森林湖生态园于 2010 年顺利开园，生态园区位于复垦植被示范区内，占地面积 1 000 多亩，经过采空区内排土回填、场地平整及复垦植被等工序，集生态恢复、复垦植被示范、生态养殖、休闲餐饮为一体。尖山磷矿结合安全生产实施"采空区高陡边坡削坡绿化工程"，针对东采区高陡边坡裸露岩石等极端条件，从边坡结构、土质分类、植物群落等方面对绿化方案进行研究，最终采用"客土喷播厚层基质坡面绿化"技术，绿化工程于 2011 年完工，使光滑板上绿草重现、鲜花争艳，实现了灌木花卉与自然相容的生态边坡。昆阳磷矿在 2011 年对排土场实施边坡绿化工程，完成边坡的灌木点播、草种喷播等工作，使边坡景观形象得到了明显改善，同时为边坡治理工作探索出一种新的模式。晋宁磷矿正在实施"千亩农用地改造工程"，前期进行废土石回填平整和马铃薯种薯的适应性种植试验工作，已取得良好成效。

贵州开阳磷矿按照《开阳磷矿区地质灾害综合治理方案》，为综合治理矿区环境、恢复植被、避免地质灾害，采取了工程治理、生态移民搬迁等措施，对矿区长期形成的地质灾害和隐患进行排查，针对地质灾害产生的成因，制订相应的综合治理方案和防控措施，筹措专项资金开展生态环境修复，建设生态移民新区。成立专门的组织机构和绿化队伍，负责对矿区崩落区、塌陷区进行土地复垦，并开展矿区绿化和植树造林，做到"边生产、边建设、边复垦、边治理"，并在矿区建设了 5 个育苗基地，绿化成果显著。

湖北省宜昌市兴隆磷矿针对土地复垦后土壤肥力比较低的状况，增加土壤有机质和养分含量，改良土壤性状，提高土壤肥力。改土措施主要是多施农家肥。根据兴隆磷矿土地适宜性评价复垦方向为林地，对于复垦为林地的地块，在树苗移植的时候，采用草木灰垫底，提高土温，保持土壤的疏松通气状态，使复垦地块尽快成林。对复垦为林地的地块中，在植被恢复时，对较平整的场地采用松树和杉树混交三角形配置方式；在较陡的弃渣场坡面，挖鱼鳞坑，鱼鳞坑沿等高线自上而下地挖成月牙形，形成弧形土埂，围绕山坡流水方向垂直布置。目前复垦效果良好。

河北省矾山磷矿对矿区进行土壤改良，主要包括整地措施、植物选择、播种栽植等方面。首先，采矿工业场地先拆除场地内的建筑物及构筑物，剥离废渣地表，然后采用三铧犁进行土地翻耕，翻耕的深度不小于 30 cm。用推土机对地表进行平整。结合实际情况，矾山磷矿选择山杨作为树种，白羊草、车前草作为草籽，果树选择杏扁、葡萄等。植物栽培技术采用坑栽，坑深在 0.8 m 左右，坑底铺垫 0.4 m 心土层，起保水和保肥作用，然后覆盖 0.4 m 的表土层，土壤的 pH 控制在 6.5～8.5，栽种可采取苗木带土定植，缓和新环境中不良因子对根系的影响，提高成活率并使苗木健康生长。对磷石膏堆放场进行场地复垦，主要包括表土剥离、场地平整、压实、表土回覆、修建排水沟和恢复植被。根据适宜性评价的结果，尾矿库的边坡复垦为草地；滩面由于土源限制，复垦为旱地和草地。对复垦后的土地进行复垦监测和维护，主要是对土地损毁、复垦效果等的动态管理，主要包括原始地形地貌监测、土地损毁监测和复垦效果监测，从而保障土地复垦工程的顺利实施和保护土地复垦的成果。

湖北省钟祥市秦冲磷矿对矿区采矿所占用或废弃的土地资源进行覆土还林，覆土厚度 0.3 m，并进行植树造林、恢复植被。将破坏或废弃的土地整平后复垦成农地或林地，斜坡地段按 1∶3.6～1∶2.8 放坡；工程复垦技术采用就地整平复垦和生物复垦，先铺一层厚 0.5 m 的回填料（就地取料，要求土石比 6∶4，土体为黏性土），碾压密实，形成防渗层后再覆表层耕植土（厚 0.3 m，覆土来源主要为原施工期挖掘的表层土壤及附近区域的表层土壤），施有机肥及无机肥，同时应选择耐贫瘠、适应性强、生长能力旺盛的松、柏等当地常见的树种进行植被恢复。部分植物死亡，应及时补植，具体株距根据树种及树冠形态选择。

中化建矿业有限公司王集磷矿遵循"因地制宜，因矿而异"的原则进行土地复垦，在树种、草皮的种属选择，工艺的采选上主要考虑与矿区所处的地理位置、气候条件、土石环境相匹配，以确保植被重建的成效。在矿区中的渣场、岩土裸露且不适宜农作物种植的区域，进行腐殖土移植铺垫，选择适宜当地土质和气候的、生命力强的植物，并采用乔木、灌木、草的混合立体种植方法进行。

7.1.4　展望

我国磷矿区的生态环境修复还处于起步阶段，未来还有很长的路要走，主要应从以下几个方面加以强化。

1. 加强磷矿区动态化的生态环境影响评价工作

磷矿山的生产过程经历地质勘探、矿山设计与建设、矿山开采、矿山生产（选矿、冶炼）和产品输出几个阶段。在矿山的整个生产过程中，每一环节都可能存在对矿山地质环境产生影响的因素。而目前的研究只是一种静态地对各个过程的特定时段的地质环境质量的评价，没有实现延续的周期性的评价。解决这一问题的途径是在 2～3 年周期性对有影响的关键点位进行调查与监测。

2. 强化磷矿山工程分析工作

磷矿山工程分析就是对整个矿山的生产工艺进行系统的研究，了解造成环境污染和破坏的主要原因，如果是污染问题，要阐明污染物的排放方式、种类和数量，如果是生态系统、土地破坏和占用问题，要阐明生物种类、动植物变化、土地的数量、适用类型、可能引发的二次环境问题等。解决这一问题的方法是有效收集磷矿山生产环境资料，结合现场实地调查，获取基础的调查资料及数据。

3. 建立磷矿山生态环境预警系统

随着信息技术应用领域的扩展，利用信息技术进行矿山环境保护管理已成为可能。矿山环境涉及的因素复杂、变化快，因此，可以利用 GIS 技术建立一套具有环境信息的综合分析、面向主题、代码体系标准、处理方式规范、集成化程度高的矿山环境管理信息系统。从对矿山环境变化进行追踪监测、质量评价，直到做出预报警示的实际需要出发，该系统可分为矿山环境监测子系统、环境质量评价子系统和环境预测预警子系统，实现信息查询、环境质量评价、环境预测预报的计算机化管理。

4. 构建磷矿开发利用监管长效机制

矿山生态环境问题不能仅着眼于治理，而首先要从源头入手，尽量在各个生产环节上减少对生态环境的破坏，应实现科学规范管理，构建磷矿开发利用监管长效机制。对于新建磷矿山，采矿前宜组织地质学家、矿山规划设计、地质环境专家和地球化学专家等在内的专家组，确保编制出能满足需要的地质和地球化学数据库及防治方案；对于在建磷矿山，根据矿石和废料的特点，结合当地气候、地貌等特点，制订适宜的固废、废液隔离、选择性堆放、联合处置等方案，并进行全程监测；对于闭坑磷矿山，考虑酸性废水可能存在对环境影响的滞后效应，恢复治理后宜对水资源的影响进行长期监控，直到获取稳定的良好证据。

5. 采用因地制宜的矿山生态环境恢复治理措施

因地制宜，采用合理的措施进行磷矿区生态环境恢复治理，坚持"景观相似性原则、最大限度提高土地利用率原则、景观再造美化环境原则"。景观相似性原则确保受损和被污染的矿区进行植被重建和生态修复时能使其恢复成与周边自然生态（包括生物多样性等）相近的状态；最大限度提高土地利用率原则可以确保矿区土地资源通过恢复治理后能够成为农用地、林业用地或建设用地等；景观再造美化环境原则可以使矿山在恢复治理时利用其特殊的资源条件，对其进行重塑和修饰，建造成具有地质价值的公园化生态环境景观。

6. 加强磷石膏综合利用研究

大量堆放的磷石膏对矿山地质环境造成了严重的影响。虽然磷石膏综合利用情况在我国磷化工近 30 年的发展中取得了可喜的成绩，但是存在的问题仍然突出，如磷石膏产量大、市场容量小、综合利用率低等，现阶段，磷石膏的主要处理方式还是堆积且排放量日益增加，严重制约了磷化工企业的生存与发展，因此，必须攻克磷石膏综合利用的技术和市场难题，关注研发新动向提高研发实力，在巩固产品品质的基础上提高市场占有率，同时，坚持绿色生产，通过改进生产工艺，积极推进磷石膏无害化排放堆积。

7.2 砂石矿废弃地生态环境修复的现状与未来

7.2.1 砂石矿山生态环境问题

1. 砂石矿概述

1994 年中华人民共和国国务院发布的《中华人民共和国矿产资源法实施细则》（国务院令第 152 号）中将矿产资源主要分为能源矿产、非金属矿产、金属矿产和水气矿产。非金属矿传统分类方式基本上是根据矿产的主要用途划分，分为冶金原料用非金属矿产、化工原料用非金属矿产、建材原料及其他非金属矿产。砂石类矿产是一些非金属矿产的泛称，属于法定的矿产资源。根据《矿产资源分类细目》，将砂石类矿产归为非金属矿产，包括建筑石料用灰岩、制灰用灰岩、水泥用灰岩、水泥配料用砂岩、砖瓦用砂岩、建筑用砂、水泥配料用砂、砖瓦用砂、砖瓦用页岩、水泥配料用页岩、建筑用橄榄岩、建筑用辉石岩、水泥混合材玄武岩、建筑用玄武岩、建筑用角闪岩、水泥用辉绿岩、建筑用

辉绿岩、建筑用辉长岩、建筑用安山岩、水泥混合材用安山玢岩、水泥混合材用闪长玢岩、建筑用闪长岩、建筑用正长岩、建筑用花岗岩、饰面用花岗岩、建筑用流纹岩、水泥用粗面岩、水泥用凝灰岩、建筑用凝灰岩、建筑用大理岩、片石、片麻岩、千枚岩等多种矿产。从长期资源管理与实践的角度，砂石资源是可用作建筑材料的砂石类矿产的总称，砂石类矿产主要包括砖瓦用黏土和建筑用砂石两大类（史雪莹 等，2017），《中华人民共和国矿产资源法》（2009 修正）规定砂石资源管理权限归由地方政府（刘文颖 等，2018）。

目前国内关于砂石矿暂无权威明确的界定（史雪莹 等，2017），根据多位学者研究成果（史雪莹 等，2017；姚桂明，2015；孙婧 等，2014；陈家珑，2011，2005）可以总结出砂石类矿产的主要特点：①砂石类矿产不是一种矿，而是一类矿，并且其范围是不断变化的；②砂石类矿产是基于矿种、开采特点与用途等共同进行界定的，主要是指非金属类的、直接使用的及露天开采的、规模较小的、分散的矿产资源；③砂石类矿产是以需求为导向的，无论是开采的种类、规格，还是开采的数量等都是与需求紧紧相联系的，也可以将其称为订货式生产；④砂石类矿产具有属地性，其运输距离不宜太远，往往是就地取材。

2. 砂石矿发展存在的问题

总体来看，我国砂石矿发展目前还存在以下几方面的问题。

（1）砂石资源总量大，分布不均匀，开发利用水平低。我国砂石矿资源总量丰富，砂石矿山企业众多。砂石矿保有资源储量达到 100 亿 t 以上的有云南、陕西、湖南、内蒙古、安徽、贵州、广东（程晓娜 等，2015）。砂石资源的开发利用与经济社会发展水平、发展阶段直接相关，我国各省（自治区、直辖市）砂石矿资源分布和开发利用差异明显，呈现东中部地区砂石矿山总数较小，但生产规模较大，砂石资源生产消费远超西部，这主要是与我国人口分布特征及砂石资源服务半径小的特征有关（吴琪 等，2018；王花，2016；孙婧 等，2014）。

（2）砂石市场需求旺盛，砂石消耗量和供应量不一致。砂石矿是新型工业化、城镇化建设最基础的原材料资源，砂石资源的开发利用关系国家基础设施建设，对于保障经济社会可持续发展具有不可替代的作用（关军洪 等，2017；孙婧 等，2014）。近十年，建筑业房屋建筑面积及城市和农村居民人均住宅建筑面积整体呈上升趋势（史雪莹 等，2017）。以京津冀地区为例，据不完全统计，"十三五"期间京津冀地区砂石用量达 6.96 亿 t。但是，截至 2017 年 6 月底，京津冀砂石矿山设计规模不足 2 亿 t，供需缺口高达 5 亿 t 左右。可以看出，目前各地实际生产规模总量普遍低于砂石消耗总量，砂石市场仍然呈现出较明显的供不应求趋势，部分地区砂石价格将保持在高价，甚至一些地区砂石价格会出现较大波动。

（3）砂石矿开发热度大，非法开采对生态环境破坏严重。随着我国城镇化建设步伐的加快，对砂石矿的需求日益增多。砂石矿"大矿小开""整矿零开"的情况普遍存在。国家层面上，先后出台与砂石矿管理密切相关的法律法规、意见、办法、通知等政府政策文件 20 份，各省（自治区、直辖市）开展了一系列矿产资源开发秩序整顿和整合专项行动，砂石矿"多、小、散、乱"的现状得到了一定程度的改善（王洁军 等，2018；王洁军，2018；程晓娜 等，2015）。但是由于经济利益的驱动，不少地区偷挖盗采、非法开采砂石矿资源时有发生。大多数矿山企业没有制订长远发展规划，重资源开发轻资源保护，重经济效益轻环境保护，开采和治理脱节，造成矿山地质环境问题日益凸显。

（4）砂石行业涉及部门多，权责混乱监督管理难度大。按照《中华人民共和国矿产资源法》规定，砂石资源管理的政策法规应由地方人大制定，其主要管理政策与其他矿种一致，都遵循国家统一制定的规章制度，但是由于各地经济发展水平及地理区位各异，砂石管理政策不统一，地域差异大（吴琪 等，2018；刘文颖 等，2018；孙婧 等，2014）。目前，勘查许可证和采矿许可证由自然资源部门管理，河道采砂许可证由水利部门管理。矿山环境管理职责分布在自然资源、生态环境、农业、林业、水利、财政、发改委等多部门。各部门都有资源环境管理的相关职能，难免有重复交叉、政出多门、职责不清的情况出现。这种管理现状的存在不利于砂石行业的健康发展，容易滋生各种腐败问题（王洁军 等，2018；王洁军，2018；韩继先，2014）。

3. 砂石矿资源开采存在的生态环境问题

当前，砂石资源开发存在开采范围界定模糊、盗采超采严重、管理重叠、行业"多、小、散、乱"、资源储量及实际开采总量无准确统计等行业现状，往往造成局部植被破坏、水土流失、崩塌滑坡等地质灾害频发、粉尘、废水、噪声等生态环境问题。

1）采矿活动造成生态破坏

露天开采及"多、小、散、乱"是我国砂石矿产开采固有的特点，所以其对生态的破坏是不可避免的。开山采石改变了矿区地形、地貌，造成了植被破坏和大量的水土流失，同时极易引发地质灾害（如山体滑坡、泥石流等）。植被破坏改变了地表径流和地表的粗糙度，降低土壤抗蚀指数，加剧了水土流失。水土流失导致下游河湖淤积，土壤营养元素损失，造成地力衰退，流失的水土对矿山日后的自我生态恢复功能造成了毁灭式的破坏，加剧生态脆弱性。同时，露天采矿剥离的新岩面，与周围环境背景色反差巨大，景观破坏突出。砂石矿开采活动破坏的原有景观超出了自然系统的调节能力，大大降低了原有物种的适应能力。

2）采矿活动造成环境污染

砂石开采以多种方式影响空气质量，最为常见的是扬尘、空气冲击、逸散性颗粒物和气体排放。同时，砂石矿多采用干法加工，作业过程均产生大量粉尘，加之大量堆存尾粉、尾砂，在风力作用下随风起尘，更加重了矿山的粉尘污染，造成局地大气污染加剧。砂石采矿活动在选矿过程中大量使用水，未经处理的污水直接排放污染了水资源，同时排放的污染物还通过溶解流入地表水和地下水，导致区域饮用水水质下降，影响流域生态系统健康。采矿活动还会给地表带来化学扰动，这一扰动主要表现为土壤污染。引起土壤污染的主要因素有酸性岩石和矿物进入排水系统、重金属和沥滤污染、矿物加工过程和矿物生产车间所用的化学物品污染。

7.2.2 砂石矿废弃地生态环境修复的发展历程

国内有关矿山废弃地恢复治理的理论研究是以 20 世纪 80 年代为界限的。在此之前，对于矿山废弃地的恢复治理方法基本都是自发造林、造田，主要目的是改善人们的生活环境，维护矿区安全、缓解用地紧张，并没有成型的理论指导。直到 20 世纪 80 年代初生态修复工作还处于无规模、零星、低水平的状态。到 20 世纪 80 年代中后期，我国的废弃矿山修复工程才进入了有规模、有组织的阶段。特别是 1988 年《土地复垦规定》及 1989 年《中华人民共和国环境保护法》的出台，标志着我国废弃矿山的生态修复工作步入了法治轨道。

近年来，矿山废弃地恢复治理理论研究有了突飞猛进的发展，矿业废弃地的恢复治理工作引起了较为普遍的重视，恢复治理成功率也以较快的速度逐年增长。但是与国外相比还是有相当大的差距。发达国家有悠久的开矿历史，最初的恢复生态学主要集中在开矿后废弃地植被的恢复，国外矿山废弃地生态修复研究推动了恢复生态学的发展。1975年，美国召开了主题为"受损生态系统的恢复"的国际会议，讨论了各种生态系统恢复过程中的特征、一般性原则和概念等，并呼吁加强受损生态系统科学数据和资料的搜索，开展技术措施研究及加强国际合作。之后，Caims 出版了《恢复受害生态系统》，对生态系统受害类型、退化现象和过程，以及受害生态系统的恢复与重建理论和措施等做了深入的研究。1980 年，Bdarhsaw 等出版了 *The Restoration of Land*，*The Ecology and Reclamation of Derelict and Degraded Land*，从不同角度总结了生态恢复过程中的理论和应用问题。1987 年，Jordan 等出版了 *Restoration Ecology*，*A Synthetic Approach Ecological Research*，认为恢复生态学是从生态系统层次上考虑和解决问题，在人的参与下，一些生态系统可以恢复、改建和重建。1996 年，在美国召开了国际恢复生态学会议，专门探讨了矿山废弃地的生态修复问题。世界生态恢复大会是生态恢复领域的大会，第五、六、七届都将"矿山生态系统"列为大会的主题之一。自然恢复的方法和技术将成为研究热点，矿区社会生态恢复力建设将逐步受到重视，确保矿区生态系统的可持续性是这些研究的共同目标。

矿山生态修复最早开始于美国和德国（高国雄 等，2001）。早在 20 世纪初，工业发达国家已经自发地在矿区进行种植试验，开始对矿区生态环境进行修复。英国、澳大利亚等有悠久采矿历史的发达国家很早开始恢复生态学的相关研究，并在矿区生态修复方面取得了很大的成就，生态修复已成为采矿后续产业的重要组成部分（刘国华 等，2003）。加拿大、法国、日本等国在矿区生态修复方面也做了大量的工作（高国雄 等，2001）。另外，美国、英国、加拿大、澳大利亚等国家都通过制定矿山环境保护法规理顺矿山环境管理体制、建立矿山环境评价制度、实施矿山许可证制度、保证金制度，严格执行矿山监督检查制度等措施来保证矿山生态修复的成效。

7.2.3 砂石矿废弃地生态环境修复技术的研究进展

国外对采石场生态修复技术的研究开展早于我国。国内外的砂石矿的治理重点为生态恢复技术与方法、景观重建与二次开发利用。

1. 砂石矿生态修复技术

（1）景观重塑技术。根据废弃地的来源可将废弃地分为采矿场废弃地、排土场废弃地和其他类废弃地（厂房、道路占用的废弃地）（宋丹丹，2012；虞蔚君，2007）。在采矿过程中各类型废弃地占用土地的情况不同，其中采矿场和排土场占用土地面积最大，在进行景观重塑改造时主要针对这两类不同废弃地类型提出相应的重塑改造方式（宋丹丹，2012；郑敏 等，2003；王永生 等，2002）：废弃矿坑的改造和再利用、排土场的改造和再利用、原有场地材料的应用、原有场地工业设施的利用、原有场地空间的利用。

（2）次生地质灾害防治技术。砂石矿区废弃地次生地质灾害主要包括滑坡、泥石流、崩塌三种类型。崩塌的防治措施根据矿山的实际情况，对边坡参数进行准确计算，科学设计开采、施工方案。开采过程中，开展实时监测工作，及时了解边坡变化，如果在矿山开采过程中发现边坡变形的情况，必须及时进行处理，采取支挡、铆固等加固保护措施，提高边坡稳定性。泥石流的防治措施：一是保护露天矿山周围环境的植被，确保泥土的稳固性，在进行矿产开采时，禁止过多破坏植被，必要时还要在植被遭受严重破坏的地区进行人工种植植被，以此确保生态环境的平衡和稳定性；二应控制对矿山固体废弃物的排放量；三是对固体废弃物堆放较严重的沟谷地带应该人工或者利用设备进行疏导工作，要采取一定的防护措施来确保岸坡的稳定性。露天矿山滑坡的防治主要从三个方面进行：一是土质滑坡的防治；二是岩质滑坡的防治；三是截排水工作。

（3）林草恢复技术。不同类型的废弃地修复选取不同的植被，通过不同的植物配置模式因地制宜地进行废弃地修复（杨辉，2019）。一般情况下，高陡岩质边坡首先以建立草本型或草灌型植物群落为宜。植物群落的建立应根据其与自然的协调性进行论证。与自然协调的植物群落需满足三个基本条件：植物的生物学、生态学特性适应于自然；植物群落所具有的功能近似于自然；植被的景观近似于自然（卢春江，2018）。一般采用穴植和播种的方法。穴植法又分为带土球栽植、客土造林、春整春种、秋整春种等栽植方法。带土球栽植即实生苗带着原来的生植土种植。客土造林即每穴中都换成适于植物生存的土壤后种植树种。春整春种即春季造林时整地与植苗同时进行，造林时间宜早不宜迟。秋整春种是指造林前一年秋季提前整地，翌年春季造林（卢春江，2018）。

（4）土壤改良技术。采矿活动中所造成的生态环境破坏首先是土壤退化，导致土壤环境因子发生改变，如土壤理化性质遭到破坏、微环境改变、结构变异、养分流失、保水保肥功能丧失、抵抗有毒有害物质能力降低等。恢复矿区生态系统功能，首先要创造适合植被生长的土壤环境，土壤是植物和微生物生存的基质，矿区土壤限制植物生长的主要因素是基质结构性差、营养成分缺失。基质改良技术主要有物理修复技术、化学修复技术、生物修复技术、生物材料修复技术等（谢计平，2017；莫爱 等，2014；Khan et al.，2000）。

（5）水土流失治理技术。根据矿山工程的位置和周围的地形，设置不同的拦挡工程，常用的拦截方式有拦渣防护、护坡防护。在矿区内，建立完善的排水系统，降低雨水对坡面的冲击力度，减少水土流失。在采矿周围，建立截水沟和沉沙池，拦截降雨形成的水流，将其进行充分的沉淀，剥离水流中所含砂石再排出清水，同时将沉淀的砂石泥浆集中处理。根据矿区实际情况，选择生命力顽强、生长迅速，并能适应环境的树种和植被，积极开展植树造林、还林还草生态建设，加大矿区的绿色植被覆盖面积，增强土地自身的水资源保存性，同时提升生态系统自身的恢复能力，利用自然环境自身的恢复能力来控制水土流失。

（6）边坡及采坑治理技术。边坡人工加固对现有滑坡和潜在不稳定边坡是有效的治理措施，而且它已发展成为提高设计边坡角、减少剥岩量的一种重要途径。目前国内外在矿山边坡加固中，比较广泛地采用抗滑桩、金属锚杆和锚索，并辅以混凝土护坡和喷浆防渗等措施。

2. 砂石矿环境污染修复技术

（1）大气环境污染防治技术。砂石矿开采过程中及矿区废弃地对大气环境的污染主要表现为粉尘污染，不同开采工序的粉尘污染治理措施有所不同（端木天望 等，2017；刘远良，2017）。露天采矿场的粉尘污染防治工作应按照"吸尘钻孔、封闭破碎、带水作业、防尘装卸、密闭运输、洒水保洁、及时绿化"的要求，对开采、运输及整个矿区局部环境的粉尘实施综合整治，把露天采矿场粉尘对周边环境的影响降到最低。

（2）水环境污染防治技术。砂石矿区因其特性，区域污水主要来源于生产与生活废水排放。①生产废水排放。因洗石、除尘等需要，废水排放量大，且废水中石粉、细砂等悬浮物含量大。②油污排放。③生活废水排放（林康南 等，2019；刘远良，2017）。在废水处理中，一般而言，包含分级分选、机械脱水和自然沉淀三个环节。砂石生产线的废水首先通过排水沟渠将废水汇集后，由栈桥式架设的钢管自流引入废水处理系统。通过"废水收集→调节池→沉砂池→混合搅拌池→沉淀池→回用池→处理后出水"的处理系统进行废水处理。

（3）土壤污染防治技术。在砂石矿山开采之前，将 $0\sim30$ cm 和 $30\sim60$ cm 的土壤剥离并加以存放，等回填的时候再运回使用，为植被恢复提供具有结构良好、高养分、高水分、较多微生物与微小动物群落的高质量土壤。在砂石堆场地表用隔离材料覆盖，可防止固体废弃物随着雨水冲刷污染土壤（夏汉平 等，2001；Bell，2001）。

（4）噪声污染防治技术。砂石生产线中，不少设备容易产生噪声污染，其中破碎机、筛分机等更是噪声污染的重灾区，给周围居民的生活带来了不小的问题，需要采取综合治理方式，主要有隔音处理法、配件检查法、特殊材料处理法。

3. 砂石矿废弃地生态修复治理模式

根据砂石矿山的特点，综合分析矿山与矿山之间、矿山与周边环境之间的相互关系，对矿山进行科学合理的分类，便于采取不同的治理模式，对其进行生态与景观重建，在后期的开发建设中进行有效的利用。砂石矿山废弃地的生态修复与改造不能盲目进行，国外许多经典案例给予我们许多思想上的启发与实践上的经验，但不能完全照搬其砂石矿山废弃地生态修复的模式。因为每个矿区的历史背景和环境因素都有所不同，所以要综合考虑砂石矿山废弃地的土地现状及未来建设规划，进行土地适宜性评价，分析改造后将会产生的生态效益、经济效益、社会效益（袁哲路，2013）。根据砂石矿山废弃地景观特征及开发利用目标的不同，砂石矿山废弃地的生态修复模式可以分为生态恢复型模式、土地开发型模式、景观再造型模式、综合治理型模式及复合型旅游开发模式。

7.2.4 展望

1. 砂石矿生态环境监管的必要性

近年来，为了保护资源、保护环境，国家部委、各地人民政府陆续发布针对砂石矿山管理的相关文件。在一系列政策指引下，大力整顿和关闭传统的砂石企业。据中国砂石协会统计，全国规模以上的砂石企业由 2013 年的 56 000 多家减少到 2017 年的 17 000 多家。十九大后，各地人民政府高度重视矿山生态环境保护，对矿山开采加工过程中产生的粉尘、废水、噪声加强环境管理，不断引导矿山企业建设"绿色矿山"和"和谐矿区"，使矿区与周边居民形成利益共享机制。在矿山生态修复方面，形成政府给政策、企业出资综合治理，建设生态林业、生态农业、生态公园等的生态修复新模式。砂石矿山环境管理处于资源管理、环境管理和生产管理三者的结合点上，其特殊性给矿山生态环境管理协调工作带来难度。国务院机构改革之前，根据管理职能划分的话，地层塌陷、尾矿、废石、地下水环境问题等为矿山地质环境破坏，属于自然资源主管部门的职能范畴；土质疏松、地表水破坏、水土流失等为水土破坏，属于水利主管部门的职能范畴；废水、废气、废渣等为工业生产"三废"，属于生态环境主管部门的职能范畴；地表裸露、植被砍伐、土地压覆毁坏等为生态景观破坏，属于农林等主管部门的职能范畴。由于横向管理体制不健全，在实际工作中部分环节标准不统一、权责交叉、政出多门，导致监管合力削弱。矿山环境监管实际工作中有很多具体细节和突发状况，甚至有"空白"领域，这些环节最易引发推诿扯皮或逃避责任。国务院机构改革后，生态环境部将在生态保护方面行使重要的监管职能，特别是监督对生态环境有影响的自然资源开发利用活动、重要生态环境建设和生态破坏恢复工作。随着我国生态文明建设的不断推进，在经济高质量发展的大背景下，砂石矿废弃地生态修复还需要不断加强顶层设计，不断强化落实生态修复责任和开展生态修复系统。

2. 砂石矿生态修复的对策建议

（1）加快政府管理职能转变，完善资源开发生态监管体系。我国砂石矿资源开采生态监管体系的建立迫在眉睫。党的十九大报告中强调，改革生态环境监管体制，加强对生态文明建设的总体设计和组织领导，设立国有自然资源资产管理和自然生态监管机构，完善生态环境管理制度，统一行使全民所有自然资源资产所有者职责，统一行使所有国土空间用途管制和生态保护修复职责，统一行使监管城乡各类污染排放和行政执法职责。生态环境部将在生态保护方面行使重要的监管职能，特别是监督对生态环境有影响的自然资源开发利用活动、重要生态环境建设和生态破坏恢复工作。加快推动制定国家层面的砂石资源生态监管指导意见，对砂石资源开发全过程的生态监管进行宏观指导；各省市县在已有管理经验的基础上，结合本地区砂石开发利用特点，在地方层面形成一套具有地方特点及可操作性的砂石资源开发利用全过程生态监管体系。根据机构改革后各部门职能，明确砂石矿资源开发全过程的责任主体、监管职责及分工等，加快各部门在砂石矿生态监管工作中的协调机制建立，形成生态监管的长效机制，使之产生生态监管"乘法效应"，共同完成政府监管的职责和目标。

（2）加大违法违规惩戒力度，推进资源开发生态监管落地。在环保督察深入推进的大背景下，各地各级管理部门应更加注重发挥行政手段在规范砂石资源开发、防范生态环境破坏、引导市场公平竞争等方面的作用，加大对私挖滥采、盗采超采等非法违规行为的惩戒力度，消除行业对生态环境威胁、震慑行业不正当行为、保持对各类违规违法行为的高压态势，从严处理危及生态环境安全、搅乱市场秩序的恶性案件。对有典型意义的案例，分类整理汇编成册以供企业参考，引导企业依法依规开采砂石资源。积极组织基层单位开展包括不定期巡查、环境保护监管、卫片执法检查、矿山实测核查、委托第三方监理等具体工作，将生态监管各项政策最终落地。

（3）加强生态监管科技创新，加强砂石矿生态修复成效评估。强化生态环境修复与监管科技创新供给，大力发展生态环境修复与监管产业，加强生态环境监管领域先进适用技术成果转化推广和产业化，鼓励建立专业化的生态环境技术转移机构，支持协会联盟等开展生态环境技术服务。随着绿色矿山建设的不断深入，对砂石矿开展生态修复成效评估是创新生态监管技术的一种手段，从景观恢复、生态功能恢复和环境问题治理效果等方面着手起草砂石矿生态修复成效评估指南，为今后砂石矿产资源开发生态修复成效评估和环境督查提供技术支撑。

参 考 文 献

陈家珑, 2005. 尾矿利用与建筑用砂. 金属矿山(1): 71-75.

陈家珑, 2011. 我国机制砂石行业的现状与展望. 混凝土世界(2): 62-64.

陈立平, 2007. 浅谈磷矿开采与环境保护. 科技资讯(18): 142.

程晓娜, 张博, 董晓方, 等, 2015. 我国砂石土矿开采现状及对策研究. 中国矿业, 24(5): 23-26.

端木天望, 刘志鸽, 2017. 露天采矿粉尘污染及其治理对策措施. 环境与发展, 29(6): 92-93.

高国雄, 高保山, 周心澄, 等, 2001. 国外工矿山土地复垦动态研究. 水土保持研究, 8(1): 98-103.

关军洪, 郝培尧, 董丽, 等, 2017. 矿山废弃地生态修复研究进展. 生态科学, 36(2): 193-200.

韩继先, 2014. 砂石行业的发展现状及发展趋势. 广东建材, 30(1): 56-58.

韩豫川, 熊先孝, 薛天星, 等, 2012. 中国磷矿成矿规律. 北京: 地质出版社.

李剑秋, 李子军, 王佳才, 等, 2018. 磷石膏充填材料与技术发展现状及展望. 现代矿业(10): 1-4, 8.

林康南, 梁跃先, 2019. 碎石生产线污水处理泥浆脱水技术应用及经济效益分析. 广东水利水电(4): 72-75.

刘国华, 舒洪岚, 2003. 矿区废弃地生态恢复研究进展. 江西林业科技(2): 21-25.

刘伟, 杨春, 宁功学, 2013. 昆阳磷矿采空区植被复垦. 现代矿业(9): 127-130.

刘文颖, 赵连荣, 吴琪, 2018. 我国砂石土类矿产管理政策量化研究: 基于政策工具视角. 资源与产业, 20(1): 21-27.

刘远良, 2017. 关于碎石生产线噪声、粉尘、废水处理方式的研究. 环境与发展, 29(6): 71-72.

柳正, 2006. 我国磷矿资源的开发利用现状及发展战略. 中国非金属矿工业导刊(1): 21-23.

卢春江, 2018. 漳州市矿山生态环境修复治理研究. 福州: 福建农林大学.

莫爱, 周耀治, 杨建军, 2014. 矿山废弃地土壤基质改良研究的现状、问题及对策. 地球环境学报, 5(4): 292-300.

任红岗, 赵旭林, 王海军, 等, 2018. 宜昌磷矿采矿活动对黄柏河东支水环境影响及对策. 有色金属: 矿山部分, 70(1): 90-95.

任克雄, 刘园福, 陈骏峰, 等, 2018. 宜昌磷矿樟村坪矿区矿山地质环境管理工作探讨. 资源环境与工程, 32(3): 398-402.

史雪莹, 赵连荣, 吴琪, 2017. 我国砂石土类矿产开发利用现状及建议. 矿产保护与利用(6): 14-19.

宋丹丹, 2012. 石灰岩矿山废弃地生态恢复与景观营建研究. 保定: 河北农业大学.

苏志军, 王迎霜, 李竞, 等, 2016. 三维模拟矿山地质环境探讨. 化工矿产地质, 38(4): 221-225.

孙婧, 史登峰, 2014. 我国砂石资源开发利用分析及管理对策. 中国国土资源经济(10): 45-48.

王花, 2016. 建筑砂石骨料现状与发展趋势. 泰州职业技术学院学报, 16(2): 57-58, 64.

王洁军, 2018. 突出生态保护核心地位 加速砂石行业转型升级. 中国建材报, 2018-05-04(3).

王洁军, 郎营, 2018. 新形势下我国砂石行业发展现状及对策研究. 建材发展导向, 16(8): 3-8.

王永生, 郑敏, 2002. 废弃矿坑综合利用. 中国矿业(6): 66-68.

吴琪, 陈从喜, 葛振华, 等, 2018. 我国普通建材用砂石土类矿产开发利用若干问题的探讨. 矿产勘查, 9(5): 998-1004.

夏汉平, 束文圣, 2001. 香根草和百喜草对铅锌尾矿重金属的抗性与吸收差异研究. 生态学报(7): 1121-1129.

谢计平, 2017. 矿山废弃地分析及生态环境修复技术研究进展. 环境保护与循环经济, 37(6): 41-45, 53.

杨辉, 2019. 矿山生态修复与景观再造理论初探. 国土资源(1): 46-47.

姚桂明, 2015. 砂石资源行政管理的法律评价. 法制与经济(9): 65-66.

虞莳君, 2007. 废弃地再生的研究. 南京: 南京农业大学.

袁哲路, 2013. 矿山废弃地的景观重塑与生态恢复. 南京: 南京林业大学.

郑敏, 赵军伟, 2003. 废弃矿坑综合利用新途径. 矿产保护与利用(3): 49-53.

字春光, 苏友波, 包立, 等, 2018. 我国磷石膏资源化利用现状及对策建议. 安徽农业科学, 46(5): 73-76, 80.

BELL L C, 2001. Establishment of native ecosystems after mining: Australian experience across diverse bio-geographic zones. Ecological Engineering, 17(2-3): 179-186.

KHAN A G, KUEK C, CHAUDHRY T M, et al., 2000. Role of plants, mycorrhizae and phytochelators in heavy metal contaminated land remediation. Chemosphere, 41(1-2): 197-207.

第8章 中国矿区生态修复的法规与监管

8.1 中国矿区生态修复法规与监管的现状与未来

我国矿山生态修复管理的内容主要包含矿山地质环境保护、土地复垦、矿区生态重建和矿区环境资源的开发利用及相关监管工作，总体原则是"预防为主、防治结合，谁开发谁保护、谁破坏谁治理、谁投资谁受益"。具体而言，矿山生态修复管理是通过形成的一系列法律法规、规章制度和标准规范为主要监管手段的制度体系，对因矿产资源勘查开采等活动造成的矿区地面塌陷、地裂缝、崩塌、滑坡、含水层破坏和地形地貌景观破坏等矿山地质环境问题，以及采矿活动与矿山建设造成的区域生态系统失衡进而使动物栖息地生境消失，生物栖息走廊阻断，植物物种丰度降低等矿区生态问题，进行预防和治理恢复。

从法律法规体系来看，我国已形成了以"上下联动、齐抓共管，法律位阶分明"为特点的矿山生态修复法律法规体系来减少和预防矿产资源勘查开采活动产生的矿山地质环境问题、矿区生态问题。已经形成了以《中华人民共和国矿产资源法》《中华人民共和国环境保护法》等十余部法律，以及《矿山地质环境保护规定》《土地复垦条例》等十余部法规及部门规章、各省（区、市）出台法规规章和颁布实施的行业和团体标准，作为矿山生态修复管理过程中监管者、监管对象可遵循适用的法律、法规和标准。

从制度体系建设来看，伴随着矿山生态修复职责成为自然资源部国土空间生态修复的重要工作，矿山地质环境保护与治理的内涵和外延正在发生变化，原有形成的调查、规划、保证金制度、方案编制制度、监测制度的内涵和外延也将随之发生变化，但不可否认的是，未来的矿山生态修复监管制度体系仍将围绕规划、调查、治理和监测4个方面来进行构建，矿山生态修复的法律、法规、制度和标准的建设将成为矿产资源法律、法规、制度、标准体系建设过程中的重要组成部分。

8.1.1 矿山生态修复管理适用的法律法规

法律位阶层面，《中华人民共和国宪法》《中华人民共和国刑法》《中华人民共和国民法总则》《中华人民共和国民法典》《中华人民共和国长江保护法》《中华人民共和国循环经济促进法》《中华人民共和国矿产资源法》《中华人民共和国煤炭法》《中华人民共和国水法》《中华人民共和国森林法》《中华人民共和国草原法》《中华人民共和国土地管理法》《中华人民共和国环境保护法》《中华人民共和国环境影响评价法》《中华人民共和国水污染防治法》《中华人民共和国土壤污染防治法》《中华人民共和国水土保持法》《中华人民共和国固体废物污染环境防治法》《中华人民共和国环境保护税法》《中华人民共和国大气污染防治法》等是我国矿产资源开发环境保护可适用的基本法律，在这些法律条文中均有矿产资源开发利用过程中矿区环境保护与治理应遵循的限制性规定。例如：《中华人民共和国环境保护法》第十九条规定"开发利用自然资源，必须采取措施保护生态环境"；《中华人民共和国矿产资源法》第三十二条规定"开采矿产资源，必须遵守有关环境保护的法律规定，防止污染环境"；《中华人民共和国煤炭法》第十一条规定"开发利用煤炭资源，应当遵守有关环境保护的法律、法规，防治污染和其他公害，保护生态环境"。

国务院十分重视矿产资源开发环境保护的行政法规制度建设，早在 1988 年国务院颁布《土地复垦规定》，提出了矿山土地破坏治理恢复要求，截至 2020 年，共有 62 部行政法规制度均有矿山生态修复须遵照执行的要求，如：《矿山地质环境保护规定》（2019 年修正版）明确规定："以槽探、坑探方式勘查矿产资源，探矿权人在矿产资源勘查活动结束后未申请采矿权的，应当采取相应的治理恢复措施，对其勘查矿产资源遗留的钻孔、探井、探槽、巷道进行回填、封闭，对形成的危岩、危坡等进行治理恢复，消除安全隐患。"

许多地方性法规中也对矿产资源开发利用过程中对矿区环境的保护与生态修复做了相应规定，这些规定在一定程度上可以有效地解决矿山环境保护具体法律制度弹性较大、稳定性不强的风险，赋予地方政府更多的规章制定的灵活性。

1. 法律位阶层面

现有涉及矿山生态修复内容的法律共 23 部，见表 8.1。

表 8.1　涉及矿山生态修复的法律汇总表

序号	法律名称
1	《中华人民共和国宪法》
2	《中华人民共和国刑法》
3	《中华人民共和国民法总则》
4	《中华人民共和国民法典》
5	《中华人民共和国长江保护法》
6	《中华人民共和国循环经济促进法》
7	《中华人民共和国水法》
8	《中华人民共和国大气污染防治法》
9	《中华人民共和国矿产资源法》
10	《中华人民共和国土地管理法》
11	《中华人民共和国水土保持法》
12	《中华人民共和国森林法》
13	《中华人民共和国草原法》

序号	法律名称
14	《中华人民共和国环境保护法》
15	《中华人民共和国海洋环境保护法》
16	《中华人民共和国水污染防治法》
17	《中华人民共和国土壤污染防治法》
18	《中华人民共和国煤炭法》
19	《中华人民共和国环境保护税法》
20	《中华人民共和国固体废物污染环境防治法》
21	《中华人民共和国环境影响评价法》
22	《中华人民共和国石油天然气管道保护法》
23	《中华人民共和国安全生产法》

2. 法规、部门规章和中央国务院文件位阶层面

早在 1983 年 12 月发布的《中华人民共和国海洋石油勘探开发环境保护管理条例》，1994 年实施的《中华人民共和国矿产资源法实施细则》、1998 年发布的《土地管理法实施条例》（2021 年 7 月第三次修订）、2011 年发布的《土地复垦条例》、2018 年实施的《中华人民共和国环境保护税法实施条例》和《中华人民共和国森林法实施条例》，以及《长江河道采砂管理条例》《退耕还林条例》《水土保持法实施条例》《地质灾害防治条例》《建设项目环境保护管理条例》《排污许可管理条例》等行政法规中均包含有涉及矿山生态修复监管内容的相关规定，例如：在这些法规条文中有诸如"土地复垦实行'谁破坏、谁复垦'的原则"，"对利用废弃物进行土地复垦和在指定的土地复垦区倾倒废弃物的，拥有废弃物的一方和拥有土地复垦区的一方均不得向对方收取费用。利用废弃物作为土地复垦充填物，应当防止造成新的污染"的明确规定。《中华人民共和国矿产资源法实施细则》明确规定了"探矿权人应当遵守有关法律、法规关于劳动安全、土地复垦和环境保护的规定；勘查作业完毕，及时封、填探矿作业遗留的井、硐或者采取其他措施，消除安全隐患。""探矿权人取得临时使用土地权后，在勘查过程中给他人造成财产损害的，按照下列规定给以补偿：（一）对耕地造成损害的，根据受损害的耕地面积前 3 年平均年产量，以补偿时当地市场平均价格计算，逐年给以补偿，并负责恢复耕地的生产条件，及时归还；（二）对牧区草场造成损害的，按照前项规定逐年给以补偿，并负责恢复草场植被，及时归还；（三）对耕地上的农作物、经济作物造成损害的，根据受损害的耕地面积前 3 年平均年产量，以补偿时当地市场平均价格计算，给以补偿；（四）对竹木造成损害的，根据实际损害株数，以补偿时当地市场平均价格逐株计算，给以补偿；（五）对土地上的附着物造成损害的，根据实际损害的程度，以补偿时当地市场价格，给以适当补偿。"《矿山地质环境保护规定》（2019 年修正版）明确规定："以槽探、坑探方式勘查矿

产资源，探矿权人在矿产资源勘查活动结束后未申请采矿权的，应当采取相应的治理恢复措施，对其勘查矿产资源遗留的钻孔、探井、探槽、巷道进行回填、封闭，对形成的危岩、危坡等进行治理恢复，消除安全隐患。"

此外，国务院也出台了涉及矿山生态修复监管的文件，如《矿产资源监督管理暂行办法》（1987 年 4 月 29 日）、《国务院关于促进稀土行业持续健康发展的若干意见》（国发〔2011〕12 号）、《国务院关于全民所有自然资源资产有偿使用制度改革的指导意见》（国发〔2016〕82 号）、《关于统筹推进自然资源资产产权制度改革的指导意见》（2019 年 4 月 14 日）、《国务院关于印发矿产资源权益金制度改革方案的通知》（国发〔2017〕29 号）、《中共中央　国务院关于加快推进生态文明建设的意见》（2015 年 4 月 25 日）、《生态文明体制改革总体方案》（2015 年 9 月 21 日）、《国务院办公厅关于健全生态保护补偿机制的意见》（国办发〔2016〕31 号）、《生态环境损害赔偿制度改革方案》（2017 年 12 月 17 日）、《党政领导干部生态环境损害责任追究办法（试行）》（2015 年 8 月 17 日）等。

在各部委出台的规范性文件层面，有涉及矿山生态修复直接监管的管理性规定，如自然资源部/国土资源部出台的《矿山地质环境保护规定》、《地质环境监测管理办法》（国土资源部令第 59 号）、《关于加强对矿产资源开发利用方案审查的通知》（国土资发〔1999〕98 号）、《国土资源部关于贯彻落实〈国务院关于促进稀土行业持续健康发展的若干意见〉的通知》（国土资发〔2011〕105 号）、《关于加强矿山地质环境恢复和综合治理的指导意见》（国土资发〔2016〕63 号）、《国土资源部办公厅关于印发油气勘查实施方案及开发利用方案编写大纲的通知》（国土资规〔2016〕18 号）、《国土资源部关于推进矿产资源全面节约和高效利用的意见》（国土资发〔2016〕187 号）、《国土资源部办公厅关于做好矿山地质环境保护与土地复垦方案编报有关工作的通知》（国土资规〔2016〕21 号）、《关于加快建设绿色矿山的实施意见》（国土资规〔2017〕4 号）、《国土资源部办公厅关于规范勘查实施方案评审有关要求的通知》（国土资厅发〔2017〕15 号）、《自然资源部关于推进矿产资源管理改革若干事项的意见（试行）》（自然资规〔2019〕7 号）、《自然资源部　农业农村部关于加强和改进永久基本农田保护工作的通知》（自然资规〔2019〕1 号）、《自然资源部关于探索利用市场化方式推进矿山生态修复的意见》（自然资规〔2019〕6 号）、《最高人民法院关于审理生态环境损害赔偿案件的若干规定（试行）》、《最高人民法院关于审理矿业权纠纷案件适用法律若干问题的解释》（法释〔2017〕2 号）、《关于印发〈中央对地方专项转移支付绩效目标管理暂行办法〉的通知》（财预〔2015〕163 号）、《财政部、国家林业局关于印发〈森林植被恢复费征收使用管理暂行办法〉的通知》（财综〔2002〕73 号）、《关于印发〈水土保持补偿费征收使用管理办法〉的通知》（财综〔2014〕8 号）、《财政部　国家林业局关于调整森林植被恢复费征收标准引导节约集约利用林地的通知》（财税〔2015〕122 号）、《财政部　国土资源部　环境保护部关于取消矿山地质环境治理恢复保证金　建立矿山地质环境治理恢复基金的指导意见》（财建〔2017〕638 号）、《财政部关于印发〈中央对地方资源枯竭城市转移支付办法〉的通知》（财预〔2019〕97 号）、《财政部关于印发〈生态环境损害赔偿资金管理办法（试行）〉的通知》（财资环〔2020〕6 号）、《关于发布〈矿山生态环境保护与污染防治技术政策〉的通知》（环发〔2005〕

109 号)、《关于印发〈关于推进生态环境损害赔偿制度改革若干具体问题的意见〉的通知》(环法规〔2020〕44 号)、《关于进一步加强煤炭资源开发环境影响评价管理的通知》(环环评〔2020〕63 号)、《水利部办公厅关于印发〈水利部生产建设项目水土保持方案变更管理规定(试行)〉的通知》(办水保〔2016〕65 号)等。

现有涉及矿山生态修复管理的主要法规、部门规章和中央国务院文件见表 8.2。

表 8.2 涉及矿山生态修复管理的主要法规、部门规章和中央国务院文件汇总表

序号	适用法规及部门规章	发布文号及实施时间
1	《矿山地质环境保护规定》	2009 年 3 月 2 日国土资源部令第 44 号公布,根据 2015 年 5 月 6 日国土资源部第 2 次部务会议《国土资源部关于修改〈地质灾害危险性评估单位资质管理办法〉等 5 部规章的决定》第一次修正,根据 2016 年 1 月 5 日国土资源部第 1 次部务会议《国土资源部关于修改和废止部分规章的决定》第二次修正,根据 2019 年 7 月 16 日自然资源部第 2 次部务会议《自然资源部关于第一批废止修改的部门规章的决定》第三次修正
2	《中华人民共和国土地管理法实施细则》	1998 年 12 月 27 日国务院令第 256 号公布,根据 2011 年 1 月 8 日《国务院关于废止和修改部分行政法规的决定》第一次修订,根据 2014 年 7 月 29 日《国务院关于修改部分行政法规的决定》第二次修订
3	《中华人民共和国土地管理法实施条例》	1998 年 12 月 27 日国务院令第 256 号发布,根据 2011 年 1 月 8 日《国务院关于废止和修改部分行政法规的决定》第一次修订,根据 2014 年 7 月 29 日《国务院关于修改部分行政法规的决定》第二次修订,2021 年 7 月 2 日中华人民共和国国务院令第 743 号第三次修订
4	《地质环境监测管理办法》	2014 年 4 月 29 日,中华人民共和国国土资源部令第 59 号发布,自 2014 年 7 月 1 日起施行
5	《中华人民共和国森林法实施条例》	2000 年 1 月 29 日国务院令第 278 号发布,根据 2011 年 1 月 8 日《国务院关于废止和修改部分行政法规的决定》第一次修订,根据 2016 年 2 月 6 日《国务院关于修改部分行政法规的决定》第二次修订,根据 2018 年 3 月 19 日《国务院关于修改和废止部分行政法规的决定》第三次修订
6	《森林植被恢复费征收使用管理暂行办法》	财综〔2002〕73 号
7	《中华人民共和国自然保护区条例》	国务院于 1994 年 10 月 9 日发布,自 1994 年 12 月 1 日起实施。根据 2017 年 10 月 7 日国务院令第 687 号进行修订

序号	适用法规及部门规章	发布文号及实施时间
8	《土地复垦条例》	2011 年 3 月 5 日国务院令第 592 号发布并实施
9	《土地复垦条例实施办法》	2012 年 12 月 27 日国土资源部第 56 号令公布,根据 2019 年 7 月 16 日自然资源部第 2 次部务会议《自然资源部关于第一批废止和修改的部门规章的决定》修正
10	《建设项目环境保护管理条例》	1998 年 11 月 29 日国务院令第 253 号发布,根据 2017 年 7 月 16 日《国务院关于修改〈建设项目环境保护管理条例〉的决定》修订
11	《煤矿安全监察条例》	2000 年 11 月 7 日国务院令第 296 号公布,根据 2013 年 7 月 18 日《国务院关于废止和修改部分行政法规的决定》修订
12	《天然气基础设施建设与运营管理办法》	2014 年 2 月 28 日国家发展和改革委员会令第 8 号公布,自 2014 年 4 月 1 日起施行
13	《水土保持补偿费征收使用管理办法》	财综〔2014〕8 号
14	《中华人民共和国水土保持法实施条例》	1993 年 8 月 1 日国务院令第 120 号发布,根据 2011 年 1 月 8 日《国务院关于废止和修改部分行政法规的决定》修订
15	《中华人民共和国矿产资源法实施细则》	1994 年 3 月 26 日国务院令第 152 号发布
16	《矿产资源监督管理暂行办法》	1987 年 4 月 29 日国务院发布,自发布之日起施行
17	《长江河道采砂管理条例》	2001 年 10 月 10 日国务院第 45 次常务会议通过,2001 年 10 月 25 日国务院令第 320 号公布,自 2002 年 1 月 1 日起施行
18	《自然资源部关于探索利用市场化方式推进矿山生态修复的意见》	自然资规〔2019〕6 号
19	《最高人民法院关于审理生态环境损害赔偿案件的若干规定（试行）》	2019 年 5 月 20 日由最高人民法院审判委员会 1 769 次会议通过,根据 2020 年 12 月 23 日最高人民法院审判委员会第 1 823 次会议通过的《最高人民法院关于修改〈最高人民法院关于在民事审判工作中适用《中华人民共和国工会法》若干问题的解释〉等二十七件民事类司法解释的决定》修正
20	《最高人民法院关于审理矿业权纠纷案件适用法律若干问题的解释》	法释〔2017〕12 号
21	《最高人民法院 最高人民检察院关于办理非法采矿、破坏性采矿刑事案件适用法律若干问题的解释》	2016 年 9 月 26 日最高人民法院审判委员会第 1 694 次会议、2016 年 11 月 4 日最高人民检察院第十二届检察委员会第 57 次会议通过,自 2016 年 12 月 1 日起施行

序号	适用法规及部门规章	发布文号及实施时间
22	《财政部 国家林业局关于调整森林植被恢复费征收标准引导节约集约利用林地的通知》	财税〔2015〕122 号
23	《关于取消矿山地质环境治理恢复保证金 建立矿山地质环境治理恢复基金的指导意见》	财建〔2017〕638 号
24	《财政部关于印发〈中央对地方资源枯竭城市转移支付办法〉的通知》	财预〔2019〕97 号
25	《财政部关于印发〈生态环境损害赔偿资金管理办法（试行）〉的通知》	财资环〔2020〕6 号
26	《关于发布〈矿山生态环境保护与污染防治技术政策〉的通知》	环发〔2005〕109 号
27	《关于印发〈关于推进生态环境损害赔偿制度改革若干具体问题的意见〉的通知》	环法规〔2020〕44 号
28	《关于进一步加强煤炭资源开发环境影响评价管理的通知》	环环评〔2020〕63 号
29	《水利部办公厅关于印发〈水利部生产建设项目水土保持方案变更管理规定（试行）〉的通知》	办水保〔2016〕65 号
30	《关于进一步加强尾矿库监督管理工作的指导意见》	安监总管一〔2012〕32 号
31	《国家林业和草原局关于从严控制矿产资源开发等项目使用东北、内蒙古重点国有林区林地的通知》	林资发〔2018〕67 号
32	《退耕还林条例》	2002 年 12 月 14 日国务院令第 367 号发布，自 2003 年 1 月 20 日起施行，2016 年 2 月 6 日国务院令第 666 号《国务院关于修改部分行政法规的决定》修订
33	《地质灾害防治条例》	2003 年 11 月 19 日国务院第 29 次常务会议通过，2003 年 11 月 24 日中华人民共和国国务院令第 394 号公布，自 2004 年 3 月 1 日起施行
34	《中华人民共和国环境保护税法实施条例》	2017 年 12 月 25 日国务院令第 693 号公布，自 2018 年 1 月 1 日起施行
35	《排污许可管理条例》	2021 年 1 月 24 日国务院令第 736 号公布，自 2021 年 3 月 1 日起施行

续表

序号	适用法规及部门规章	发布文号及实施时间
36	《国务院关于促进稀土行业持续健康发展的若干意见》	国发〔2011〕12 号
37	《国务院关于全民所有自然资源资产有偿使用制度改革的指导意见》	国发〔2016〕82 号
38	《中共中央办公厅 国务院办公厅印发〈关于统筹推进自然资源资产产权制度改革的指导意见〉》	2019 年 4 月 14 日发布
39	《国务院关于印发矿产资源权益金制度改革方案的通知》	国发〔2017〕29 号
40	《中共中央办公厅 国务院办公厅印发〈中央生态环境保护督察工作规定〉》	2019 年 6 月 17 日发布
41	《中共中央办公厅 国务院办公厅印发〈关于建立以国家公园为主体的自然保护地体系的指导意见〉》	2019 年 6 月 26 日发布
42	《中共中央 国务院关于加快推进生态文明建设的意见》	2015 年 4 月 25 日发布
43	《中共中央 国务院印发〈生态文明体制改革总体方案〉》	2015 年 9 月 21 日发布
44	《国务院办公厅关于健全生态保护补偿机制的意见》	国办发〔2016〕31 号
45	《中共中央办公厅 国务院办公厅印发〈生态环境损害赔偿制度改革方案〉》	2017 年 12 月 17 日发布
46	《中共中央办公厅 国务院办公厅印发〈党政领导干部生态环境损害责任追究办法（试行）〉》	2015 年 8 月 17 日发布
47	《中共中央 国务院关于建立国土空间规划体系并监督实施的若干意见》	2019 年 5 月 23 日发布
48	《中共中央办公厅 国务院办公厅印发〈天然林保护修复制度方案〉》	2019 年 7 月 23 日发布
49	《国务院办公厅关于加强草原保护修复的若干意见》	国办发〔2021〕7 号
50	《中共中央办公厅 国务院办公厅印发〈关于构建现代环境治理体系的指导意见〉》	2020 年 3 月 3 日发布
51	《国务院办公厅关于印发自然资源领域中央与地方财政事权和支出责任划分改革方案的通知》	国办发〔2020〕19 号

续表

序号	适用法规及部门规章	发布文号及实施时间
52	《中共中央办公厅 国务院办公厅印发〈关于建立健全生态产品价值实现机制的意见〉》	2021 年 4 月 26 日发布
53	《关于加强对矿产资源开发利用方案审查的通知》	国土资发〔1999〕98 号
54	《国土资源部关于贯彻落实〈国务院关于促进稀土行业持续健康发展的若干意见〉的通知》	国土资发〔2011〕105 号
55	《关于加强矿山地质环境恢复和综合治理的指导意见》	国土资发〔2016〕63 号
56	《国土资源部办公厅关于印发油气勘查实施方案及开发利用方案编写大纲的通知》	国土资规〔2016〕18 号
57	《国土资源部关于推进矿产资源全面节约和高效利用的意见》	国土资发〔2016〕187 号
58	《国土资源部办公厅关于做好矿山地质环境保护与土地复垦方案编报有关工作的通知》	国土资规〔2016〕21 号
59	《关于加快建设绿色矿山的实施意见》	国土资规〔2017〕4 号
60	《自然资源部 农业农村部关于加强和改进永久基本农田保护工作的通知》	自然资规〔2019〕1 号
61	《关于推进矿产资源管理改革若干事项的意见（试行）》	自然资规〔2019〕7 号
62	《国土资源部办公厅关于规范勘查实施方案评审有关要求的通知》	国土资厅发〔2017〕15 号

3. 地方行政法规和规章层面

涉及矿山生态修复监管的地方行政法规和规章见表 8.3。

表 8.3　矿山生态修复管理的地方行政法规和规章

名称	制定机关	发布时间	实施/最新修订时间
《湖北省地质灾害防治管理办法》	湖北省人民政府	1995-03-22	1995-03-22
《河北省地质灾害防治管理办法》	河北省人民政府	1995-07-24	1995-07-24
《宁夏回族自治区地质灾害防治管理办法》	宁夏回族自治区人民政府	1996-01-26	1996-01-26

名称	制定机关	发布时间	实施/最新修订时间
《湖南省地质灾害防治管理办法》	湖南省人民政府	1997-02-17	2017-12-25
《天津市地质灾害防治管理办法》	天津市人民政府	1997-01-01	2004-06-30
《贵州省地质灾害防治管理暂行办法》	贵州省人民政府	1997-07-04	1997-07-24
《海南省地质环境管理办法》	海南省人民政府	1997-09-29	1997-09-29
《浙江省地质灾害防治条例》	浙江省第十一届人民代表大会常务委员会	2009-11-27	2010-03-01
《河南省地质灾害防治管理办法》	河南省人民政府	1998-11-20	1998-11-20
《河北省地质环境管理条例》	河北省第九届人民代表大会常务委员会	1998-12-26	1999-03-01
《吉林省地质灾害防治条例》	吉林省第九届人民代表大会常务委员会	1999-01-11	2015-11-20
《广西壮族自治区地质灾害防治管理办法》	广西壮族自治区人民政府	1999-04-19	1999-06-01
《江苏省地质灾害防治管理办法》	江苏省人民政府	1999-05-27	1999-05-27
《安徽省地质灾害防治管理办法》	安徽省人民政府	1999-07-13	2004-08-10
《四川省地质环境管理条例》	四川省第九届人民代表大会常务委员会	1999-08-14	2012-07-27
《黑龙江省地质环境管理办法》	黑龙江省人民政府	1999-09-02	1999-09-02
《江西省地质灾害防治管理办法》	江西省人民政府	2000-04-19	2004-07-01
《陕西省防御与减轻滑坡灾害管理办法》	陕西省人民政府	2000-06-15	2000-06-15
《山西省地质灾害防治条例》	山西省第九届人民代表大会常务委员会	2000-09-27	2011-12-01
《西藏自治区地质灾害防治管理暂行办法》	西藏自治区人民政府	2000-12-11	2001-01-01
《甘肃省地质环境保护条例》	甘肃省第九届人民代表大会常务委员会	2000-12-02	2000-12-02
《辽宁省地质灾害防治管理办法》	辽宁省人民政府	2000-12-07	2004-06-27
《湖北省地质环境管理条例》	湖北省第九届人民代表大会常务委员会	2001-05-31	2001-08-01
《重庆市地质灾害防治条例》	重庆市第二届人民代表大会常务委员会	2007-09-30	2020-06-05
《云南省地质环境保护条例》	云南省第九届人民代表大会常务委员会	2001-07-28	2018-11-29
《陕西省地质环境管理办法》	陕西省人民政府	2001-09-10	2001-09-19
《新疆维吾尔自治区地质环境保护条例》	新疆维吾尔自治区省第十三届人民代表大会常务委员会	2020-11-25	2021-01-01
《湖南省地质环境保护条例》	湖南省第九届人民代表大会常务委员会	2002-01-24	2018-11-30

4. 适用于矿山生态修复监管成效相关的技术标准、操作规范与技术指南

1）遵照参考执行的治理工程相关标准

截至目前，针对矿山地质环境问题的保护与治理，各地在开展矿山地质环境调查（含遥感调查）、治理工程设计勘查、设计、施工、验收及编制工程预算工作时，所遵照并参考执行的标准不尽相同，粗略统计，共有 62 项（表 8.4）。其中涉及调查类的规范 8 项，涉及治理工程设计类的规范 11 项，涉及治理工程施工类的规范 7 项，涉及治理工程监理类的规范 2 项，涉及治理工程监测类的规范 6 项，涉及工程质量验收类的规范 21 项，涉及治理工程预算类的规范 2 项。从这些已实施的标准效果来看，它们在促进矿山地质环境保护与治理工作的规范化和科学化方面，起到了一定的作用。

表 8.4　各地遵照参考执行的相关标准汇总表

类别	标准规范规程	发布单位（提出单位）	标准号
调查类标准规范	《区域地质调查中遥感技术规定（1∶50 000）》	国土资源部	DZ/T 0151—2015
	《滑坡崩塌泥石流灾害调查规范（1∶50 000）》	国土资源部	DZ/T 0261—2014
	《泥石流灾害防治工程勘查规范》	国土资源部	DZ/T 0220—2006
	《重庆地质灾害防治工程勘察规范》	重庆市质量技术监督局	DB 50/T 143—2018
	《矿山地质环境调查评价规范》	中国地质调查局	DD 2014-05
	《滑坡防治工程勘查规范》	国土资源部	GB/T 32864—2016
	《集镇滑坡崩塌泥石流勘查规范》	国土资源部	DZ/T 0262—2014
	《水文地质调查规范（1∶50 000）》	国土资源部	DZ/T 0282—2015
	《地面沉降调查与监测规范》	国土资源部	DZ/T 0283—2015
	《地质灾害排查规范》	国土资源部	DZ/T 0284—2015
	《广西壮族自治区矿山地质环境恢复治理水文地质详查规程（试行）》	广西壮族自治区国土资源厅	
	《区域地下水污染调查评价规范》	中国地质调查局	DZ/T 0288—2015
治理工程设计类规范	《滑坡防治工程设计与施工技术规范》	国土资源部	DZ/T 0219—2006
	《泥石流灾害防治工程设计规范》	国土资源部	DZ/T 0239—2004
	《地质灾害防治工程设计规范》	重庆市建设委员会、重庆市国土资源和房屋管理局	DB 50/5029—2004
	《堤防工程设计规范》	住房和城乡建设部	GB 50286—2013
	《砌筑砂浆配合比设计规程》	住房和城乡建设部	JGJ/T 98—2011
	《渠道防渗衬砌工程技术标准》	住房和城乡建设部	GB/T 50600—2020
	《城市防洪工程设计规范》	住房和城乡建设部	GB/T 50805—2012
	《普通混凝土配合比设计规程》	住房和城乡建设部	JGJ 55—2011

续表

类别	标准规范规程	发布单位（提出单位）	标准号
治理工程设计类规范	《混凝土结构设计规范》	住房和城乡建设部	GB 50010—2010（2015 年版）
	《砌体结构设计规范》	住房和城乡建设部	GB 50003—2011
	《园林绿化技术规范》		2003 年
治理工程施工类规范	《贵州省地质灾害防治工程施工技术要求》	贵州省国土资源厅	
	《重庆市地质灾害防治工程施工技术指南（试行）》	重庆市国土资源和房屋管理局	
	《水工建筑物岩石基础开挖工程施工技术规范》	国家发展和改革委员会	DL/T 5389—2007
	《堤防工程施工规范》	水利部	SL 260—2014
	《水工混凝土施工规范》	国家能源局	DL/T 5144—2015
	《园林绿化工程施工及验收规范》	建设部	CJJ/T 82—2012
治理工程监理类规范	《地质灾害防治工程监理规范》	国土资源部	DZ/T 0222—2006
	《建设工程监理规范》	住房和城乡建设部	GB/T 50319—2013
治理工程监测类标准规范	《地质环境遥感监测技术要求（1∶250 000）》	国土资源部	DZ/T 0296—2016
	《区域环境地质勘查遥感技术规定（1∶50 000）》	国土资源部	DZ/T 0190—2015
	《矿山地质环境监测技术规程》	国土资源部	DZ/T 0287—2015
	《崩塌·滑坡·泥石流监测规程》	国土资源部	DZ/T 0223—2004
	《地下水动态监测规程》	地质矿产部	DZ/T 0133—1994
	《崩塌、滑坡、泥石流监测规范》	国土资源部	DZ/T 0221—2006
	《地面沉降调查与监测规范》	国土资源部	DZ/T 0283—2015
	《地下水环境监测技术规范（2004）》	生态环境部	HJ/T 164—2020
	《区域地下水质监测网设计规范》	国土资源部	DZ/T 0308—2017
	《地下水监测井建设规范》	国土资源部	DZ/T 0270—2014
	《地下水监测网运行维护规范》	国土资源部	DZ/T 0307—2017
工程质量验收类	《给水排水管道工程施工及验收规范》	住房和城乡建设部	GB 50268—2008
	《砌体结构工程施工质量验收规范》	住房和城乡建设部	GB 50203—2011
	《土方与爆破工程施工及验收规范》	住房和城乡建设部	GB 50201—2012
	《城市园林绿化工程施工及验收规范》	北京市质量技术监督局	DB11/T 212—2003
工程预算类规范	《山东省建筑工程消耗量定额》	山东省建设厅	DXD 37-101—2002
	《山东省园林绿化工程消耗量定额》		SDA 2-31—2016

　　此外，2008～2017 年，基于部分已实施的标准不能够满足实际工作需要的现实，国土资源部连续五年发布了国土资源标准制修订工作计划，将各地开展矿山地质环境保护

与治理恢复工作中已遵照执行的部分标准规范列入修订计划。

2）遵照参考执行的土地复垦相关标准

据调查，各地在一些特定区域实施矿山地质环境保护与治理工程的同时，按照《土地复垦条例》的规定和要求，在有条件的地域也一并部署实施土地复垦工程。因此，工程的实施除要遵照执行与矿山开采引发崩滑流等矿山地质环境问题治理有关的标准外，还要遵照执行土地复垦的标准规范，据粗略统计，涉及调查类规范有 5 项，复垦工程设计类规范有 4 项，复垦工程验收类规范有 1 项，预算类规范有 2 项，工程质量验收类规范有 3 项，具体如下。

（1）调查类规范。《矿山土地复垦基础信息调查规程》（TD/T 1049—2016）；《土地复垦技术标准（试行）》；《耕地后备资源调查与评价技术规程》（TD/T 1007—2003）；《山西省工矿企业土地损毁状况调查技术规程》，1994 年 4 月。

（2）复垦工程设计类规范。《土地复垦方案编制规程》（TD/T 1031.1—2011）；《土地开发整理规划编写规程》（TD/T 1011—2000）；《土地开发整理项目规划设计规范》（TD/T 1012—2000）；《水土保持综合治理技术规范》（GB/T 16453.6—2008）。

（3）复垦工程验收类规范。《土地开发整理项目验收规程》（TD/T 1013—2000）。

（4）预算类。《土地开发整理项目预算定额标准》（财综〔2011〕128 号）；《土地开发整理项目预算编制暂行规定》（财建〔2005〕169 号）。

（5）工程质量验收类。《农田灌溉水质标准》（GB 5084—2021）；《污水综合排放标准》（GB 8978—1996）；《土地复垦质量控制标准》（TD/T 1036—2013）。

3）遵照参考执行的水土污染相关标准

矿区水土污染调查评价是各省市开展省（市、县）矿山地质环境调查工作的一个环节，技术实施单位在对矿区水土污染进行调查评价时参考遵照执行了水土污染调查、评估、质量评价、污染物排放、监测等方面的标准规范共 24 项。其中涉及水污染调查的 3 项，质量评估的 7 项，污染物排放的 2 项，监测的 1 项；涉及土壤污染调查类 1 项、质量评估类 5 项、风险评价类 2 项、监测类 3 项。具体见下表 8.5、表 8.6。

表 8.5 参照执行的水环境相关标准汇总表

类别	标准名称	发布单位	标准号
调查类	《地下水动态调查评价技术要求》	中国地质调查局	DD 2014—04
	《地下水污染地质调查评价规范》	中国地质调查局	DD 2008—01
	《污染场地土壤和地下水调查与风险评价规范》	中国地质调查局	DD 2014—06
质量评估类	《生活饮用水卫生标准》	卫生部	GB 5749—2006
	《地下水水质标准》	国土资源部	DZ/T 0290—2015
	《地表水水环境质量标准》	国家环境保护总局、国家质量监督检验检疫总局	GB 3838—2002

续表

类别	标准名称	发布单位	标准号
质量评估类	《地下水质量标准》	国家质量监督检验检疫总局	GB/T 14848—2017
	《地下水污染调查评价样品分析质量控制技术要求》	中国地质调查局	DD 2014—15
	《集中式饮用水水源地环境保护状况评估技术规范》	环境保护部	HJ 774—2015
	《环境影响评价技术导则 地下水环境》	环境保护部	HJ 610—2016
污染物排放类	《煤炭工业污染物排放标准》	国家环境保护总局、国家质量监督检验检疫总局	GB 20426—2006
	《污水综合排放标准》	国家环境保护总局	GB 8978—1996
监测类	《地表水和污水监测技术规范》	国家环境保护总局	HJ/T 91—2002

表 8.6　参照执行的土壤环境相关标准汇总表

类别	标准名称	发布单位	标准号
调查类	《场地环境调查技术导则》	环境保护部	HJ 25.1—2014
质量评估类	《土壤环境质量农用地土壤污染风险管控标准（试行）》	生态环境部、国家市场监督管理总局	GB 15618—2018
	《食用农产品产地环境质量评价标准》	国家环境保护总局	HJ/T 332—2006
	《土壤环境质量　建设用地土壤污染风险管控标准（试行）》	生态环境部、国家市场监督管理总局	GB36600　2018
	《展览会用地土壤环境质量评价标准（暂行）》	国家环境保护总局、国家质量监督检验检疫总局	HJ 350—2007
风险评价类	《建设用地土壤污染状况调查技术导则》	生态环境部	HJ 25.1—2019
	《建设用地土壤污染风险管控和修复监测技术导则》	生态环境部	HJ 25.2—2019
	《建设用地土壤污染风险评估技术导则》	生态环境部	HJ 25.3—2019
	《建设用地土壤污染风险管控与修复术语》	生态环境部	HJ 682—2019
监测类	《土地质量地球化学监测技术要求》	中国地质调查局	DD2014—10
	《土壤环境监测技术规范》	国家环境保护总局	HJ/T 166—2004

8.1.2　矿山生态修复管理制度历史沿革

早在 2018 年国务院机构改革之前，国土资源部根据赋予的矿山环境保护与治理的职责已建立了一套行之有效的矿山环境保护与治理制度体系，共涉及 5 项制度，包括矿山地质环境调查制度、矿山地质环境保护与治理规划制度、矿山地质环境保护与治理方案编制制度、矿山地质环境治理恢复保证金制度和矿山地质环境监测制度。2018 年国务院机构改革到位之后，相关中央文件的陆续出台，近两年来，随着自然资源部被赋予了"两统一"的新职责，加强矿山生态修复监督管理成为国土空间生态修复工作中的重要一环，其相应的监管体系和制度设计仍处于改革进程中，而涵盖调查、规划、治理和监测的原有矿山地质环境保护与治理的监管制度体系将被赋予新的内涵和做出新的调整，因此本书仅介绍目前仍在实施并作为矿山生态修复管理抓手的几项制度实施成效。

1. 矿山地质环境保护与治理规划制度

矿山地质环境保护与治理规划是一项专门针对矿山地质环境问题而制订的环境保护规划，是为了使矿产资源开发与地质环境保护协调发展而对矿山地质环境保护所做的时间和空间的合理安排。其目的在于调控矿产资源开发活动，减少环境污染和生态破坏，从而保护矿山地质环境。

矿山地质环境保护与治理规划是克服矿产资源开发盲目性和矿山地质环境保护随意性的科学决策活动，是实行矿山地质环境管理的基本依据，是国家环境保护政策和战略的具体体现。矿山地质环境保护规划是应用各种科学信息和技术方法编制的符合一定历史时期技术和经济发展水平的、切实可行的最优行动方案，是国民经济和社会发展规划体系的重要组成部分，是协调矿产资源开发与地质环境保护的重要手段。

目前，我国已完成以省（自治区、直辖市）为单元的矿山地质环境摸底调查，并开展了矿山地质环境保护与治理规划编制工作。

自 2002 年开始，国土资源部首次组织开展了以省（自治区、直辖市）为单元的矿山地质环境摸底调查，到 2005 年，完成了 31 个省（自治区、直辖市）矿山地质环境调查评价工作。31 个省（自治区、直辖市）共编写了 31 份调查成果报告，编制了 1∶50万或 1∶100 万成果图件 122 幅，制作了 31 份矿山地质环境调查图片集，遥感解译面积 41.3 万 km²。通过调查，查明了主要存在的环境地质问题及潜在危害，并初步划定了各省（自治区、直辖市）的矿山地质环境影响的严重区、较严重区和一般区。2006~2008年，又陆续安排了部分地区的矿山地质环境动态监测示范和 85 个重点矿区 32 137 个矿山的遥感调查监测评价工作。这些调查评价工作为合理开发矿产资源、保护地质环境、进行矿山环境整治、矿山生态系统恢复与重建、实施矿山地质环境监督管理提供了基础支撑。

为了合理地指导和有计划、分步骤地开展矿山环境保护与治理工作，2005 年，国土资源部发出《关于开展省级矿山环境保护与治理规划编制工作的通知》（国土资发〔2005〕119 号），明确要求各省（自治区、直辖市）在矿山地质环境调查的基础上，开展省级矿山环境保护和治理规划的编制工作。目前 31 个省（自治区、直辖市）和新疆生产建设兵团的规划通过了部级审查，《全国矿山环境保护与治理规划》编制工作基本完成。在全国规划和各省（自治区、直辖市）矿山地质环境保护与恢复治理规划编制的带动下，一些市、县也编制了本行政区的《矿山地质环境保护与恢复治理规划》。

2. 矿山地质环境保护与治理方案编制制度

国土资源部依据《国务院关于全面整顿和规范矿产资源开发秩序的通知》（国发〔2005〕

28 号)和《财政部 国土资源部 环保总局关于逐步建立矿山环境治理和生态恢复责任机制的指导意见》(财建〔2006〕215 号)文件的要求，建立了矿山环境保护与综合治理方案编制制度，明确要求矿山企业应编制和实施经国土资源行政主管部门审查批准的矿山环境保护与综合治理方案。为配合这项制度的落实，2007 年国土资源部正式发布了《矿山环境保护与综合治理方案编制规范》(DZ/T 223—2007)，目前该规范已根据国土资源部新的"三定"方案修订为《矿山地质环境保护与治理恢复方案编制规范》(DZ/T 0223—2011)。

建立矿山地质环境保护与治理方案的主要目的是加强矿产资源开采的矿山地质环境保护要求，采矿权申请人申请办理采矿许可证时，应当编制矿山地质环境保护与治理恢复方案，报有批准权的自然资源行政主管部门批准。在开采前期对可能造成的影响和破坏进行评估，主要包括矿山开采可能造成地质环境影响的分析评估、制定矿山地质环境保护与治理恢复措施、制订矿山地质环境监测方案、矿山地质环境保护与治理恢复工程经费概算、缴存矿山地质环境保护与治理恢复保证金承诺书等内容。矿山地质环境保护与治理恢复工程的设计和施工，应当与矿产资源开采活动同步进行。

矿山地质环境保护与治理恢复方案主要起到以下几方面的作用：一是作为矿山企业开采矿产资源的准入条件，未编制方案的企业不能申请采矿权，使矿山企业重视矿产资源开发过程中的矿山地质环境保护；二是作为矿山地质环境治理恢复基金的缴存、使用，以及返还的依据之一；三是作为自然资源行政主管部门对矿山企业实施监督的依据之一。

2017 年 1 月 3 日《国土资源部办公厅关于做好矿山地质环境保护与土地复垦方案编报有关工作的通知》，要求实施矿山企业矿山地质环境保护与治理恢复方案、土地复垦方案合并编报制度。自该通知下发之日起，矿山企业不再单独编制矿山地质环境保护与治理恢复方案、土地复垦方案。采矿权申请人在申请办理采矿许可证前，应当自行编制或委托有关机构编制矿山地质环境保护与土地复垦方案。在办理采矿权变更时，涉及扩大开采规模、扩大矿区范围、变更开采方式的，应当重新编制或修订矿山地质环境保护与土地复垦方案。矿山地质环境保护与土地复垦方案的编制按照《矿山地质环境保护与土地复垦方案编制指南》执行。

3. 矿山地质环境治理恢复保证金制度

矿山地质环境治理恢复保证金制度，是指规范保证金的收缴权利人和缴纳义务人在矿产资源开采、环境治理和验收、资金管理与返还等方面的一系列权利和义务的总称。

矿山地质环境治理恢复保证金是为了保证探、采矿权人在探、采矿过程中合理开采和勘探矿产资源，保护矿区环境，在停办、关闭矿山后，做好矿山地质环境恢复治理等工作应缴纳的保证资金和备用治理资金；保证金按照"谁发证，谁收取"的原则，按照我国目前的政府机构设置和职权分配模式，由颁发采矿许可证的原国土资源行政主管部门负责收取；矿山地质环境恢复治理保证金所担保的是对矿产资源开采义务及其延伸责任的履行。同时，担保义务的履行也会使得保证金缴纳人取得要求返还保证金额本金及利息的权利，即保证金本金及孳生利息属探、采矿权人所有；保证金收缴的权利人要将保证金纳入同级财政监督管理，实行专户存储、专户管理，严禁挪作他用。保证金账户，由采矿权人在负责缴存工作的与原国土资源行政主管部门同级的财政主管部门指定的银行开设。采矿权人在领取采矿许可证时，按照采矿登记机关核定的保证金数额和缴存期限，将保证金存入保证金账户。

全国各省（自治区、直辖市）积极推动矿山地质环境治理恢复保证金制度立法工作，努力提高其法律地位。截至 2012 年底，全国共有 22 个省（自治区、直辖市）在已颁布实施的《矿产资源管理条例》或《地质环境保护（管理）条例》里将"实行矿山地质环境治理恢复保证金制度"作为主要条款之一。截至 2013 年底，全国 31 个省（自治区、直辖市）出台了矿山地质环境治理恢复保证金管理文件。近些年，各地对制度实施情况进行了调查评估，逐步启动了保证金管理规章制度修订和补充完善工作，不断完善保证金管理制度。广西、贵州、湖南、吉林、江西、广东、上海、重庆、山东、浙江、海南、河南 12 个省（自治区、直辖市）从提高保证金规范性文件的位阶、加强治理过程、缴存及验收管理等方面开展了保证金管理法规及其配套制度的修订和补充完善工作。如江西、海南、河南从立法层面上通过修订《矿产资源管理条例》或出台《地质环境保护条例》提高了矿山地质环境治理恢复保证金制度的法律地位。山东省将信用保函增加为保证金缴存方式之一。

从全国各省（自治区、直辖市）矿山地质环境治理恢复保证金制度建设情况来看，各省（自治区、直辖市）在强化保证金缴存督促措施、强化矿业权人的治理恢复责任方式和强化矿山地质环境治理恢复责任履行情况的监管措施上都已形成了一套成熟的做法，如大部分省（自治区、直辖市）在保证金管理办法中已规定了"将保证金的缴存与矿业权的新立、年检、延续、变更、转让挂钩"，在此基础上，为进一步强化执行效力，各省（自治区、直辖市）相继出台文件，将"保证金"的缴存列入办理采矿权要件，并以"文件"形式将此项管理措施制度化、规范化。上海、广西、陕西、甘肃等省（自治区、直辖市），充分利用行政合同的约束力和责任界定功能，采用与矿山企业签订矿山地质环境治理和生态恢复责任书的方式，明确矿山企业应该缴存的保证金总额、缴存方式及其应该履行的治理恢复工程内容，督促企业缴存矿山地质环境治理恢复保证金，履行矿山地质环境保护与恢复治理责任。除此之外，各省（自治区、直辖市）在保证金返还机制和管理信息化上都做出过一些有益的创新。例如，有的省采用分期开采或分区分期开采矿山缴存的保证金可以采取前期（区）充抵后期（区）的模式，也即采矿权人按矿山地质环境保护与恢复治理方案完成前期（区）的治理工程或单项治理工程后，经验收合格，在已缴纳的保证金中按治理工程费用占恢复治理方案中治理总概算的比例，返还充抵后期保证金。部分省逐步开展矿山地质环境恢复治理保证金缴存信息管理平台建设，建立了"保证金"与治理恢复方案台账档案，做到了一矿一档。

4. 矿山地质环境治理恢复基金制度

为落实党中央、国务院决策部署，更好地发挥矿产资源税费制度对维护国家权益、调节资源收益、筹集财政收入的重要作用，《国务院关于印发矿产资源权益金制度改革方案的通知》（国发〔2017〕29 号）要求："按照'放管服'改革的要求，将现行管理方式不一、审批动用程序复杂的矿山环境治理恢复保证金，调整为管理规范、责权统一、使用便利的矿山环境治理恢复基金。"2017 年，《财政部　国土资源部　环境保护部关于取消矿山地质环境治理恢复保证金　建立矿山地质环境治理恢复基金的指导意见》（财建〔2017〕638 号）提出了要取消矿山地质环境治理恢复保证金制度，建立矿山地质环境治理恢复基金制度，要求"各地根据指导意见的原则，制定本区的矿山地质环境治理恢复基金管理办法"。

截至 2020 年 12 月，全国共有 19 个省（自治区、直辖市）按照该指导意见的要求，依据本行政区工作实际，从基金的提取、基金的使用和基金监督管理三个方面对如何对矿山地质环境治理恢复基金加强管理做出了规定，并相应出台了矿山地质环境治理恢复基金管理办法。

5. 矿山地质环境监测制度

为监测和监督矿山地质环境保护及治理恢复状况，把握矿山地质环境发展形势，自然资源部颁布实施的《矿山地质环境保护规定》中明确要求自然资源管理部门和矿山企业必须建立矿山地质环境监测网络。县级以上自然资源行政主管部门应当建立本行政区域内的矿山地质环境监测工作体系，健全监测网络，对矿山地质环境进行动态监测，指导、监督采矿权人开展矿山地质环境监测。采矿权人应当定期向矿山所在地的县级自然资源行政主管部门报告矿山地质环境情况，如实提交监测资料。实施矿山地质环境监测制度，是自然资源管理部门履行矿山地质环境监测、监督工作的重要手段，也是促使矿山企业开展矿山地质环境保护自我监督的重要方式。

8.1.3　其他相关制度建设

1. 矿山地质环境破坏的治理恢复财政专项制度

从 2001 年开始，财政部、国土资源部在中央所得的探矿权和采矿权价款及使用费中安排资金开展了矿山地质环境治理项目，用于支持计划经济时期及以前遗留的矿山地质环境问题的治理。矿山地质环境治理项目由地方政府或矿山企业申报，经财政部和国土资源部审核通过后立项。项目实施全程接受财政部和国土资源部的监督、指导，由省级财政、国土资源等部门组织验收。

矿山地质环境治理先后经历了启动阶段、快速推进阶段和调整完善阶段。

启动阶段：2000～2002 年，全国安排 18 个治理项目，投入 2 300 多万元。

快速推进阶段：2003～2009 年，安排 1577 个治理项目，治理资金投入 86 亿元。特点：投入逐年增加，项目的数量增加，项目平均投入经费偏少，存在项目多而散，覆盖面广，经费投入不足、持续性差的问题。

调整完善阶段：2010～2015 年，由过去支持多而散、经费少的小项目转向支持重点工程的大项目。经费投入大幅度增加，实施项目数量减少。安排 388 个治理项目，治理资金 230 多亿元。

2005～2015 年矿山地质环境治理项目中央和地方财政投入呈逐年上升趋势，累计达到 493.33 亿元（不含 2013～2015 年地方财政投入治理资金），其中近三年中央资金投入占其资金总投入的 26.9%。

2000～2015 年，中央财政支持的矿山地质环境治理项目 1 983 个，其中安排了 38 个资源枯竭城市矿山地质环境治理工程，投入 68.2 亿元，矿山地质环境治理示范工程 44 个，投入 60.33 亿元。

在中央和地方各类资金支持下，截至 2015 年，全国用于矿山地质环境治理恢复资金超过 900 余亿元，完成治理恢复土地面积约 81 万 hm^2。中央财政共安排矿山地质环境治理资金约 318 亿元，利用中央财政资金累计治理面积 21 万余 hm^2。地方财政、企业自筹、社会投入等用于矿山地质环境治理的累计资金约 600 亿元，累计完成矿山地质环境治理恢复面积为 60 万 hm^2。

中央财政支持的矿山地质环境治理项目实施改善了矿山地质环境状况和矿山周边的生态环境，清除了矿山地质灾害隐患，保护了人民生命财产安全，促进了矿产资源合理、科学利用，促进了资源枯竭型矿业城市经济转型，促进了地方经济的发展。

2. 矿山地质环境资源的开发利用政策

近年来，各级政府和社会各界非常重视矿山地质环境保护工作，为了使矿山地质环境治理与矿业遗迹保护、矿业文化传承很好地结合起来，同时促进矿业旅游和地区经济发展，原国土资源部通过对矿山地质环境保护与治理恢复，结合矿山特有的自然生态景观和人文历史景观的特点，积极组织开展了国家矿山公园命名和建设工作。为保护重要矿业遗迹，弘扬矿业文化，扶持资源枯竭型矿山产业转型，在开展矿山地质环境恢复治理的基础上，2005 年启动了国家矿山公园建设工作，截至 2015 年底，批准了国家矿山公园建设资格 72 处，已建成开园 34 个。一批历史悠久的矿山企业通过国家矿山公园建设，成为矿山地质环境恢复治理的示范区，矿业遗迹、矿业文化的保护地和地质矿产科普教育基地。

8.2　国外发达国家矿山生态修复管理制度

纵观国外发达国家的矿山生态修复管理，无论从法律法规的制定还是监督管理体制的选择上都已经比较完善。从发达国家的管理经验来看，在矿山生态修复管理过程中把直接管制和经济手段有机结合，是国际矿山生态修复管理的发展趋势。所谓直接管制其含义是通过对采矿过程的管理，制定限制特定污染物的排放，或者在特定的时间和区域内限制某些活动等直接影响采矿公司的环境行为方面的制度措施。这种手段的特征是对污染排放或削减进行规定，采矿公司只能按规定行事。如果违章违规，采矿公司只能接受处罚及法律诉讼，而没有其他选择。所谓经济手段是确保经济政策和环境政策结合并且产生经济效益的途径，具体包括收费、税收、可交易许可证等形式，它能保证更广泛、更有效地利用市场的力量。据此，可以将构成国外矿山生态修复管理体系的基本制度做归纳分类，并按照开采阶段予以划分（图 8.1）。

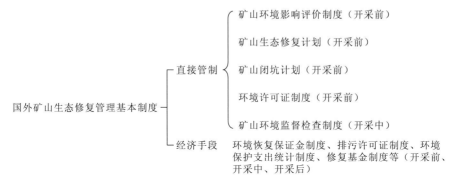

图 8.1　国外矿山生态修复管理制度现状梳理图

8.3　我国矿区生态修复监管制度体系建设展望

　　党中央、国务院始终高度重视矿山生态修复工作，党和国家领导同志多次对隶属于矿山生态修复的矿山地质环境保护工作做出过重要批示，十八大以来，中央陆续出台了一系列加强生态文明建设的重要纲领性文件，在这些重要文件中对矿山环境保护、修复及综合治理提出了明确的工作要求和主要任务。例如，习近平总书记在十八届六中全会上代表中央政治局作工作报告的第五部分关于生态文明建设的进展中提出了要"加强矿山地质环境恢复和综合治理"的要求。《中共中央　国务院关于加快推进生态文明建设的意见》明确提出"健全源头预防、过程控制、损害赔偿、责任追究的生态环境保护体系"、要"开展矿山地质环境恢复和综合治理"的要求。十九大报告明确提出"加快生态文明体制改革，建设美丽中国。构建政府为主导、企业为主体、社会组织和公众共同参与的环境治理体系"的要求。这些新思想、新要求为我国在未来 20 年推动实施矿山环境保护与修复战略，以强化矿产资源开发矿山地质环境法治体制，建立矿产资源开发矿山生态修复管理长效机制，夯实矿产资源开发矿山生态修复支撑体系为目的，推动形成"政府主导、政策扶持、社会参与、市场化运作、专业化治理"的矿山环境保护与综合治理模式，构建矿山环境工作产业化、专业化、社会化机制，有效保护和合理开发利用地质环境资源指明了方向，为我国自然资源资产管理与生态监管领域在矿山生态修复工作方面贯彻落实十九大报告要求、贯彻落实习近平新时代治国理政新要求提供了根本遵循和行动指南。

8.3.1　矿山生态修复监管制度体系建设发展方向

　　矿山生态修复监管制度体系建设发展方向是实现家底明晰化、责任明确化、管理法制化、规范制度化、实施效能化、保护治理产业化。

（1）家底明晰化、责任明确化。矿山生态修复与保护对象的损害程度明晰，保护与修复的责任主体明确。

（2）管理法制化。矿山生态修复与保护的法律法规体系完善、法规实施机制健全，保护与修复的各个领域、各个环节都有法可依。

（3）规范制度化。矿山生态修复管理各级组织机构及其技术支持机构规范健全、管理流程规范合理、管理规则规范细致、管理责任规范明确。

（4）实施效能化。进一步提高矿山生态修复的效能，制定以矿山地质环境质量及其保护、矿山土地复垦和矿区生态重建为主要内容的矿山生态修复管理效能衡量指标和标准，强化地方政府的矿山生态修复管理部门的效能考核，将矿山地质环境保护与治理恢复绩效纳入地方政府政绩考核指标体系中去。

（5）保护治理产业化。要有能够吸引民间资本投入矿山环境治理领域的用地用矿政策、投入矿山公园建设领域的用地用矿政策，形成合力，构建政府为主导、企业为主体、社会组织和公众共同参与的环境治理体系。

8.3.2　矿山生态修复监管制度体系建设总目标

十九大报告明确将"坚持人与自然和谐共生"作为新时代坚持和发展中国特色社会主义基本方略的重要内容，明确提出"生态文明建设是中华民族永续发展的千年大计""人与自然是生命共同体"的重要论断，通过实施矿山生态修复与矿区地质环境资源保护与合理利用重大基础工程战略、矿山生态修复战略实施保障建设战略、矿山生态修复与地质环境资源保护合理利用产业发展战略、矿山生态修复信息数字化工程战略四大战略的实施，共同构建人与自然和谐共生的矿山环境保护与生态修复战略，形成完善的矿山生态修复法律法规标准体系、制度政策体系、管理公共服务体系和实施支撑体系，最终形成政府主导、部门协调、全社会共同参与，矿山地质环境资源得到切实保护、合理开发，矿山生态问题得到及时全面治理的良好工作格局。

8.3.3　矿山生态修复监管制度体系建设近期目标

着力建立完善的法治标准约束机制，着力建立明晰的责任机制，着力建立多元的投入机制，着力建立完善有效的补偿机制，着力建立有效的监管机制，保护与治理恢复责任全面落实，新建和生产矿山地质环境得到有效保护和及时治理，历史遗留问题治理取得显著成效，基本建成制度完善、责任明确、措施得当、管理到位的矿山生态修复工作体系，形成"不再欠新账、加快还旧账"的矿山生态修复新局面。

1. 完善法治及标准约束机制

（1）继续矿山地质环境保护合理利用与生态修复法规体系建设，研究出台《矿山地质环境资源保护利用与生态修复条例》或者《地质遗迹与地貌景观资源保护与合理利用条例》等。

（2）强化科技支撑，加强关键技术攻关，加快新技术推广，研究推广科学适用的开采技术，完善矿山生态修复调查、评价、监测、治理技术标准体系，矿山公园建设及验收标准体系，研发推广先进治理技术。

2. 夯实基础，明晰责任机制

以贯彻落实《中共中央办公厅、国务院办公厅印发〈生态文明建设目标评价考核办法〉》（厅字〔2016〕45 号）中提出把"新增矿山恢复治理面积列入绿色发展指标体系，作为考核评价各省自治区生态文明建设的指标依据"要求为契机，全面开展矿山生态地质环境详细调查，夯实工作基础，将历史遗留矿山地质环境综合治理的解决，纳入当地政府的生态环境保护的目标任务中，由同级人民政府统一领导，自然资源、工业和信息化、财政、生态环境、能源等相关部门分工负责，编制矿山生态修复规划，推进历史遗留的矿山地质环境问题的恢复治理，建立地方政府的矿山地质环境保护与恢复治理责任履行考核制度，强化地质环境保护与恢复治理责任追究机制。

3. 多元投入机制

各地主政府要出台加快推进矿山生态修复的指导性政策性文件，注重政策文件实效，将有利于矿山地质环境治理的一系列用地政策、矿产开发优惠政策等纳入出台的政策性文件中。出台此类政策性文件的目的是建立政府主导下的历史遗留矿山地质环境问题综合治理机制和投入保障机制，带动社会各方资金、技术等要素投入矿山生态修复领域，逐步形成地质环境保护与修复的多元长效投入机制。鼓励社会资金参与，探索构建"政府主导、政策扶持、社会参与、开发式治理、市场化运作"的新模式。

4. 完善有效的补偿机制

完善开发补偿经济机制，形成生产矿山和历史遗留"新老问题"统筹解决的保护与治理新格局。

（1）建立矿山环境治理恢复基金制度。以贯彻落实由自然资源资产管理与生态监管机构"统一行使生态保护修复职责"要求为契机，取消现行各法律法规要求矿山企业缴存的水土保持补偿费、土地复垦费、排污费、矿山地质环境治理恢复基金，统一建立矿山环境治理恢复基金，在矿山企业银行账户单独反映缴存使用情况。

（2）建立资源开发和工程建设导致的地质环境质量的降低与破坏（不可逆的，即不能治理恢复的），以及相关权益受损的赔偿机制。以贯彻落实《生态环境损害赔偿制度改革方案》要求为契机，建立矿山环境生态环境损害赔偿制度。

（3）建立加快解决历史遗留问题的治理新模式。各地以"山水林田湖草是生命共同体"的重要理念指导，充分集成整合资金政策，依靠山水林田湖草生态修复工程治理奖补资金，或设立其他财政专项重点对矿山地质环境问题严重地区进行支持。

5. 建立有效的监管机制

强化源头预防和过程监管。严格矿山开发准入管理、加强保护与治理恢复方案的实施、加强矿山地质环境治理恢复基金制度和开发过程监管。

全面建立动态监测体系，准确掌握和监控全国矿山地质环境变化情况，建立国家、省、市、县四级地质环境动态监测体系。

加强基层监察机构开展矿山地质环境监管技术能力建设，提高基层监察机构的矿山地质环境监管水平，特别是要强化市、县、乡等基层矿山地质环境督察、巡查和监管能力。

建立矿山地质环境治理恢复基金提取使用公示制度，建立矿山地质环境治理恢复社会监督和信贷管控制度，国有自然资源资产管理和自然生态监管机构随机开展矿山地质环境保护与修复监督检察，将矿山企业履行治理恢复义务情况纳入银监部门的信用评级体系中，并列入全国信用信息共享平台，通过"信用中国"网站、国家企业信用信息公示系统等向社会公布。

第 9 章　中国矿区生态环境修复战略与展望

9.1　矿区生态环境修复战略

我国矿区以采矿业为中心，是由资源、环境、经济和社会等子系统构成的人文复合生态系统，是一个耦合的"自然—社会—经济"综合体（尹德涛 等，2004）。因此，矿区生态环境修复作为我国生态文明建设中的重要一环，是一个涉及多学科、多领域的系统工程，已成为应对不均衡不平等发展与确保可持续发展的热点问题与重点领域（胡振琪 等，2020）。围绕党的十八大以来的号召"绿水青山就是金山银山"及"全面推动绿色发展乃是生态文明建设的治本之策"，在新的高质量发展时期，提出如下矿区生态环境修复战略。

9.1.1　主动履责战略

几十年矿区生态环境修复实践的经验表明：分清责任、履行矿区生态环境修复义务是成功实现矿区生态环境修复的关键。但现实中仍然存在大量责任不清、不履行修复义务的现象，在近年的环境督查中，已经发现较多矿区生态环境修复治理不到位的问题，可以说矿区生态环境问题凸显、环境压力空前。因此，主动履责战略就是促进矿区生态环境修复未来发展的第一战略。众所周知，地方政府是生态环境保护的第一责任人。因此，地方政府主动履责就是这一战略的第一要义，这就要求地方政府主动监管矿区的生态环境、主动督促企业履行生态修复义务、主动履行废弃矿区生态环境的修复责任。企业的主动履责是主动履责战略的关键。由于矿山企业是矿山生态环境问题的制造者，矿山企业应该从国家绿色发展的战略高度重视矿山的绿色发展，应该从矿业生存的角度认识矿区生态环境修复，主动、自觉地进行矿区生态修复和绿色矿山建设，并贯穿到生产活动的每个环节中。然而目前矿山企业对环境保护、绿色发展的认识存在偏差，往往把环境保护工作当成是绿化工作，而且主要是工业广场和矿山生活区的绿化美化。对开采产生的生态损害，主动生态修复少，彻底解决开采带来的生态环境问题少。因此，矿山企业需要重新自我认识、自我变革，主动适应国家高质量经济发展的趋势，满足人们对美好生活的环境要求，迎接世界能源发展变革的挑战，进行一场打破常规的自我变革，全面实现绿色生态开采、清洁低碳利用（谢和平 等，2015）。综上所述，政府和矿山企业的主动履责是矿山生态环境修复的关键。

9.1.2　全生命周期修复战略

　　全生命周期修复战略的提出使矿区生态环境修复打破传统土地复垦和环境治理的简单工程模式,贯彻全新的"资源开发利用全生命周期"理念,一改过去被动的"先破坏,后修复"的模式,转变为主动的、超前的、动态的并贯穿于矿山开发全过程的发展战略(胡振琪,2009)。全生命周期生态修复战略就是在地质勘探、矿山设计、开采生产、闭矿 4个阶段的矿产资源开发全生命周期中都考虑和实施生态环境修复(胡振琪 等,2020)。

　　(1)地质勘探阶段的生态环境修复。勘探阶段的生态修复主要是对勘探过程中可能产生的生态影响有明确的预判,采取减少生态损害措施的同时,及时进行生态修复。同时,采用绿色勘探的理念,转变矿业经济开发决策模式,革新经济可采计算和决策方法,在计算经济可采储量的同时,也计算考虑环境容量和环境成本的绿色储量。通过将开采后可能带来的土地破坏与生态系统服务受损等成本纳入开采成本,在勘探阶段即考虑区域环境承载力,科学界定保有储量、可采储量、可采经济储量及考虑生态环境容纳的可采资源分布,为后续开采方案、开采计划的制订提供科学依据。

　　(2)矿山设计阶段的生态环境修复。矿山设计是矿山建设与生产的关键,是源头上实施生态修复的关键。但目前矿山设计阶段的生态修复比较缺乏。矿山设计往往是矿产资源开发利用方案,对不同开采方案的生态损害分析较少,更缺乏修复方案。矿山地质环境保护与复垦方案往往与设计不同步,融合性较差。因此,应该将生态环境修复理念和方法融入矿山设计,将其作为开采设计的一部分。矿山设计中要编制边开采边修复方案,对矿山要明确只采取地表修复措施的区域、仅采取地下绿色开采措施的区域和地上地下同时采取措施的区域,明确全部开采、局部开采和实施保护性不开采的区域;对矿区污染情况要明确可能的污染源、污染物清单、污染物的时空演变、污染程度和污染风险等。

　　(3)开采生产阶段的生态环境修复。生产阶段的生态环境修复是矿区绿色建设的关键,其基本要求是边开采边修复,将生态环境修复纳入生产计划和预算,全生产过程考虑固废减排、矿井水的处理与利用、地表减损的绿色开采、地表生态环境动态修复等。应建立生态环境的监测诊断体系和年度报告制度、生态修复年度计划制度和年度考核验收制度。应充分考虑生态损毁的动态与静态、显性与隐伏、近期与未来的变化,要制订考虑最终损毁情况下动态复垦修复计划,分期分批逐步实现预期的生态环境修复目标。要将产业发展纳入修复方案中,促进生态环境修复的经济效益最大化。矿山企业负责人一定要摒弃过去只考虑资源开采,而忽略生态修复和环境保护的做法,将生态环境修复作为日常工作之一去对待。因此,生产阶段的生态环境修复是检验一个矿区是不是绿色矿区的试金石。从生产计划、每日调度会、月度季度进展、年度总结等各个实际生产活动中,检查是否真正有生态修复和环境保护工作和工程,就可以检验出该矿区是否真正践行边开采边修复。

　　(4)闭矿阶段的生态环境修复。闭矿阶段的生态修复应在全面诊断存在问题的基础上,制订完整的生态修复及环境治理方案、关闭矿区资源再利用计划和产业发展计划。该阶段要求监测诊断的全面性和精准性,修复治理方案的系统性和可操作性,再利用计划与产业发展的前瞻性和实效性。尽管闭矿阶段的生态环境修复是在闭矿之后进行的一项全面彻底的修复治理工作，但要做好这项工作，需要在关闭前的一段时期就提前做好闭矿规划，其中闭矿后的剩余资源（含厂房、地下空间等）再利用、产业转型和生态环境修复是规划的重要内容。矿山关闭的生态环境修复需要保证在生产与损毁后土地上最后留下的结构体是稳定的，构建一个生物多样性和稳定的环境来确保自然恢复与可持续性，且最终的土地利用能最优化并与周围地区自然地理与生态环境相协调与适应。总而言之，需要考虑地方的需求与特点，最小化矿山关闭带来的社会与经济影响。

当前，全生命周期修复战略中矿山设计阶段中考虑生态修复的设计及生产阶段的边开采边修复是我国矿区生态修复未来发展的方向。

9.1.3　污染优先控制与修复战略

《中共中央关于制定国民经济和社会发展第十四个五年规划和二〇三五年远景目标的建议》明确提出，要深入开展土壤污染防治，在更高水平上实现"吃得安心、住得放心"。随着国家对生态环境，尤其是水土污染的高度重视，矿山开采导致的环境污染将成为未来矿山土地复垦与生态修复研究的重点和难点。以往我国矿山土地复垦与生态修复中对污染的理解侧重于治理，即末端治理、先污染后治理，对污染控制的重视程度还不够，此外，也有些矿山以绿色、生态恢复为重点，忽视污染的控制与修复。但是在新时期，矿区污染仅依靠治理的局限性日益显露，主要体现在污染治理往往不是彻底的治理，而是污染的转移，并伴随着设施投资大、运行费用高、经济效益低、资源未有效利用等特点。因此，矿区生态环境修复应优先考虑环境污染的控制和修复。

污染控制是控制污染物排放、减少污染物产生，从根本上解决矿区环境污染问题的关键，主要包括污染排放源头控制、过程控制及末端控制。对于源头控制，应认真执行环境影响评价制度，从源头避免规划和开发建设项目对环境可能造成的危害；对于过程控制，应严格执行"三同时"制度，确保环保设施与主体工程同时设计、同时施工、同时投产；对于末端控制，应实施污染物排放总量控制和排污许可制度。实施污染优先控制战略，加强矿区污染控制，是进一步丰富和完善我国矿区生态环境修复的必要一环。

对于各种已经出现的污染问题，应科学诊断污染源、列出污染清单、科学评价污染程度和污染风险，制订切实可行的修复方案。按照"源头控制、过程阻断、末端治理"的原则选择原位或异位修复技术。重视多技术的耦合应用和综合系统修复，保障污染修复的高效和长效。同时加强污染的跟踪监测和风险管控，确保各种矿区污染场地科学修复和安全利用，使矿区"天蓝、地绿、水清"。

9.1.4　因地制宜的生态修复战略

我国幅员辽阔，资源分布广泛，不同地质条件和开采条件造成的损伤各有不同，需因地制宜地采取不同生态环境修复措施，而非仅为完成修复的表面工作套用其他地区的模式，导致修复效果不理想，造成不必要的资源浪费，甚至"旧伤未愈，又添新伤"。矿区生态环境修复因地制宜的战略应主要集中在修复目标、修复方法和修复过程三个方面。修复目标方面，需从系统性、整体性、可达性、满足人与自然的需求等方面规划，考虑生态系统功能的需求，将整个修复区域划分成不同的修复单元，遵循"宜农则农、宜林则林、宜渔则渔、宜草则草、宜建则建"的原则，做到修复规划的问题精准诊断、目标切实可行，修复后的生态功能与周边生态系统和谐一致。修复方法方面，需充分考虑目标区域的地理环境、气候条件、优势物种、开采方法、区位优势等因素，制订具有可行性、高效性、可持续性的生态环境修复方法，该自然修复的就自然修复、该人工修复的就人工修复，一切按照生态环境损伤的特征及当地的需求，因地制宜地选择修复方法。修复过程方面，在严格按照修复规划和施工标准执行的基础上，努力做到以人为本、人尽其才、物尽其用、地尽其力。

9.1.5 以关键技术为核心的科学修复战略

我国矿山土地复垦与生态修复数十年的实践表明，修复理论尚不能完全满足实践的需要，而在许多修复案例中又因缺乏科学修复而失败，可见理论与实践有明显的脱钩。面对错综复杂的开采环境损伤问题，修复手段和技术还亟待创新丰富和推广，要从技术的科学性、差异性、先进性、经济性着手，丰富科学修复的内涵，使修复效益与资金、政策投入平衡。

科学修复的基础来自科学的诊断，因此，矿区生态环境科学的监测诊断就非常重要。需要根据不同的采矿方式、损毁特征、自然地理与生态条件等，采用先进的监测、评价技术，科学诊断问题及其产生原因。

尽管生态修复技术多种多样，但生态修复往往存在一些基础性的共性技术，也是生态修复的关键。水是生命之源、土是生命之基，植物是生命之根，因此，水、土、植物是生态修复的三大要素，围绕这三大要素的修复技术就是共性核心技术，即地貌重塑、土壤重构和植被恢复。地貌重塑是针对矿区的地形地貌特点，结合采矿设计、开采工艺及土地损毁方式，通过采取有序排弃、土地整形等措施，重新塑造一个与周边景观相互协调的新地貌，最大限度消除和缓解对植被恢复、土地生产力提高有影响的因子，总体来说，地貌重塑是矿区修复土地质量的基础。土壤重构是以矿区破坏土地的土壤恢复或重建为目的，采取适当的重构技术工艺，应用工程措施及物理、化学、生物、生态措施，重新构造一个适宜的土壤剖面，在较短的时间内恢复和提高重构土壤的生产力，并改善重构土壤的环境质量。植被恢复是在地貌重塑和土壤重构的基础上，针对矿山不同土地损毁类型和程度，综合气候、海拔、坡度、坡向、地表物质组成和有效土层厚度等，针对不同损毁土地类型，进行先锋植物与适生植物选择及其他植被配置、栽植及管护，使修复的植物群落持续稳定。

师法自然进行地貌重塑、土壤重构和植被恢复已经成为共识，但仿自然修复如何定义，如何实现还是亟待解决的难题和瓶颈问题，当前也有不少案例由于只模仿了原本生态环境的部分结构或者模仿不到位，导致重构地貌不合理、土壤生产力低、植被种群配置不当等而失败。因此，仿自然修复切不可"东施效颦"，要理解生态修复是循序渐进的动态过程，不能急于求成，参照矿区原本地貌特征，从流域连通性、景观连接性、生态结构稳定性等多方面系统科学规划修复方案。未来，地貌重塑、土壤重构和植被恢复三大关键技术将得到深入研究，使仿自然修复的理论与实践取得重大突破。因此，科学修复就是要围绕这三大共性和关键技术进行因地制宜的修复。

对于污染生态环境，应围绕源头控制、过程阻断和末端治理三大关键技术进行研究，按照因地制宜和安全利用的原则，科学选择相应的修复技术。在各类关键技术中采用多技术的融合是未来的发展趋势，物理、化学和生物的联合修复技术，原位与异位相结合等修复技术将得到推广和应用。

9.1.6　"矿山生态修复+"产业发展战略

我国《土地复垦条例》要求"谁损毁，谁复垦"。但 30 多年来，企业主动复垦治理的案例较少，原因之一在于矿山企业认为生态修复耗时耗力、成本巨大，没有走出可持续发展之路。"矿山生态修复+"就是生态修复工作与土地再利用模式的深度融合，不少矿山企业或当地政府探索出"矿山生态修复+"矿山公园、湿地水库、光伏发电、农渔养殖与观光、地产开发等多种模式，不仅修复了生态环境，也促进修复产业区域的经济发展，不少示范性工程成为企业或政府的名片。

为确保"矿山生态修复+"战略的推广与实施，政府需充分发挥主导作用，做到①明确监管机构、人员及职责，完善修复项目从立项到验收的全过程监管机制，健全部门联动机制；②加强"谁损毁，谁复垦"的监管力度，强调矿山企业是修复工作的责任主体，引导企业在地方国土空间生态修复规划框架下进行合理布局修复；③针对历史遗留损毁矿区，完善"谁投资，谁受益"的激励机制，鼓励吸引社会投资进行复垦，盘活矿区用地指标；④在强调生态效益的同时，重视经济效益，鼓励探索商业化修复经营模式。

在大力推动绿色发展和实现"碳中和"的背景和机遇下，生态修复产业快速发展，市场规模不断扩大，据统计，从 2015 年 2 358 亿元已增长至 2020 年 4 199 亿元，未来"矿山生态修复+"的产业发展模式将大有可为。

9.1.7　创新发展战略

创新是发展的动力，矿区生态环境修复需要理念创新、理论创新、方法创新、技术创新、工程创新和制度创新。在理念创新方面要从"可利用状态""达到污染控制标准""末端治理"等转变到边采边复、安全长效、绿色智能；在理论创新、方法创新方面要从顺应自然、学习自然的角度，创新仿自然修复理论与方法；在技术创新、工程创新方面要加强绿色开采、生态修复技术、清洁利用的创新；在制度创新方面需要完善绿色生产和矿区生态环境修复的监管机制，制订可操作的政策和标准。进一步落实矿区生态环境修复纳入开采许可制度，借鉴国外"基金＋保证金"的矿山生态修复资金筹措和保障机制，探讨适合我国矿区生态环境修复的资金制度，进一步健全相关的法规、配套制度和技术标准。应通过加大科研投入、开展科技攻关、技术示范、建设综合示范区、打造科技创新支持平台，加强新材料、新技术和新方法与生态环境修复技术有机融合的创新发展战略，赋予我国矿区生态环境修复新的活力。

9.2　矿区生态环境修复展望

9.2.1　我国矿区生态环境修复现存不足

1. 矿山环境保护尚未建立起严格的环境准入机制

我国环境保护在环境准入机制方面虽然制定了《中华人民共和国环境影响评价法》，但是尚未建立起战略环境影响评价等制度，导致了矿区环境准入机制的不完善。战略环境影响评价，是"源头和过程控制"战略思想的集中体现，是对政策、法规、规划、计划中的资源环境承载能力进行深入的分析预测和科学评价。也就是说当前的环境影响评价制度只关注评价和控制一两个项目的"点"上的环境问题，尚未对影响全局的"面"上的环境问题做出评价和控制（刘钰淇，2019）。

2. 矿山环境保护法律制度条款分散，缺乏有机联系

我国现行的矿山环境保护法律中，各种制度散见于不同的法律中，例如《中华人民共和国矿产资源法》《中华人民共和国环境保护法》《土地管理法》《水土保持法》等十余部法律法规中都有相应的规定，但是不能形成协调统一的法律体系。不利于环境保护法律的落实，而且其内容也存在不完整、不配套、不规范问题，可操作性较差。此外，由多个法律法规构成的矿山环境保护法律，必然存在多个执法主体，多个部门管理，职责交叉，造成彼此推诿扯皮，法律责任不清，对执法责任追究制和违法处罚责任追究制的监管责任不到位。我国现行的矿山环境保护法律制度中存在的上述主要问题直接影响矿区环境保护的效果（周超楠，2013）。

3. 矿山环保相关税费制度存在一定不合理性

从土地复垦到环境治理恢复保证金，我国当前涉及矿山环境保护的税费达十余种，财政、自然资源、水利、林业、生态环境等相关部门均有多种税费征收，这些税费制度也涉及不同的环境保护领域，比如土地复垦、水土保持、植被恢复、污染防治、地质环境保护等，对促进矿山生态环境保护与治理恢复起到了十分重要的作用，但也存在一些突出的问题。

一是各种税费关系混淆，征收不规范、税费由不同部门征收，尤其是在收费上，各

地管理不一致，缺乏规范性，导致各地矿山企业的税费负担高低不同，无法在资源企业之间形成一个平等竞争的市场环境。二是多重收费，虽然各种税费名称不同，但在矿山环境保护这一功能上是统一的，有的甚至是基本一致的。三是税费征收后的使用和监管有待规范。有些税费在征收后缺乏严格的监管措施，致使部分税费在征收后的使用上不能发挥其应有的功能（季常青 等，2018）。

4. 环境经济手段单一，缺乏激励制度

从我国矿山环境治理与恢复的现有政策实践来看，其政策主要属于命令控制型。这些手段，都没有从根本上触及矿山企业的经济利益，不能内化开发行为造成的社会成本，形成不了激励企业保护环境的经济机制，不适应市场经济条件下矿产资源开发的环境管理制度规律。目前矿山环境治理和生态恢复的责任，仍然主要是由政府和社会承担，作为生态环境破坏主体的矿山企业，并没有承担应有的责任，这种现象尤其在中小型矿山企业中十分明显。当前我国对矿山环境污染和生态破坏的补偿还处于研究与探索阶段。

5. 未建立矿山自身的年度环境管理制度

目前国内矿山的环境管理制度主要还是由政府和当地生态环境等相关部门进行直接管理，对矿山企业自身尚未要求进行每年度的环境管理总结，如年度环境执行报告书、年度环境工作总结书等。单靠国家相关部门来对矿山企业进行管理，往往由于人力缺乏、监管时间短，无法很好地发现矿山企业存在的环境问题，如果能够加上矿山自身管理这一环，要求矿山按年度上报环境管理报告书，能够更加全面、细致地进行矿山环境管理（琚迎迎，2008）。

9.2.2　我国矿区生态环境修复展望

随着国家绿色发展战略的实施和双碳目标的推进，矿区生态修复在保障矿山和区域的绿色发展及在碳中和中的作用将日益重要。因此，矿区生态修复将成为我国蓬勃发展的领域。未来将重点关注以下 5 个方面。

1. 矿山先进生态环境保护技术

先进的生态环境保护技术是重要的矿山生态环境保护的发展趋势。首先完善污染物的源头控制、源头治理技术，把污染物在源头进行集中收集控制，这样能够事半功倍，大幅度减少后端控制的难度和经济成本。其次需要做好各种污染物的分类处理处置，将能够分开的相同性质的污染物进行分类收集，这样能够降低后端的治理成本，甚至能够做到部分污染物变废为资直接回用于生产环节，既减少了污染物的量，又减少了原材料的成本。再次需要引进和开发先进的末端环境治理技术。随着我国环境保护形势越来越严峻，很多矿山环境排放不达标，导致矿山停产整治，甚至整个矿山进行关停。矿山企业应该大胆地运用先进环境保护技术，保证矿山的达标排放，并且先进的环境保护技术

往往其管理成本较低，运行成本也更低，运行效果更加稳定，能够全面提升矿山环境治理水平（鲁臣 等，2016）。

引进先进的生态恢复技术和方法，对露天采场、废石堆场做好生态恢复规划，并严格执行，实现"边恢复，边开采"的动态生态恢复，提前实现生态恢复，将矿山开采对生态环境的影响降至最低。生态恢复不能只关注植被恢复，同时要关注动物的恢复，做好动物的回迁措施、调查措施和保护措施，真正实现矿山环境的生态恢复。

2. 矿山清洁生产技术

清洁生产是指不断采取改进设计，使用清洁的能源和原料，采用先进的工艺技术与设备，改善管理，综合利用等措施，从源头消减污染，提高资源利用效率，减少或者避免生产服务和产品使用过程中污染物的产生和排放，以减轻或者消除对人类健康和环境的危害。目前国内颁布了多个行业的清洁生产标准，将清洁生产水平划分为三级技术指标，国际清洁生产先进水平、国内清洁生产先进水平、国内清洁生产基本水平。其中涉及采矿行业的主要是《清洁生产标准 铁矿采选业》（HJ/T 294—2006）、《铅锌采选业清洁生产评价指标体系》（2015 年）等。矿山清洁生产水平的高低主要从生产工艺与装备水平、资源能源利用水平、污染物产生及利用指标和清洁生产管理要求 4 方面进行考虑。国内矿山需要不断提高以上 4 方面的水平和技术，提高矿山清洁生产水平，从源头上降低矿山污染物的产量（李富平，2012）。

3. 绿色矿山技术

绿色矿山是指矿产资源开发全过程，既要严格实施科学有序的开采，又要将矿区及周边环境的扰动控制在环境可控的范围内，建设矿产资源开发利用与经济社会环境相和谐的矿山。建设绿色矿山是新形势下保证矿业可持续健康发展的必由之路，是实现科学发展、社会和谐的必然选择。绿色矿山以保护生态环境、降低资源消耗、追求可循环为目标，将绿色生态的理念与实践贯穿于矿产资源开发利用的全过程，实现矿产资源利用集约化、开采方式科学化、生产工艺环保化、企业管理规范化、闭坑矿区生态化。

2018 年 6 月自然资源部发布了《有色金属行业绿色矿山建设规范》（DZ/T 0320—2018）、《冶金行业绿色矿山建设规范》（DZ/T 0319—2018）、《黄金行业绿色矿山建设规范》（DZ/T 0314—2018）等 9 项行业标准，2018 年 10 月 1 日起实施。这是目前全球发布的第一个国家级绿色矿山建设行业标准，标志着我国的绿色矿山建设进入了"有法可依"的新阶段，将对我国矿业行业的绿色发展起到有力的支撑和保障作用。

绿色矿山是加快转变矿业发展方式的现实途径。发展绿色矿业、建设绿色矿山，以资源合理利用、节能减排、保护生态环境和促进矿地和谐为主要目标，从矿区环境、资源开发方式、资源综合利用、节能减排、科技创新与数字化矿山、企业管理与企业形象 6 方面为基本要求，将绿色矿业理念贯穿于矿产资源开发利用全过程，推行循环经济发展模式，实现资源开发的经济效益、生态效益和社会效益协调统一，为转变单纯以消耗资源、破坏生态为代价的开发利用方式提供了现实途径（宋其成，2010）。

4. 矿山循环经济

循环经济模式是以可持续循环发展理论为基础，由传统的"开环式线性模式"转变为"资源－产品－废弃物－资源再生"的反馈式、闭环式循环过程，是一种最大化利用的经济发展模式，其本质是一种生态经济。循环经济模式强调资源的再利用和再循环，倡导在物质不断循环利用的基础上发展经济，经济系统与自然生态系统的物质循环过程互相和谐，在获得尽可能大的经济效益和社会效益的同时，把经济活动对环境的影响降到最低。循环经济主要有三大原则，即"减量化、再利用、资源化"原则，每一原则对循环经济的成功实施都是必不可少的。

我国应大力发展矿山循环经济技术，提高循环经济水平，提高矿山生产过程中产生的废水、固废的循环利用。对于矿山开采产生的废石和尾矿，应加大开发二次利用的技术，如井下充填、石料制作、建材制作、伴生资源再利用等，通过技术发展大大提高矿山循环经济水平。矿山在开始建设时，结合周边工业产业实际情况和客观条件做好循环经济的长期规划，实现针对矿山的井下涌水、废石、尾矿等产物的循环经济生态，实现矿山企业与周边社会大环境的有机结合，提高整个社会的循环经济水平（于红霞，2010）。

5. 优化矿山环境管理制度

我国需要在借鉴国外矿山优秀环境管理制度的基础上，优化我国的矿山环境管理制度。针对矿山环境管理提出具体的管理制度和规章，使得基层管理部门能够具体实施；加强战略环境影响评价制度，完善矿区环境准入机制，从政策和规划源头上控制环境污染。严格执行排污许可证制度，从经济末端倒逼矿山企业进行生态环境保护工作，使其按照要求进行环境工程的建设，实现生态环境的改良。政府应制定合理的环境恢复保证金制度，将目前多达十余种的税费进行整合、统一，并且规范化管理税费征收后的使用和监管。建立我国矿山环境监督检查制度和年度环境报告制度，实现矿山的自我环境管理，并在必要时采取强制执行措施，内外结合地进行矿山环境管理。

我国地质环境复杂，是各种地质灾害频发的国家。同时，我国矿产资源丰富、种类繁多。但是，相应的开采技术和可持续发展意识薄弱，在技术、管理、后期防护方面都存在相应的问题。这就给矿山安全开采造成了很大的难度。我国的矿区开采面临很大的挑战，同时也面临很大的机遇。相关部门应对矿区的开采加大技术、资金的投入，配备先进的设备、高技术水平的工作人员，使矿产资源得到充分的利用，避免国家资源的浪费，更进一步地提高地质灾害防治技术水平。协调区域环境的和谐发展，对资源的开采和环境的保护做出积极的响应（胡炜 等，2011）。

参 考 文 献

白中科，赵景逵，2001. 工矿区土地复垦、生态重建与可持续发展. 科技导报(9): 49-52.

陈成，仲济香，张丹凤，等, 2018. 生态文明视角下土地整治科技创新研究: 基于原国土资源部土地整治相关领域的登记和获奖成果分析. 中国土地科学, 32(4): 82-88.

崔龙鹏, 2006. 论淮南矿区采煤沉陷地生态环境修复规划//循环经济理论与实践: 长三角循环经济论坛
　　暨 2006 年安徽博士科技论坛论文集: 369-373.

崔龙鹏, 2007. 对淮南矿区采煤沉陷地生态环境修复的思考. 中国矿业, 16(6): 46-48, 52.

党晋华, 2012. 采煤生态环境影响及其恢复的国内外经验探讨. 能源环境保护, 26(6): 1-5.

冯小军, 陈宇 魏颖, 2009. 我国矿区废弃区土地复垦技术研究. 煤, 18(10): 1-2, 5.

郝玉芬, 2011. 山区型采煤废弃地生态修复及其生态服务研究. 北京: 中国矿业大学(北京).

胡炜, 魏本宁, 赵江涛, 2011. 国外矿山环境治理管理制度研究及对我国的启示. 中国矿业(S1):
　　133-136.

胡振琪, 2009. 中国土地复垦与生态重建 20 年: 回顾与展望. 科技导报, 27(17): 25-29.

胡振琪, 2010. 山西省煤矿区土地复垦与生态重建的机遇和挑战. 山西农业科学, 38(1): 42-45, 64.

胡振琪, 2019. 我国土地复垦与生态修复 30 年: 回顾、反思与展望. 煤炭科学技术, 47(1): 25-35.

胡振琪, 肖武, 2013. 矿山土地复垦的新理念与新技术: 边采边复. 煤炭科学技术, 41(9): 178-181.

胡振琪, 肖武, 2020. 关于煤炭工业绿色发展战略的若干思考: 基于生态修复视角. 煤炭科学技术, 48(4):
　　35-42.

胡振琪, 赵艳玲, 王凤娇, 2011. 我国煤矿区土地复垦的现状与展望//第七次煤炭科学技术大会文集(下
　　册): 1075-1079.

胡振琪, 肖武, 赵艳玲, 2020. 再论煤矿区生态环境"边采边复". 煤炭学报(1): 351-359.

胡振琪, 杨秀红, 鲍艳, 等, 2005. 论矿区生态环境修复. 科技导报(1): 38-41.

黄德林, 汪琳, 2008. 我国矿山生态环境保护法律制度完善问题研究. 中国人口·资源与环境, 18(5):
　　216-220.

季常青, 肖琴, 2018. 新形势下矿山企业对环保税法的执行对策分析//《环境工程》2018 年全国学术年会
　　论文集(上册): 311-313.

琚迎迎, 2008. 中国矿山环境保护的法律制度研究. 北京: 中国地质大学(北京).

黎炜, 赵建林, 2011. 矿区废弃地复垦概况及展望. 科技信息(11): 52.

李富平, 2012. 金属矿山清洁生产技术. 北京: 冶金工业出版社.

李华, 王湘桂, 李海良, 2008. 我国矿山土地复垦及生态重建. 矿业快报(8): 8-9, 31.

李树志, 2010. 中国煤矿山土地复垦与生态修复现状与发展趋势//全国"三下"采煤与土地复垦学术会
　　议论文集: 111-115.

李树志, 2014. 我国采煤沉陷土地损毁及其复垦技术现状与展望. 煤炭科学技术, 42(1): 93-97.

梁小虎, 2010. 无锡太湖保护区土地生态修复与土地整理研究. 无锡: 江南大学.

刘春雷, 2011. 干旱区草原露天煤矿排土场土壤重构技术研究. 北京: 中国地质大学(北京).

刘钰淇, 2019. 生态文明示范区建设的环境准入机制研究. 重庆: 重庆交通大学.

卢朝东, 李建华, 靳东升, 等, 2013. 山西省矿区土地复垦与生态重建现状及发展对策. 山西农业科学,
　　41(2): 152-154, 182.

鲁臣, 秦顺武, 张发星, 2016. 露天开采矿山生态环境治理的方法探讨. 工程技术(文摘版)·建筑(6): 163.

潘仁飞, 2010. 煤矿开采生态环境综合评价及生态补偿费研究. 北京: 中国矿业大学(北京).

石发恩, 陶知翔, 胡俊, 2007. 矿山环境保护与污染防治对策. 矿产保护与利用(5): 43-46.

石小石, 2017. 整体性治理视阈下的矿区环境管理研究. 北京: 中国地质大学(北京).

宋蕾, 2009. 矿产开发生态补偿理论与计征模式研究. 北京: 中国地质大学(北京).

宋其成, 2010. 节能减排, 建设绿色矿山技术发展与展望//山东煤炭学会 2010 年工作会议暨学术年会论文集: 577-579.

孙岩, 2006. 济宁煤矿塌陷区的生态恢复与治理研究. 济南: 山东大学.

孙毅, 2012. 资源型区域绿色转型的理论与实践研究. 长春: 东北师范大学.

汪成成, 刘红民, 刘畅, 等, 2014. 我国矿区废弃地土地复垦技术研究综述. 辽宁林业科技(1): 36-38, 51.

王军, 张亚男, 郭义强, 2014. 矿区土地复垦与生态重建. 地域研究与开发, 33(6): 113-116.

王如梓, 2014. 煤矿废弃地景观生态环境修复与可持续利用研究. 大连: 大连工业大学.

王煜琴, 2009. 城郊山区型煤矿废弃地生态修复模式与技术. 北京: 中国矿业大学(北京).

吴晓丽, 朱宇, 陈广仁, 等, 2009. 矿区土地复垦与生态重建: 机遇与挑战. 科技导报, 27(17): 19-24.

武超, 2010. 协调土地利用与生态环境建设研究. 北京: 中国地质大学(北京).

谢和平, 王金华, 姜鹏飞, 等, 2015. 煤炭科学开采新理念与技术变革研究. 中国工程科学, 17(9): 6.

杨双斌, 2013. 神府矿区土地复垦与生态恢复研究//中国测绘学会 2013 工程测量分会年会论文集: 283-286.

杨子生, 2010. 中国山区生态友好型土地整理模式初探. 2010 全国山区土地资源开发利用与人地协调发展学术研讨会论文集: 421-433.

尹德涛, 南忠仁, 金成洙, 2004. 矿区生态研究的现状及发展趋势. 地理科学(2): 238-244.

于红霞, 2010. 冶金矿山循环经济的研究. 矿业工程, 8(1): 53-54.

张贤平, 胡海祥, 2011. 我国矿产资源开发对生态环境的影响与防治对策. 煤矿开采, 16(6): 1-5.

赵涵惟, 2015. 中外环境经济激励手段的个别比较. 法制博览(3): 16-18.

赵康杰, 2012. 资源型地区农村可持续发展的制度创新研究. 太原: 山西财经大学.

赵彦泰, 2010. 美国的生态补偿制度. 青岛: 中国海洋大学.

周超楠, 2013. 我国小矿环境保护法律问题研究. 保定: 河北大学.

左寻, 白中科, 2002. 工矿区土地复垦、生态重建与可持续发展. 中国土地科学, 16(2): 39-42.

索　引